必要的
丧失

[美] 朱迪思 · 维奥斯特

著

吴春玲

译

人民东方出版传媒
People's Oriental Publishing & Media
東方出版社
The Oriental Press

图书在版编目（CIP）数据

必要的丧失 /（美）朱迪思·维奥斯特著；吴春玲译. —北京：东方出版社，2023.4
书名原文：Necessary Losses
ISBN 978 - 7 - 5207 - 2553 - 8

Ⅰ.①必…　Ⅱ.①朱…②吴…　Ⅲ.①人生哲学—通俗读物　Ⅳ.①B 821 - 49

中国国家版本馆CIP数据核字(2022)第220975号

著作权合同登记号　图字：01 - 2022 - 6204

必要的丧失
（BIYAO DE SANGSHI）

责任编辑：邢　远
出　　版：东方出版社
发　　行：人民东方出版传媒有限公司
地　　址：北京市东城区朝阳门内大街166号
邮　　编：100010
印　　刷：北京联兴盛业印刷股份有限公司
版　　次：2023年4月第1版
印　　次：2023年4月第1次印刷
开　　本：880毫米×1230毫米　1/32
印　　张：14.5
字　　数：266千字
书　　号：978 - 7 - 5207 - 2553 - 8
定　　价：69.00
发行电话：（010）85924663　85924644　85924641

版权所有，违者必究
如有印装质量问题，我社负责调换，请拨打电话：（010）85924602　85924603

Necessary
Losses

JUDITH VIORST

CONTENTS
目录

PART I
自我的分离：
脱离母体

PART IV
中年的疑惑：韶华已逝

序 | 丧失铺就成长之路

从事了近二十年关于儿童和成年人内心世界的写作之后，我决定对人类心理的理论基础进行深入研究。我选了一所精神分析学院进行学习，因为我相信，虽然精神分析法尚有种种不足，但它在我们是什么以及我们为什么会有某种行为方面还是道出了真知灼见。从其最佳成果来看，精神分析学说不过是用另一种方法教我们那些我们已经从索福克勒斯、莎士比亚和陀思妥耶夫斯基那里学到的东西；就其最佳成果而言，精神分析学说在密切关注我们每一个令人惊异的人类成员的复杂性和独特性的同时，还为我们提供了富有启发性的概括总结。

经过六年的学习，我于1981年成为华盛顿精神分析研究所的研究员。该所属于西格蒙德·弗洛伊德开创的国际教学和训练机构网络中的一员。在那六年里，我还在几个精神病治疗机构工作和研究——在一间儿童精神病房做助手、担任情感受挫少年的创作教师，在两个针对成年人实施个人精神疗法的诊所担任医师。不管走到哪里，我都发现所有的人——无论是在院内还是在院外——都在与丧失做斗争。因此，丧失已成为我不得不着墨的题材。

说到丧失，我们便会想到我们所爱的人的逝去。其实丧失所包含的内容是多种多样的，死亡只是其中的一种缘由。除此之外，我们还会因各种原因而丧失，如离开、被离弃、改变、放弃、谋求发展。丧失不仅包括与所爱之人的分离，还包含我们有意无意的浪漫梦想的破灭和期望的落空，追求自由、权力和安全感的幻想成为泡影，以及那个一度被认为是无坚不摧、青春永驻、永生不死的年轻自我的丧失。

衰老、羸弱、不容置喙的死亡，这些都是我一直研究的丧失——这些终生的丧失，这些必要的丧失，当现实铺陈于眼前，而我们又无所逃匿的丧失……

母亲要离开我们，而我们也要离开她；

母亲的爱永远不能为我们所独享；

伤害我们的东西总是得不到我们的青睐；

我们在本质上都是孤独的；

我们不得不承认，别人和我们自己都是爱与恨、善与恶的混合体；

一个女孩无论多么聪慧、美丽、迷人，都不能嫁给她的父亲；

我们的选择会因身体结构和内疚而受限；

任何人际关系都有裂痕；

在这个星球上我们的存在不会永恒；

我们根本无力保护自己和所爱的人——我们无法免除危险和疼痛，无法避免时间的流逝和容颜憔悴，无法避免死亡的来临和必要的丧失。

这些丧失是生活的一部分——它们普遍存在、无法避免、不可阻挡。同时，这些丧失也是必不可少的，因为失去、离别、放手才会使我们成熟。

这本书阐释得与失之间的重要联系，讲述了为了成长我们所要放弃的东西。

人的成长之路由放弃铺筑而成。终其一生，我们都通过放弃成长着。我们放弃深交挚谊，我们放弃自己曾经珍爱的东西。无论是我们的梦想还是我们所钟情的人，我们都必须面对永远无法实现和无法拥有的现实。情感的投入会使我们易受丧失之痛。有时，不管我们多么聪明，都必定面临丧失的结局。

我们曾经邀请一个八岁的男孩就丧失一词给出自己的哲学评论。这个寡言少语的孩子回答道："断奶。"的确，无论身处哪个年龄段，我们都会认同——丧失是艰难的、痛苦的。还是让我们来继续讨论丧失使人成熟这一观点吧。

实际上，我倾向于这样一种命题：我们对于生命核心的理解就是我们对于丧失的理解。所以我在本书中提出了这样一种观点：我们成了什么样的人以及过着哪种生活都是由我们的丧失经历决定的，无论这些经历是好还是坏。

现在，我不是一个精神分析学家，而且我也并未试图以这种身份写作；如果弗洛伊德主义者是指那些坚决拥护弗洛伊德信条而拒绝任何修正和变化的人，那我也不是一名严格的弗洛伊德主义者。但我完全拥护弗洛伊德的这一观点——我们现在的状态充斥着自己过往的那些美好希望、恐惧和情感，我们的潜意识、我们的意识觉察不到的部分拥有巨大的力量，影响着我们生活中的事件。我也认同弗洛伊德的另一观点——意识、自我理解以及我们对自己所做之事的认知，能够扩大我们的选择范围，为我们提供更多的机会。

在本书的准备阶段，我阅读了弗洛伊德的著作和大量精神分析学家的作品，同时我还参考了许多诗人、哲学家和小说家在丧失方面直接或间接的观点，这些使我受益匪浅。此外，我还大量取材于自己作为女孩、女人、妻子、母亲、女儿、姐姐和朋友的个人经历。我与多位精神分析学家讨论过他们的病人，与病人谈论他们的分析结果，与大量本书中所提及的已婚人士谈论他们为抵押贷款、牙周炎、性生活、子女的前途、爱与死亡而焦虑的问题。除了保留少数几个"典型"人的名字外，我更换了其他人的名字，但那些名人除外，因为他们的经历在某种程度上可以证明丧失具有普遍性。

为了让读者更好地理解丧失确实是普遍存在的，我在本书的四个部分中分别对各种丧失进行了研究。

人们从孕育自己的母体分离伊始，到渐渐形成独立的自我，这个过程中，丧失如期而至。人们的自主权受到限制，潜能得不到发挥；必须遵守各种条条框框的规则限制，总是有人告诉我你无法实现愿望，这些过程中，丧失如影随形。丧失已经让人们放弃了追逐理想人际关系的梦想，所以人们不再对完美的人际关系存在幻想。所以人与人之间关系冷漠，缺乏幸福感。丧失影响着人们的生活质量。丧失种类繁多——许多事情都蕴含着丧失：我们的下半生、最终的失去、离别、放弃等，它无处不在。

研究这些丧失，并不是为了像《通过丧失取胜》或《丧失之乐》那样，为丧失开出一剂良方。正如我们年轻的哲学家所说的"断奶"，探讨丧失，是为了研究成长与丧失之间的密切关系。为了更好地成长，我们必须觉察自己面对丧失时的反应方式，更好地面对丧失，才能让我们更好地生活。我们只有意识到这一点，才能开启智慧之门，踏上充满希望的改变之路。

朱迪思·维奥斯特

PART I

——

自我的分离：
脱离母体

人生最大的痛苦，
莫过于努力成为自己。

——叶甫盖尼·维诺库罗夫

Chapter 1 分离的高昂代价："我要妈妈"

于是，母亲抛弃了我。这样的经历，每个人都有过。母亲总是走在我们前面，而且她们走得那么快；母亲沉浸在自己的思绪中，她们把我们遗忘了；终有一天，母亲会永远离开我们。然而，唯一的秘密在于，我们希望这些都不是真的。

——玛丽莲·罗宾逊

我们的人生以丧失开始。我们被抛出母体，孑然一身来到世上。

我们吸吮着、呜咽着，无助地抓住每一个可以依赖的人。母亲将自己置身于我们与外界之间，守护着我们，不让我们感到焦虑不安。我们最大的需求就是需要母亲。

婴儿需要母亲。有时律师、家庭主妇、飞行员、作家和电工，这样的成年人也需要母亲。其实在生命之初，我们就已经踏上了放弃之路，为了成为独立的人，我们不得不放弃很多东西。然而在我们学会忍受身体及心理上的分离之前，我们绝对需要母亲的存在，不论这种存在是名义上的还是事实上的。

对于我们来说，成为一个分离的自我，在名义上和情感上分离，能够外在独立而且内心也接受分离，绝非易事。当我们脱离母体并依赖母亲的时候，我们必须接受一些丧失，尽管我们的所得可以抚平我们的丧失之痛。如果在我们年纪尚小、毫无准备，对周围的环境还很恐惧而深感无助的时候，母亲离开了，那么这种离别、丧失或分离的代价将会十分高昂。

总有一天，我们是要和母亲分离的。

但是只有在我们做好准备的时候才可以与母亲分离——无论是我们主动离开她还是被她抛弃——否则分离就是最糟糕的一件事。

一个小男孩儿躺在医院的病床上，恐惧而又痛苦。他那幼小的身躯有40％都被烧伤覆盖着。有人向他身上泼洒酒精而后把他投入火中，这太难以理解了。

他哭喊着，想要妈妈。

而正是他的妈妈把他烧成这样。

自己的母亲是什么样的，和母亲在一起是否危险，对于一个孩子来说都不重要。母亲是伤害他还是拥抱他，都不重要。与母亲分离是最大的痛苦，即使母亲是一枚即将爆炸的炸弹，孩子也愿意扑进她的臂弯。

母亲的存在代表安全。害怕母亲离开是我们最早的恐惧。"只有婴儿才会如此。"儿科精神分析学家D. W. 温尼科特写道。他通过研究发现，婴儿没有母亲实际上无法生存。从表面看，分离的焦虑来自这样一个事实：没有人照顾，我们就会死去。

当然，父亲也能担当照看小孩的身份。我们将在第五章研究父亲在我们生活中的地位。然而此处我要谈的是母亲，因为通常情况下都是母亲担当照看小孩的角色。无论母亲做什么我们都可以忍受，唯独不可以抛弃我们。

但是，我们都被母亲抛弃了。在我们还不知道她是否还回来之前，母亲就离开了。她离开我们去工作、去购物、去度假、去再生一个宝宝，或者在我们需要她的时候，她却不在我们身边。她抛弃了我们去过她自己的生活，一种我们以后不得不面对的生活。然而，当我们需要母亲而她又不在我们身边时，我们该怎么办呢？

　　毫无疑问，我们要活下去。短暂的分离我们经受得起，但是由此引起的恐惧，会给我们今后的生活打下烙印。在生命的最初阶段，尤其是六岁以前，如果我们太长时间离开我们需要并渴望的母亲，我们就会在情感上受到伤害，那种痛就像我们被淋上油而后投入火中那样。确实有人把这种幼年时期的离别比作大面积的烧伤或者创伤所引发的疼痛。这是一种无法想象的痛，而且伤口的愈合却是艰难而又缓慢的。这种伤害虽然不致命，但很有可能是永久的。

＊＊＊

　　平日，每当早晨儿子去上学，丈夫离家去工作，房门最后关上的那一刻，塞莱娜总是很心痛："我感到孤独，我感觉自己被抛弃了，整个人都僵化了。我需要很长时间才能平复自己的心情。如果他们不回来了，将会发生什么事呢？"

　　在20世纪30年代晚期，塞莱娜身在德国。当她只有六个月大的时候，她的母亲就开始为了孩子们的温饱而东奔西跑。母亲每天离开家去排队领食物，还要与那些使犹太人的生活越发艰难的当局统治者谈判。因此，塞莱娜总是孤单地一个人，被圈在婴儿床里，饿了就喝瓶子里的奶。她若是哭了，等到几个小时后妈妈回来时，眼泪也已经干了。

认识塞莱娜的人都认为她是个好孩子——一个文静懂事、温柔可爱的女孩。如果你现在遇到她，你可能认为她是一个阳光快乐、无忧无虑、从未经历过丧失之痛的人。

但她体味过。

塞莱娜易于消沉。对于未知的事物她感到恐惧。"我不喜欢冒险，也不喜欢任何新事物。"她说她最早记得的事就是自己焦虑地等待接下来要发生什么。"我对所有不熟悉的事物都很恐惧。"她说道。

她还害怕过多的责任——"我总是希望有人照顾我。"她既是一位贤妻良母，同时也希望从强壮稳健的丈夫和年岁比自己大一些的朋友身上得到母性的关怀。

女人们常常羡慕塞莱娜。她热情风趣，很有魅力。她会烘烤食物，缝制衣服；她喜欢音乐，喜欢开怀大笑。她是美国大学优等生荣誉学会——PBK联谊会的会员，她获得了两个硕士学位，有一份兼职的教书工作。她身材苗条，面庞清秀，有一双棕色的大眼睛。她与年轻时的奥黛丽·赫本十分相像。

不仅如此，她在年近五十时，依然拥有赫本年轻时的容貌，根本不像一个半老徐娘而更像是一个姑娘。然而最终，她却说道："每天早晨我醒来的时候，都感到口中酸涩，腹部疼痛。"

"那是愤怒，巨大的愤怒，"她说，"我感觉自己被骗了。"

塞莱娜无法接受这种想法。她为什么不为自己还活着而感到庆幸呢？她看到过众多的犹太人惨遭屠杀，而她所遭受的痛苦也无非就是缺少母亲的陪伴而已。她说，这种痛苦所带来的损害虽不致命，却是永远的。

* * *

在过去的四十年里，也就是在塞莱娜出生之后的这些岁月里，我们一直把注意力集中在失去母亲的巨大代价和丧失的痛苦——既包括失去当时的伤痛，也包含分离对将来所造成的后果，即便是很短时间的分离也包含在内。一个孩子离开母亲会表现出分离反应，在母子相见之后这种反应也会持续很久，具体表现在吃饭睡觉会出现问题，还会出现大小便失禁，甚至孩子所使用的单词量也会减少。更离谱的是，这个孩子在六个月大的时候便会经常泪眼汪汪、一脸愁容，而且还会表现出面色凝重、忧郁消沉的样子。与上面所提到的状况密切相连的是一种痛苦的情感——分离焦虑。它包括母亲不在身边而孩子需要独自面对危险时的恐惧，也包括母亲在侧而孩子害怕再次失去她而表现出的恐惧。

我十分了解这些症状和恐惧，因为它们在我四岁住院的时候伴随了我三个月。当时医院严格限制探访病人的时间，所以在那三个月里我基本上都没有和妈妈在一起。后来，我的病痊愈了，但是住院所引发的后果却折磨了我好几年。分离焦虑在我身上的表现，便是我有了一个新习惯——梦游，而且一直持续到十五六岁。

有一次，在我六岁时的一个温暖的秋夜，父母都不在家。这令我十分痛苦。我在睡梦中爬下床，漫步走进客厅，悄悄绕过正在打瞌睡的保姆，然后打开前门走了出去。我在沉睡中走到拐角，穿过车水马龙的十字路口，最后到达了我梦游旅程的目的地——消防站。

一个消防员看到了我。他异常惊讶，为了不吓到我，他用十分温柔的语气问道："你想要什么，小姑娘？"

后来有人告诉我，我当时毫不犹豫、清楚大声地回答说："我想要消防员帮我找到妈妈。"

一个六岁的孩子会不顾一切地想要妈妈。

一个六个月大的孩子也是如此。

因为一个六个月左右的孩子已经能在自己的头脑中形成母亲的形象，即使母亲不在身边，他们也会记得母亲。他们特别想要妈妈。如果母亲不在身边，孩子会感到痛苦。孩子那种永不间断的需求，只有他的母亲能够满足，而母亲不在身边，会使他感到自己孤苦无依。一旦孩子能察觉到母亲不在身边，在他能够承受的时间范围内母亲若是没有回来，他就会认为母亲再也不会回来。孩子年龄越小，他所能承受的时间就越短。虽然每天都有熟悉的人代替母亲照顾自己，但是孩子到三岁的时候才会逐渐明白：不在身边的妈妈，在另外一个地方安然无恙地活着，而且她还会回来的。

只可惜等候妈妈回来会使孩子觉得遥遥无期，可能还会使孩子觉得这是一种永远的等待。

我们应该知道，随着年龄的增长，时间是加速运动的。现在我们换一个方式来衡量时间，即一小时等于一天，一天等于一个月，那么一个月便是永远。由此，我们就不会觉得孩子的那些需求是不可理解的。我们作为一个孩子为失去母亲而苦恼，正如我们作为成年人为逝者而心中悲痛。当把一个孩子从母亲身边带走后，"沮丧与盼望会使他们痛苦得发狂"。

分离会使孩子更加混乱而不是更加快乐。

事实上，分离会使孩子变得对抗、绝望，最后因无法面对现实而陷入一种超然物外的状态。把孩子从母亲身边带走，放到一个放眼望去全是陌生人的陌生环境中，他会对周围的一切无法忍受。他会尖叫、哭泣，还会拳打脚踢。他会急切而又狂躁地寻找着离去的母亲。他要抗议，因为他觉得还有希望。但是过了一会儿，母亲没有来……还是没有来……抗议就会转为绝望，变成一种沉浸在心底的无声期盼和无法形容的痛苦。

让我们来听听安娜·弗洛伊德（弗洛伊德最小的女儿，也是一位著名的儿童精神分析学家）对帕特里克的描述，这是一个三岁零两个月的男孩儿，在第二次世界大战期间被送到了英国的汉普斯特德托儿所。

他十分确信妈妈一定会来找他，并信心满满地对每一个愿意听他说话的人说：妈妈会回来找他，为他穿上外套，然后带他回家……

接下来他列举着妈妈会给他穿上的每一件衣服："妈妈会给我穿上外套和衬裤，她会给我拉上拉链，还会给我戴上可爱的小帽子……"

他不停地重复着这些话，有人便问他能不能别再唠叨了……于是他不再出声地念叨那些内容了，但是从他那不断翕张的嘴唇可以看出他还在默念着。

同时他还用许多手势来代替言语，仿佛妈妈正在为自己穿衣服、戴帽子、拉拉链……当别的孩子都在玩玩具、做游戏或是演奏音乐的时候，帕特里克毫无兴趣，他总是在某个角落黯然神伤，翕动着嘴唇，挥动着双手。

对母亲的需要如此强烈，所以大多数孩子从绝望中挣脱出来，去寻找替身母亲。因为孩子的需要如此强烈，我们好像可以顺理成章地得出这样的假设：当孩子朝思暮想的母亲回来时，他会欢天喜地地投进母亲的怀抱。

然而事实并非如此。

令人不解的是，许多孩子，尤其是三岁以下的幼儿，对归来的母亲十分冷淡，一脸漠然，仿佛是在说："我以前从未见过这位女士。"这种反应被称为情感疏离，即爱的中断，是因为一个人离开自己而给予的惩罚。面对丧失，这种情感会通过很多方式表现出来。疏离会表现为愤怒的表情；面对抛弃，愤恨是最主要的反应之一。同时，疏离也是一种自我防御方式，它可以避免使自己再次遭受抛弃和爱的折磨。它可以延续几小时、几天，甚至一生。

分离会使人内心冰冷而非暖意绵绵。

如果此处的分离指的是，孩子与长久以来一直以父母身份出现的人分开，那么一个孩子在童年经历了一系列这样的分离，结果会怎样呢？精神分析学家塞尔玛·弗雷伯格讲述了这样一件事。一个十六岁的男孩，以自己十六年中被安置在十六个不同的家庭抚养为由，在阿拉梅达县提起诉讼，索要五十万美元的赔偿。确切地说，他是因为受了何种伤害而提起诉讼的呢？他回答说："就像在你的心灵上割出了一大块伤疤。"

* * *

机智的政治幽默大师阿特·布赫瓦尔德是世界上最风趣的人之一，也是寄养问题和心灵创伤问题的专家。他在华盛顿有一间办公室，这间办公室看上去和它的主人一样朴实无华。我在那里同他就上面提到的问题进行探讨。在谈话的过程中，我经常被他所讲的内容感动得落泪。

阿特幼年时家境贫困，生活来源十分有限。从某种意义上说，他的人生经历可谓是分离和丧失问题的经典实例。他的妈妈在他还在襁褓中时就撒手人寰。他的父亲需要抚养三个女儿和一个男婴。他竭尽所能为孩子们找到安全的住所，然后每周来看望他们一次，从未间断，孩子们都叫他"周日父亲"。即便如此，阿特"很小的时候就决定不与任何人有亲密的关系"。

阿特十六岁以前分别在纽约的七个地方生活过。第一个是一个基督教家庭。"那里简直就是地狱和梦魇，而且每个周六都要去教堂；而父亲每个周日都会带着犹太教的食物来看望我。这令我十分困惑。"阿特说道。

第二个是在布鲁克林的一个家庭，接下来便是"希伯来孤儿收容所"（Hebrew Orphan Asylum）。阿特面无表情地说道："这个地方由三个最糟糕的词组成：'希伯来'意味着你是犹太人；'孤儿'意味着你无父无母；而'收容所'……"离开"希伯来孤儿收容所"之后，他和一位女士一起生活。这位女士最初收留了他们家的四个孩子，但大约过了一年，她觉得四个孩子太多了，于是阿特和他的一个姐姐不得不离开了那里。之后，他又分别到过两个家庭。最后，他在父亲的居所住了下来。一年后，他加入了海军。他说，他在那里第一次找到了归属感，第一次感到有人在乎自己。

"生活就是我反抗世界。"阿特在很小的时候便总结出了这样的结论，而且他很早就学会了用笑容伪装自己。他说，他很快就发现："如果我脸上挂着灿烂的笑容，人们就会对我好些。所以我总是以笑示人。"他说这些话时，语气十分平淡。

多年后，当寄宿家庭和参军经历都已远去，阿特也已经通过努力奋斗成了一名作家。他再也无法掩饰那笑容背后的愤怒。他不断地寻找着攻击、伤害和摧毁的目标，他发现了……自己。抑郁，从某种意义上可以理解为愤怒的内化。阿特这样一个风趣的人，在他三十多岁的时候变得十分抑郁。

他的抑郁症状也是伴随着一次搬迁开始的。那是一次"令人心痛的搬迁"。阿特携妻子和三个孩子从巴黎，那个他工作和生活了十四年的地方，搬到了华盛顿。他是一个声名远播、卓有成就、受人敬仰的人，同时他也是一个痛苦的人。"在所有人眼里，我已经成功了，"他说，"但我自己并不这么想。我感到绝望，我真的需要帮助。"

阿特意识到是抚平心伤的时候了，他决定学习精神分析学。在学习的过程中，他开始研究那些给他的生活留下阴影的早年经历。那些经历使他成为一个内心孤独、不相信他人、对自己的成就感到内疚的人。"我是谁，凭什么拥有这一切？"那些经历还使他总是担心自己现在所拥有的一切迟早都会消失。他还研究了自己的愤怒，最终他发现："对自己的父亲感到愤怒并非罪恶，对自己从未谋面的母亲感到愤怒也绝非不可理喻。"这些，他以前从不知道。

阿特说，精神分析拯救了我，但出人意料的是，他的精神分析医师却死于心脏病发作。这样戏剧化的结局仿佛是阿特与他的医师进行了生命的转换，虽然这听起来有些荒谬。"我终于信任一个人了，"阿特说，"但他却死了。"不过，他们一起做的工作却在之后的岁月里依然发挥着作用。（阿特觉得："一个好的分析应该是这样的：五年后因为某件事的发生，你突然脱口而出，'哦，是的，这就是他的意思'。"）阿特在五十多岁的时候终于获得了内心的平静，也不再抑郁了："我能信任别人了，也不再害怕受到伤害了。我与妻子和孩子更亲近了。"但他在与人亲近方面还有问题。

他说:"一对一最棘手,但是一对一千就容易得多。"他依然害怕愤怒:"我还不能处理好这个问题,但我会尽力避免发怒。"

不过,阿特近来很少发怒了。他在享受成功带给他的一切。无论站在肯尼迪时期的舞台上,还是招待美国总统和各行业领军人物,他都会带着迷人的微笑。每当此时他都会自言自语:"嗯,要是我的犹太籍父亲能看到现在的我就好了。"他说,他的成功在某种程度上代表着对大约十个人的复仇。这些人现在都已经长埋地下了。

他说他懂得心灵的创伤。

＊＊＊

幼年时的严重分离会给我们的心灵留下情感创伤,因为分离破坏了基本的人类关系:母亲与孩子之间的关系。这种关系可以使我们感到自己是被爱的,同时也教会我们如何去爱别人。如果没有这种早期的依恋关系,我们很难成长为一个完整的人,而且还会觉得做人实在太难。

然而有人认为,对别人的需要不是原始本能,而爱不过是令人愉悦的副作用。典型的弗洛伊德观点认为:在哺乳过程中,婴儿的饥饿感和口腔的紧张会得到缓解。在反复的吮吸、啜饮和进食过程中,婴儿开始把满足等同于与人的接触。在生命的最初几个月,一餐就是一餐,满足就是满足。任何需要都能从可替代的来源中得到满足。最后,母亲的存在同身体的解脱同样重要。但对母亲的爱却始于安娜·弗洛伊德所说的"肠胃之爱"。依据这种理论，孩子对母亲的爱就是一种已经习惯了的爱好。

还有观点认为，人与人之间建立联系的需求也是一种基本需求；我们对于爱的需求是与生俱来的。早在五十年前，精神科医师伊恩·萨蒂就曾说过："在感受到他人的爱的同时就会感受到他人的存在。"换句话说，我们一旦学会区别分离的"你"和"我"，就会爱了。爱是我们缓和分离带来的恐惧和化解隔阂的尝试。

另有观点认为，对母亲的需求是与生俱来的。现如今，持这种观点的著名的发言人是英国的精神分析学家约翰·鲍尔比。他指出，与牛犊、羊羔、小鸭子和小猩猩一样，婴儿也在行为方式上与他们的母亲保持接近。他把这种行为称为"依恋行为"。他认为这种依恋是一种自我保护的生物本能，因为与母亲接近可以使生命免受伤害。靠近母亲，猩猩幼崽可以使自己不被肉食者猎食；靠近母亲，婴儿会觉得自己是安全的。

通常，人们认为大多数六到八个月的婴儿已经形成了对母亲的特殊依恋。于是，我们开始了生命中的第一次爱。不管这种爱与对人类依恋的基本需求是否相关联——虽然我认为有关联——它都是那么强烈，以至于我们极易害怕与所爱之人分离，即便这种分离只是一种威胁，我们也会异常敏感。

如果一种可靠的早期依恋对我们的健康成长十分重要——我坚信这一点——那么这种至关重要的关系被破坏了，我们就会为这种破坏，即分离付出巨大的代价。

分离的代价是巨大的。当母亲对一个过于幼小的孩子说自己会回来的（她会吗？）并把他长时间地放在一边无人看管，或者把他从一个寄养家庭转到另一个寄养家庭，又或者把他放到托儿所——就算是安娜·弗洛伊德的托儿所——都会为母子分离而付出代价。即使是离婚、住院以及任何地理或情感上的原因导致母子分开，也都会为分离付出高昂的代价。

　　六岁以下孩子的母亲多半都是要外出工作的。当母亲因外出工作，而不能给予孩子足够的照顾，也会为分离付出代价。因为妇女运动和经济发展的需要，数百万妇女涌入了劳动力市场。但是问题也随之而来——"我的孩子怎么办？"这个问题不是全日制托管中心能解决的，我们需要更好的解决方案。

　　塞尔玛·弗雷伯格写道："在成长的岁月中，一个孩子第一次与父母建立了持久的伙伴关系，随后在父母的培养下，孩子学会了爱护这种伙伴关系，并学会了爱、信任、欢乐和自我评价。我们国家数百万的幼儿在那个成长阶段学到了爱的模式却非常态，他们与一群同龄孩子在一起，他们发现……所有的成年人都是可以替代的；爱是反复无常的；与人产生依恋关系是非常危险的投资；为了生存，应该把爱储存在自己身上。"

　　这种结果往往是因分离而产生的巨大代价。

＊＊＊

　　每个人在幼年时期，都会面临分离，而且分离也确实会引起悲伤和痛苦。但在稳定和充满关怀的氛围下，大多数正常的分离不会给我们的心灵留下创伤。实际上，外出工作的母亲也能与孩子建立起相互喜爱、彼此信任的亲子关系。

然而，当分离危及了早期的依恋关系时，我们便很难再在孩子心中建立信任，也很难确立良好的依恋关系，而且终生都使孩子很难相信他人可以实现自己的需求。如果我们生命中第一次与人建立的联结关系不可靠、遭到割裂或损害，我们就会把这次人生经历以及我们对这次经历的反应，转移到我们对自己的子女、朋友、配偶乃至商业伙伴的期待上。在与这些人的关系互动上也存在同类的问题。

因为担心自己可能会被抛弃，便缠着自己的爱人："别离开我。没有你，我就一无所有了。没有你，我就活不下去了。"

因为担心别人可能会背叛自己，于是牢牢记住别人的错误，哪怕是一点点小错也揪住不放："看吧，我就知道自己不应该信任你。"

因为担心被拒绝，便提出极其过分的要求，然后因为别人无法实现而大发雷霆。

因为担心自己会失望，便要去别人那里求证他迟早会使自己失望。

因为害怕分离，我们便产生了鲍尔比所说的焦虑与愤怒的依恋。通常情况下，我们频频地表现出我们的恐惧和焦虑情结，因为我们的百般依赖和大发雷霆，致使我们所爱的人离去。因为害怕分离，我们不断地重复着以往幼时的恐惧模式和以往的经历，进而衍化出新的套路，许多角色，许多脚本，却依旧重复着那些旧有方式，仔细观看，没什么不同。

以上的这些经历，有没有人对你说，你依然还在重复着儿时早期丧失的经历，虽然你可能还记得自己小时候因妈妈离开，自己孤单无助地躺在摇篮里的画面。也就是说，我们确实记得自己曾经感到过孤单、无助和困惑。四十年后，一个女人，每当听到一扇门砰的一声关上的时候，她就会被原始的恐惧感所吞噬。这种焦虑就是她对"丧失"的记忆。

当丧失迫在眉睫或者被认为是暂时状况的时候，会引起焦虑。虽然焦虑，但还抱有希望。但当丧失被认为是永久存在的时候，焦虑、对抗就变成了沮丧、绝望。我们不仅感到寂寞、伤心，还会感觉自己负有责任——"都是我不好，是我把妈妈赶走了"，感到无助——"无论我做什么，她都不会回来了"，感到自己不值得被爱——"一定是我有什么地方不值得人爱了"，感到绝望——"所以，我将永远这样破罐子破摔了！"

研究显示，幼年的丧失会使我们对以后遇到的丧失事件表现特别敏感。因此这类人到中年时，会因家人的逝去、离婚和失业而万分沮丧，这也是一个无助、绝望、愤怒的孩子面对丧失时的反应。

焦虑是痛苦的，沮丧也是痛苦的。也许不经历丧失才会更加安全。虽然我们对死亡、离婚或是母亲的离去无能为力，但我们会采取不同的策略使自己不再受分离之苦的煎熬。

情感疏离便是这类策略之一。如果我们不在乎，就不会有失去自己在乎的人一说。孩子想要妈妈，而妈妈却一再离开，那这个孩子可能会得出结论：爱和需求会使自己受到莫大的伤害。于是在以后的岁月里，面对各种人际关系，他可能既不付出也不索求。他几乎不在任何事情上投入感情，总是让自己置身事外，就像20世纪60年代的一首歌曲中所提到的岩石那样："岩石感觉不到痛苦，岛屿也从不哭泣。"

不由自主地去关心别人也是对丧失的另一种防护策略。我们以帮助那些痛苦的人来缓解自己的痛苦。通过这些善举，我们不仅减轻了过去的无助感带给自己的痛苦，还能从自己所帮助的人身上找到自己当初的影子，帮助了他们，自己便得到了心灵的慰藉。

第三个策略是，过早形成独立意识。在很小的时候，我们便要求独立。因为我们很小就懂得，我们不能依靠任何人的爱和帮助来生存。我们把一个无助的孩子装扮成自我依靠的成年人，给他穿上了一套脆弱的成年人的外衣。

我们研究的这些丧失，即幼年的过早分离，可能会扭曲我们的期望和反应，还可能会使我们看待以后生命中必要的丧失的态度发生偏离。在玛丽莲·罗宾逊那本非同寻常的小说《管家》中，忧郁的女主人公认真地思考着丧失的力量，她记得："妈妈总是让我等她，这让我养成了等待和期盼的习惯。因为当下总是空无一物，那么等待与期盼便显得十分有意义。"

她提醒着我们，与母亲分离会引发"巨大而又复杂"的后果。

我们的一生都伴随着丧失。

Chapter 2 联结的根本 —— 一体渴求

品罢蜜露，再饮仙汁。

—— 塞缪尔·泰勒·柯勒律治

我们所有的丧失经历都可以追溯到最初的那次丧失，即母子之间根本联结的丧失。因为在我们经历过生活中不可避免的分离之前，我们和母亲一体生存。这是一种理想的状态，一种我们与母亲亲密无间的状态；这是一种我就是你，你孕育我，你我同体的状态；这是一种和谐的交融状态；这是一种我浸于奶中而奶流淌在我身体里的漂浮状态；这是一种感受不到孤独与死亡的隔绝状态；这是爱人、圣贤、精神病患者和婴儿都熟悉的状态。人们称之为欢乐。

这种欢乐的最初联结是脐带联结，即子宫的生理一体。在子宫之外，我们也幻想那种同母亲化为一体的快乐。所以一些心理分析学家说，我们一生都渴望结合，而这种渴望来源于我们对回归的向往——如果不是回到子宫里，那便是回到一种虚幻的结合状态，即共生状态。这种状态"深深地掩埋在原始的无意识中……每一个人都为之而奋斗"。

我们并不记得自己曾待在那里或是离开那里。但那里确实是我们曾经拥有而又不得不放弃的地方。为了成长，我们必须放弃自己所爱，在每个新的发展阶段我们都不得不玩这个残酷的游戏。

这是我们最早的，可能也是最艰难的放弃。

丧失，离开，放弃那个美的天堂。

我们虽然不记得那个美的天堂，但也永远不会忘记它。我们承认拥有天堂，也承认失去天堂；我们承认拥有一段和谐、完整的时光，享受着绝对的安全和无条件的爱，也承认那种完整已经被不可挽回地割裂了；我们承认它存在于宗教、神话、童话和我们有意无意的幻想中。我们既把它视为现实，也把它视为理想。我们全力保护那条区分你我的自我界限，我们也渴望重新拥有那片代表根本联结的失乐园。

*＊＊

我们总是希望重建一体关系，这种追求既可能是病态的，也可能是一种健康的行为；既可能是一种畏惧的避世行为，也可能是一种向外扩张的努力；既可能是故意的，也可能是无意的。通过性、宗教、自然、艺术、药物、冥想，甚至通过外界刺激，我们试图模糊那条把我们分割在外的界线。我们试图逃脱分离的禁锢。有时，我们做到了。

有时，在那些转瞬即逝的时刻，例如性高潮，我们发现自己又回到了一体状态。但是，在我们还没看清自己到了哪里的时候，那种感觉就没有了，就像玛克辛·库明的优美诗作《爱过之后》所描述的那样：

之后，便是和解。

身体再次出现了边界。

比如这些腿，是我的。

你的胳膊，你抽回。

缠绕的手指，火热的双唇，

各自寻着自己的主人。

一切如初，

除了曾经的那个时刻。

那只狼，贪婪的狼，

站在自我之外，

轻轻地躺下，睡着了。

　　有人认为，这样的经历——两性的肉体结合，把我们带回了婴儿时期的一体状态。当然，精神分析学家罗伯特·巴克把性高潮称为"爱与死亡之间的完美调和"，它通过瞬间的自我消失来弥补母子的分离之痛。当然，我们之中没有人是有意识地为了在床单之间找到母亲而爬上爱人的床。我们与母亲分离（这使有些人十分恐惧而不能达到性高潮）之后，性的交合给我们带来了欢乐。部分原因是，它在无意中重复了我们生命中的第一次联结。

　　无疑，查泰莱夫人给我们呈现了一幅自我分离、情欲亢进的极乐景象："她的自我随着一浪一浪翻滚的波涛离开了身体，越走越远，越走越快，直到触及那个地方的时候，她知道她触到了……

她消失了。"另一位妇女描述了类似的自我丧失的经历，她说："高潮到来的时候，我感觉自己仿佛回到了家。"

然而，性高潮并不是使自我消失，使那只不眠不休、贪婪的狼入睡的唯一方法，还有很多方法可以使我们超越自我的边界。

例如，我经常坐在（或是漂浮在？）我的牙医的椅子上，朦朦胧胧地漂浮在雾气弥漫中，"感觉世界上所有对立的事物（我们就是因为这种对立所产生的矛盾和冲突而感到困难和麻烦）都融成了一个整体。"一个在牙科诊室中经历过同样雾气的人，和我有着相同的感受。上面那些话引自哲学家和心理学家威廉·詹姆斯。但不管是值得尊敬还是不值得尊敬的人，都认为药物的力量可以把他们带入……融为一体的状态。

对其他人来说，实现和谐一体的状态最好通过自然界，或者通过推倒人与自然之间的墙，允许某些人在某些时间"从分离的个体回到有意识的一体融合状态，与周围的一切融为一体……"有些人，如美国著名导演伍迪·艾伦，从来没有体会过与大地、天空和海洋融为一体，所以他们坚定地认为："我是我，自然是自然。"但也有些人，不论是男人还是女人，不仅从欣赏自然，而且还从成为自然中找到了慰藉和欢乐。他们通过融入自然，使自己暂时成为"广阔世界和谐的一部分"。

有时，伟大的艺术在某些时刻也能消除观赏者与被观赏者之间的界限。这些时刻就是作家安妮·迪拉德所说的"纯粹时刻"，也是令人震惊的时刻。安妮说："我将终生不会忘记自己张着嘴、木然地站在那幅独特的油画前的时刻，河水翻腾而上，在我的喉咙处鸣咽着，然后又退回油画，在水彩的背后消失了……我感觉自己仿佛随着这种敬畏之情飘入画了。"

有些特殊的宗教经历也会使我们回到一体状态。当然，宗教启示能够无可辩驳地穿透我们的灵魂，正如圣女特蕾莎所说，当她的灵魂回到她的身体里时，她绝对相信她曾置身于上帝，而上帝也曾置身于她。

神秘的结合通过各种超自然的经历成为可能。神秘的结合结束了自我。无论这种结合发生在男女之间、人与宇宙之间、人与艺术创作之间，还是人与上帝之间，它都在转瞬即逝的一刻重复或是恢复了母子一体的强烈情感。在那种情感的笼罩中，"我，我们，你，都不复存在了，因为一体状态下没有任何区分"。

* * *

但是，我们仍要在精神病患者与圣人之间，在极端的宗教狂徒和真正的教徒之间作一些区分。我们可能会质疑通过药物或酗酒而产生的宇宙结合的合法性。一群宗教狂徒，有穿戴整齐的，也有衣衫褴褛的，他们宣称："融于大众之中使我欣喜若狂，我正品味着因丧失自我而产生的无上欢乐。"此时，我们会怀疑他们的行为是否正当。

换句话说，只有当一体不是疯狂、绝望和永久的，我们才会觉得它是美好的。暂时消逝在油画中，对我们来说是美好的，但永远消逝在狂热的崇拜中就不美好了。同样，我们可能会觉得圣女特蕾莎的神圣体验是可以接受的，而吸毒者对上帝那种飘飘欲仙的理解就是不可接受的。同时，我们可能还想把一个健康的成年人的性生活与共生的性关系区分开来，与可怕的逃避分离的性联结加以区别。

精神分析学家告诉我们，阴道性高潮曾经被认为是女人性成熟的标志。当一个精神严重失常的女人，陷入同母亲而非男子发生性关系的幻想中时，她可能会体会到那种高潮。男人也同样通过性关系寻找妈妈：一名男患者报告说，每当他发现自己"思维狂乱"时，他就通过花钱找一个妓女来使自己摆脱"疯狂"。他俩赤身裸体地躺着抱在一起，直到他感到自己"融入了她的身体"。

很明显，融合有时不过是共生现象——绝望地回到无助的、依赖于人的幼年时期。当然，如果我们总是让自己的思维停留（固着）在共生阶段或者返回到（倒退至）共生阶段，表明我们的情感是病态的。儿童共生性精神病是一种严重的精神疾病，人们认为它和大多数成年人的精神分裂症一样，都是病人不能建立或保持分离的自我与他人的界线。其结果是："我不是我，你不是你，你也不是我；我既是你也是我，你既是你也是我；我搞不清楚你是我，还是我是你。"

最疯狂的是，这种你我融合可能是狂野的、恐怖的、激烈的，充满的是仇恨而不是爱。那种感觉便是："没有她我都活不下去。"那种感觉是："她令我窒息，但她的存在使我变得真实，使我活了下来。"在最疯狂的时刻，无论亲近还是分离都不可忍受，而且一体也不是极乐，而是一种强烈的需求。

我们认为这是一种严重的疾病——精神错乱。共生问题也会引起严重的情感障碍。

以C夫人为例。她今年三十岁，但还是那么迷人，而且还有些孩子气。在二十岁以前，她每天晚上都和母亲睡在一起，后来嫁给了一个宽容但又有些女气的丈夫。C夫人的妈妈就住在她家楼下的公寓里，她的妈妈每天都来她家里做家务，为她安排生活。C夫人不能搬家，因为她一搬离这个地方就会生病。C夫人得了共生性神经症。她与儿童共生性神经症患者不同，她成长的主要部分都很正常。但是在她生活的其他部分，她的行为很像共生体的一半，而且她在无意中也把自己看作了共生体的一半。她心底总有一种她意识不到的恐惧：如果她和母亲被拆散了，她和母亲都将无法生存。

从C夫人诞生之日起，C夫人和她的母亲就是共生关系，她们彼此依附，同忧同愁，难怪她离不开自己的母亲。但是，即使是最健康的母子也要在日后走上分离之路。正如精神分析学家哈罗德·瑟尔斯所说："我们反抗，并且不愿发展成独立个体的最大原因可能是，我们感觉到成为独立的个体，会把我们或者逐渐把我们和母亲分离，和那位曾经与我们共生一体的母亲分开。"

我们必须把放弃一体纳入我们生命的必要丧失之列。

我们永远不会放弃重新赢回它的尝试。

是的，我们都有一体愿望。但是对一些不那么疯狂的人来说，这种愿望可能秘密地支配着他们的生活，贯穿于他们的所有重要关系之中，影响他们每一个重要决定。一位女士，想在两个都很有魅力的追求者中选一位做自己的丈夫。一天晚上，和她一起外出用餐的那位追求者，用勺子舀出食物并像妈妈一样把食物送到她嘴里的时候，她做出了选择。那位先生只是潜移默化地给予了这位女士婴儿般的满足，便立刻赢得了她的芳心。他就是她的选择。

精神分析学家西德尼·史密斯说道："对于那些与我们的行为形成反差的人来说，他们对一体的渴望没有得到良好的控制。不仅如此，他们还把这种渴望打造成一个重要的、执着的、可以塑造生活的金色幻想。在精神分析治疗的过程中，它可能会被逐步并且极不情愿地揭示出来。"

史密斯的一个病人说："我总是感觉在什么地方有一个人会为我做任何事，会用神奇的魔法满足我的任何需要，并且我不需要付出努力就可以得到任何我想要的东西……我一直守着这些想法生活着，我不知道，没有了这些想法我是否还能活下去。"

＊＊＊

永远抱着对婴儿哺育期的金色幻想，会使人在精神上拒绝成长。其实，我们会有这样的愿望，渴望一体时刻，渴望抹去自己与他人的区别，渴望重新拥有那种类似我们早期与母亲一体时的精神状态。这些愿望本身是合情合理的，并非变态。

一体的经历可以缓解随分离而来的孤独。

一体的经历可以帮助我们超越先前的各种局限，也可以帮助我们成长。

精神分析学家把建设性地返回成长的一些早期阶段称为"为了自我回归"。他们认为，我们的生活会借此得以充实和增强；他们认为，我们有时候可以通过后退一步来促进我们的成长。精神分析学家吉尔伯特·罗丝写道："为再结合而结合是心理成熟的基本进程的一部分……"

在《寻求一体》这部饶有趣味的著作中，三位心理学家提出了一个惊人的观点。他们认为，一体经历具有潜在的益处。他们提出了一项在实验室里得到了证实的假设——引发对共生的幻想，即一体的幻想，能够使精神分裂症患者的思维和举止趋于正常，同时结合那些改变行为的技巧，可以改进学生的在校表现，缓解恐惧症患者的恐惧感，帮助吸烟者戒烟，酗酒者戒酒，节食者禁食！

那本书的作者写道，在受控实验中确实产生了上述效果。在实验中，他们只给实验对象呈现阈下（所谓阈下，就是指刺激量低于阈限值，通俗地说就是几乎感觉不到）字条，即手拿一张字条，在被试者还没意识到要看的时候就一闪而过。字条上写着："妈妈和我是一体。"

这些实验者在做什么？为什么他们相信这个实验一定会产生效果？

在C夫人、要人喂饭的女士和史密斯医生的病人的例子中我们已经看到，一体愿望能延续到成年，而且还能激发行为。于是作者认为，如果对一体的渴望未被满足会造成精神病或其他混乱行为，那么通过幻想满足这种愿望（渴望得到照顾、保护，渴望完整和安全感）也许能产生很多有益效果。

上文提到的那项实验就是在通过幻想满足实验对象。是如何满足的呢？

就像我们醒来时已经忘记但又使我们一天都神清气爽或是垂头丧气的梦那样，有些幻想也会在我们意识之外发挥作用。作者说，"妈妈和我是一体"的阈下信息能够激发对一体的幻想。作者接着说道，除了几个重要的例子外，这个信息都激发出了良好的感觉和有益的改变。不管这些良好的感觉和有益的变化能否持续下去，它们都证明了一体幻想的心理学价值。

例一，两组极为肥胖的妇女都参加了一项节食计划，而且两组成员都成功地减轻了体重。但是那组进行了阈下信息实验的妇女的体重比没有接受此实验的那组减轻的多。

例二，对一组在居住中心进行治疗的病态少年进行阅读测试，并把他们的分数同上一年进行比较。整组成员的分数都有提高，但是接触了一体信息的成员所提高的分数是那些没有接触此信息成员的四倍。

例三，一项帮助烟民戒烟的计划结束一个月之后，检查多少人仍在戒烟。接触了"妈妈和我是一体"信息的那组成员，有67%的人仍在戒烟；而没有接触此信息的那组成员中，只有12.5%的人还在坚持。

我并不认为我们应该因此得出结论:"妈妈和我是一体"的阈下信息是未来的一种治疗手段。正如我们所看到的,它们也不会被用来为我们的生活带来一体。在床上,在教堂里,在艺术博物馆中,在那些意料之外的界线模糊时刻,我们终生追求的一体愿望得到了满足。这些转瞬即逝的满足和融合的经历都是美好的,它们加深而非威胁了我们的自我感觉。

＊＊＊

哈罗德·瑟尔斯写道:"因为失去了先前拥有的共生关系,所以没有人会成长为完全独立的个体,也没有人会变得完全'成熟'。"但有时候,好像我们能够实现完全的独立。有时候,那只狼,那只贪婪的狼,站在自我之外,既不会放松警惕,也不会俯身睡去。有时是因为我们过于恐惧,不让它睡去。

当然,蕴含着消灭自我的结合能够消除焦虑。在爱或其他情感中放弃或抛弃自我,可能会使我们感觉自己是在丧失而非获得。我们怎么会如此被动,如此着迷,如此失控,如此……难道我们不会发疯吗?我们怎样才能重新找回自己?被这样的焦虑笼罩着,我们可能是在设置障碍而不是设立界线。只要有什么事物威胁到了我们那不可动摇的自主权,我们都会立刻逃之夭夭,而且我们也会躲避任何情感屈服的经历。

然而,我们永远不会放弃对根本联结的追求,即对重新获得母子一体的追求。我们都活在某种程度的无意识中,仿佛我们被变成了不完整的人。虽然，最初结合的破裂是一种必要的丧失，但是它留下了"无法治愈的伤口，折磨整个人类命运的伤口"。通过我们做的梦和我们编造的故事，让重新结合的幻象延续，延续，延续……并最终塑造了我们的生活。

促使时间变换的力量是一种无法宽慰的哀伤。这就是第一件事被看作一种驱逐而最后一件事被希望是一种恢复和回归的原因。所以，记忆拽着我们前行，预言也只是美好的回忆——这里将成为天堂，我们都会像孩子一样睡在母亲夏娃的怀抱中……

Chapter 3 渴求独立：大无畏的冒险家

这棵植物要长大，

但此时它还只是胚芽；

增长，却逃脱，

成形已是命中注定。

——理查德·威尔伯

一体是快乐的，分离是危险的。然而，我们还是不断地挣扎，最终挣脱了。因为我们需要成为分离的自我，这种需要与永为一体的渴望同样迫切。而且，只要提出分离的人是我们而不是母亲，只要母亲还可靠地在"那里"，我们就可能会冒险独立，甚至还会沉迷于独立。

我们从天堂的山谷中爬了出来，探索着。

我们用两脚支撑身体，走出门去。

我们离开母亲，去上学，去工作，去组建自己的家庭。

没有母亲，我们也敢于穿街过巷，走遍世界。

诗人理查德·威尔伯在那首描写植物和人类发展的小诗中，提到了一体和分离之间的冲突。很明显，威尔伯认为，我们的确希望保持原始的依恋关系，"但从根本上看，有一种东西比维持这种愿望更迫切"。

那就是我们为成为一个分离的自我而做出的努力。

＊＊＊

然而，从根本上来说，分离还是一种内在的感知，而非客观存在。它是基于"我与你是不同的"这样的感知。分离突显了限制、包含我们以及约束、定义我们的界线。它联结着自我的核心，不能像一件衣服那样可以随意拿走或改变。

成为一个分离的自我并不是一蹴而就的，而是一个慢慢展开的过程。它随着时间的转变慢慢地、缓缓地演变着。我们在最初的三年中，在可以预料的分离一体化阶段，就踏上了从一体到分离的旅程。这一旅程的重要性不亚于任何我们将要经历的人生旅程。

从熟悉到未知，日后所有的分离都可能会激起我们对原始分离的回忆。若是我们远离全部自己所爱的人，独处于一家陌生旅馆的房间里，我们可能会突然产生一种不安全感，还可能会感到若有所失。每一次出夷入险，我们都增加了自身的经历。当我们发现分离会带来令人神往的自由和令人痛苦的孤独，当我们涉足精神分析学家玛格丽特·马勒提出的"心理诞生"时，我们都会在脱离的过程中，重复一些原始丧失的快乐和恐惧。

大约五个月大的时候，我们的"心理诞生"就开始了。此时我们进入了一个崭新的阶段——区分。区分阶段，我们会表现出一种"孵化了"的警觉，并形成了一种特殊的母子关系。在这一阶段，我们离开了母体，因为我们已然认识到，母亲乃至于整个世界都外在于我们的界线而存在，并等待着我们去观察、触摸、感受。

大约九个月大的时候，我们进入了第二阶段，一个大胆实践的阶段：我们开始从母亲的身上爬开，但仍视之为丰盈的家园，并一而再地回归这个家园，以获得"情感满足的补充"。外界令我们惊恐，但我们需要巩固、实践新具备的移动能力，而且我们还需要探索很多新鲜的事物。只要我们还能触摸到母亲的身体，只要我们疲惫的头还能枕着她的双膝，只要我们还能看到母亲那充满鼓励意味的微笑——仿佛在说"我在这里，你很好"，我们就能继续扩大活动领域，进一步提升自我。

实践出真知，行走最终取代了爬行。这是一个具有决定意义的阶段，直立行走为我们提供了美好的前景、更多的可能性，以至于我们沉浸在这种全能与伟大之中。我们变得傲慢，成了狂热的自恋者和夸大狂，成了能够观察到的所有事物的主人。通过两条腿的移动看到的景象诱惑着我们，使我们喜欢这个世界，这个和我们一样美妙的世界。

时至今日，那个独自往来的飞行员，那个非洲探险家，那个不明海域的领航员依然存在于我们内心的一隅。我们在心中仍然为那个大无畏的冒险家保留了空间。在从事正常实践活动的阶段，如果我们能够正常地进行活动，那么我们心中便永存着一个能到各处去发现奇迹的兴高采烈的人。虽然现在我们会受到控制、约束，但走运的人仍然能时不时地与那种自我陶醉感、那种发现奇迹的感觉产生关联。当惠特曼高喊着"我赞美自己，歌唱自己……我从里到外都是神圣的……"时，我们能从中觉察到，正在实践阶段的孩子的狂野的呼声。

实践是有危险的，可是我们太热衷于行动，所以注意不到这一点。我们擦伤，我们流血，我们通过不断返回获得更多的东西。能够行走、奔跑以后，会跑会跳，能在摔倒后重新站起，我们已经变得十分适应这个世界了，我们是如此自信，以至于对一些小伤满不在乎，看起来，我们已经不再在乎自己的母亲了。

然而母亲是隐于幕后且无处不在的，这是我们能够兴高采烈地脱离她的真实原因。我们和母亲之间尽管有距离，但仍将她视为自己的，如同一个附属物般。不过，在大约十八个月大的时候，我们的头脑已然有能力理解分离的隐含意义了。彼时我们看到了自我，一个幼小、脆弱、无助的一岁半大的孩子。那时，为求得独立，我们面临着必将付出的代价。

试想一下，当我们正在空中走钢丝，或许还在炫耀一两个自以为了不起的把戏时，我们突然看见了下边，这时我们发现："噢，上帝啊，看哪，我们正在走的钢丝没有防护网！"

那种完美的感觉，拥有权力的感觉消弭于无形，因为它们源自这样的幻觉：我是世界的王者，是娱乐界的明星。

安全感也丧失了，因为它源自另一个幻觉：只要有母亲在，孩子就会觉得自己具有一张安全网。

接下来便是分离一体化过程的第三个阶段。我们在这一阶段面临着巨大的困境，并尝试着解决它。既然我们这些蹒跚学步的孩子，已经体会到了独立所带来的巨大欢乐，又怎么会放弃自主的机会，退回到依附别人的状态呢？但是换个角度想一想，作为一个有思考能力的孩童，既然已经认识到了自主的危险，又怎么会选择独立呢？所以，我们把这个阶段称为调解阶段，而且在此阶段，我们第一次试图调解分离、亲近和安全之间的关系。

我若离开了，会死去吗？

她还会让我回家吗？

在人生的几个转折点上，我们还会为这些涉及调解的两难处境所累。在这几个转折点上我们会问，我应该走还是应该留？在这些转折点上，在和父母、朋友、志趣相投的人、配偶相处的过程中，我们将在亲近还是自主的问题上进行自我斗争。

如果仍与母亲保持联系，我能走多远？

我能为自己做什么？我想为自己做什么？

为了爱或仅仅只是为了寻求庇护，我准备在多大程度上放弃自我？

我们在人生的几个转折点上，可能会坚持这样的观点：我要靠自己做，我要靠自己活；我要自己解决，我要自己决定。然而决定做出后，我们可能会被独立吓个半死。

接下来，我们可能也会像成年人那样重新上演调解那一幕。

这是因为在进行调解的最开始的几个星期里，我们还会回到母亲身边。我们吵着闹着想引起她的注意。我们恳求、纠缠并吸引她。为消除分离带来的焦虑，我们努力地去重新占有。我们当时的感觉是：别不爱我。只依靠自己我们是没办法活下去的。

我们需要帮助！

另一方面，我们又不需要帮助。更有甚者，我们既需要帮助又不需要帮助。在这种自我矛盾的状态中，我们欲迎还拒，既想跟随又想逃走。我们觉得自己是强有力的，然而无助时又感到愤怒。如此，分离的焦虑就被强化了。我们渴望最初那种甜美的一体状态，却又害怕丧失自我；想和母亲一体，但又渴望独立。我们的情绪如同暴风雨般从这一种转移到另外一种，我们时而向前，又时而后退，这是典型的二重心理模式。

快到两岁的时候，我们都得以自己特有的方式解决调解危机。通过建立母子间舒适的、最佳的距离——一种既不太远又不太近的距离，我们便可以在心理上独立了。

＊＊＊

在分离一体化的每个阶段里，我们既向前又退缩，既成长又停滞或者后退。每个这样的阶段都有需要完成的任务。虽然我们生活中的每个行为都会被不同的力量所左右，或者为多重因素所左右，但直到今天，从每一个分离阶段所学到的东西，依然在一定程度上是我们生活的依靠。

例如小心谨慎的爱丽丝。她不希望朋友和爱人距离太近，她认为人侵是对亲近的恰当形容。可能她现在仍在防备处于实践活动时期的母亲，并以此来达到自我保护的目的。她的母亲是让人反感的、无处不在的，一直在闯进她的生活，指导她，约束她，控制她。

再比如被动的雷。他恐惧任何的独立自主，因为他觉得这会伤害乃至毁灭他所爱的人。一旦这个男孩开始摇摇摆摆地离开母亲，他那位愉快地共生的、又是亲他又是抱他的母亲，就会产生凄凉冷寂之感，乃至产生自杀倾向。

再说阿曼达。她那傲骨凌人的母亲竟如此无能，无法帮助她独立自主。阿曼达现今已是一个成年妇女，却依然和母亲住在一起。梦中爬楼梯时，她的身后是一片令人恐惧的空白，彻彻底底的空白，了无一物。

如果母亲不能忍受婴儿对自己的依赖，并将他推出安全港湾，那么我们会怎样呢？又或者与此相反，如果我们在她身边时，她对我们百般呵护；一旦离开时，她又对我们冷酷无情，那我们又会怎样呢？又或者，我们的首次探索令他人感到警惕，并被认为有害于我们的健康甚至生存，我们又会怎样呢？再比如，我们说"去死吧，无论如何我都要去探索"，却摔了个狗啃泥，而我们的母亲却不肯施予援手，我们又会怎样呢？

要么适应，要么被打倒，要么想一个折中的法子。要么屈服，要么忍耐，要么获胜。无论解决方案是什么，我们日后的经历都会重塑它，或者将它变得更加复杂精细。然而，这些方案依然会以这样或者那样的形式继续影响着我们。

当然，经历十分雷同的人面对同样的问题会有截然不同的表现，这一点是毋庸置疑的。当下十分相似的人其最初的起点会完全不同，这一点也是毋庸置疑的。在人的发展中没有完全简单的A和B相等的关系，因为除了养育环境之外，我们还受天性的影响。因为我们与生俱来的独特性格会渐渐渗入日后的生活。

这种与生俱来的独特性格有助于我们理解达夫反抗自己母亲的原因。与雷的母亲相同，他的母亲对他有一种"永远不要离开我，这样等于杀了我"的情感依赖，这种依赖令他感到窒息。达夫把母亲丢在家里，并以最快的速度脱离了那个家。在他年龄还很小的时候，一有空闲他就去打零工。后来他选择了一所离家很远的大学，一个他母亲无法触及的地方。有一次，他的母亲告诉他："大学因为我而毁了你。"再往后来，达夫娶了一个终日忙碌、自主性强的妻子。他的妻子很爱他，但又和他保持适当的距离。

达夫承认："个别时候我会想起母亲那柔软的胸和带给我的宁静、舒心和亲密感。母亲的确知道该如何照顾我。"他很清楚为了获得和保持独立自己将遭受的损失。带着这些丧失，他生活着，有时很美满，有时不尽如人意。

＊＊＊

快两岁时，我们已经经历了从一体到分离的明显转变。我们从区分阶段发展到实践阶段，然后从实践阶段发展到了调解阶段。

经过这些分离一体化阶段，接下来我们就进入了没有时间范围的第四阶段。在此阶段，我们会在心中形成自我以及其他人的形象。

这不是一件容易的事。

因为，在我们还未成熟的时候，无法接受这样的观念：有时好人也会做坏事。这种概念对我们来说太古怪了。我们内心中那些关于母亲和我们自己的意象都是一分为二的，这也令我们难以接受。

我是一个完美无缺的人。

我也是一个糟糕透顶的人。

她是一位伟大的母亲——她给了我任何我需要的东西。

她也是一位糟糕的母亲——任何我需要的东西她都没给我。

在童年的早些时候，我们似乎认为，这些不同的自我和不同的母亲是不同的人。

有些成年人也相信这一点。他们以某种方式分裂了自己的全部生活，在一定程度上，他们坚信世界非黑即白。他们忽而过分自爱，忽而又极端自恨。他们可能会把自己的爱人和朋友理想化。但是金无足赤，人无完人，当他们的爱人和朋友表现出一些缺点的时候，他们会说："你并不完美，你有负于我，你不好。"然后，他们可能会将这些人驱逐出自己的生活。

父母也会分裂自己的生活。他们会把一个儿子看作该隐，另一个看作亚伯。恋人们也是如此，他们要么把自己的女人看作圣母，要么看作妓女。领导者也是这样，他们容不得自己的下属提出任何异议。他们认为下属要么是支持自己的，要么就是反对自己的。

有时，一些表里不一的人也是这样的，他们虽然外表温和但内心却异常歹毒。

在我们的早年生活中，分裂极其普遍。我们通过驱逐所有坏的东西来保护美好的事物。我们担心不好的情绪会破坏我们所珍视的情感，所以我们会将怒气隔离在情感之外。然而，我们渐渐地还是学会了——如果有足够的爱和信任——带着矛盾心理生活，并渐渐地学会了弥补裂痕。

毫无疑问，一个非好即坏、非对即错、非是即非、非继即止的世界是单纯的，生活在那里使人感觉放心。毋庸置疑，即使所谓的正常人也会偶尔陷入分裂。然而，现实世界并不是非黑即白的，而是有模棱两可之处的。承认这一点，于我们而言是困难的。**放弃那种孩子般的非黑即白的单纯是我们人生中另外一种必要的丧失。**在这次丧失中我们获得了一些有价值的东西。

母亲会离开我们，所以我们觉得她很可憎；母亲又会紧紧地抱着我们，所以我们又觉得她很慈祥、可爱。然而不管我们怎么想，她都是我们唯一的母亲，而不是两个不同的人。同时，不管我们是一个离经叛道的坏孩子还是一个值得夸赞、惹人怜爱的好孩子，都会作为一个整体统一在独一无二的自我之内。我们在观察人的时候，再也不会把眼光只落在一个人的某个方面，而是会从整体上进行审视——人是微渺的，也是了不起的。我们也开始懂得那个把爱恨情感杂陈于一体的自我。

这个统一的过程永远都不会结束——我们一生都在割裂、拼合头脑中的意象。有时，我们只看到了黑或只看到白，甚至在我们临终前，还在拼接着心中的"我"。不过，在我们两三岁时，我们头脑中已形成了各种形象，而且这些形象在某种程度上具有持久性：

自我持久性： 在我们的头脑中，形成了一幅完整的"自我"画像，而且这幅画像会长久地留存在我们心中。

客观持久性： 我们在心中形成一幅完整的慈母画像，形成一个能使我们感到愤怒和怨恨的意象，形成一个能使我们感受到爱、安全和宽慰的意象——这一点至关重要——这些都是我们的母亲提供给我们的。

在早期的日常接触中，同一位慈祥、可爱的母亲共同生活，我们无论在情感上还是身体上都会感到很安全。这种悉心的照顾在我们的脑海中留下了印记。那种温馨的氛围在我们的脑海中建立起记忆的那一刻，我们便独立了很大一部分。随之而来的是，我们对实际母亲的需要越来越小了。但是，在我们拥有这种先由母亲而后由其他人提供的温馨记忆之前，我们不可能独立。虽然那些创造我们内心世界的一连串的记忆常常游离于我们意识之外，但我们有时能在日后的类似经历中捕捉到它们。

一位接受心理分析的妇女开始发现并切身体验到了自己的力量。她身上有自己从来都没有意识到的潜力，令她惊讶的是，她发现自己能清晰地意识到这些力量。她头脑中有一个十分古怪的画面：自己身处一个陌生的地方，四面都是木结构的东西，这些东西正压着她的胸口。

在精神分析过程中，她使自己与这个画面产生了联系。她发现，她头脑中映现的是一个网球拍的夹子。但是她不打网球，而且也不喜欢这项运动，所以这个意象一时使她极为不解。通过进一步的精神分析，她的思绪从网球拍夹子转到了……被压的花朵……被压的蝴蝶。这时，一个记忆从她的脑海中一闪而过，那是一个护士。小时候她曾重病缠身，在她惊恐万分的时候，一个护士照顾过她。这位亲切、可爱的护士，每天下午都让她观察阳光是如何在她房间的墙上形成蝴蝶形状的阴影的。

那只蝴蝶深深地印在了她的脑海中并形成了持久的记忆——那位护士给她留下了爱的记忆。当她带着前胸的疼痛躺在医院的房间里时，毫无疑问，正是这份爱鼓舞了她，并使她的内心得到了安慰。

在我为独立而努力的时候，就让爱来鼓舞我吧！

Chapter 4 独一无二的"我"

> 当我说"我"时，我是一个独一无二的、不与其他任何人混淆的"我"。

> ——尤戈·贝蒂

谁是那个独立傲慢的生灵？"我。"回答时我们既骄傲又有些不安。这个"我"字，是意识到自我的宣言——我们如今是，或曾经是，我们有可能曾经宣称过的自我。我们的身体、头脑、目标以及角色，我们的欲望、局限，我们的感情及能力：这一切乃至更多的东西都包含在"I"这个孤独而又一直大写的字母中。

我们的"我"——如今的"我"——也许正在炖牛肉，在做爱，正前往办公室的路上，或者在跑马拉松，在审判室巧言令色，在洗衣店里吹毛求疵，或在牙医诊所吓得半死。我们的"我"知道所有这些自我，无论相册中那六岁的面孔，还是迟早会出现的六十岁的容颜，都紧密结合在"我"的统一体中，都是"我"这个实体的一部分。

在成为这个自我、这个"我"的过程中，我们不得不放弃一体状态带给我们的快乐，不得不放弃那种缥缈的关于安全的幻想，不得不放弃那种非好即坏的、令人宽慰的单纯。在成为这个自我的过程中，我们步入了一个孤独的、无力的和充满矛盾情感的世界。我们意识到自己的恐惧和荣耀，说道："这是我。"

正如你确信的那样，有一种心理模式从理论上将人的心理划分成三部分：本我，即婴儿期愿望的范围；超我，即我们的良知和内心评判者；自我，即感知、记忆、行为、想法、情感、防御和自我意识的场所——在那个地方，"我"作为内心的自我形象存在着。

这个"我"（自我的代表）是由各种经历的碎片融合为一个整体的——由那些和谐的经历，那些令人喜悦的确认自我的经历，那些最初的与他人建立关系的经历融合成为一个整体的。这种理论认为，早期我们会在头脑中形成一个"实体自我"的形象，围绕这一形象，又逐渐形成了早期的"心理自我"形象。如此，在大约十八个月大时，我们开始用名字来称呼自己，用那个单数第一人称的字母"I"来称呼自己。

我们用"I"来称呼自己的时候，已经把自我的形象——那个备受母亲爱护的孩童形象内化到了自己心里。同时我们也在心中形成一个慈爱的母亲形象的方方面面，这种形象形成于行为上对母亲的模仿，或者对母亲行为的认同。

对母亲行为的认同是我们建立自我的核心过程之一。自我认同解释了我们专横、谨慎、嗜书的原因——因为母亲也这样，解释了我们富有活力或者冥顽不化的原因——因为父亲也这样，解释了从不洗澡的儿子们为什么如今天天洗澡——因为他们的父母都这样，解释了为什么苹果总是落在树的附近。

最初我们倾向于普遍的认同，一段时间以后，我们便选择了局部认同。随着年龄的增长，我们会说"这个地方我要像你，那个地方不要"，这个时候，我们的认同就变得非人格化了。如此一来，我们不会完全变成我们的母亲、父亲或者其他人，而是变成一个和声细语、工作勤恳、讲话风趣、动作灵敏的人，或者变成一个舞蹈家。正如丁尼生在《尤利西斯》中所言："我们像所遇到的任何人的一部分。"然而这些部分已然变形，每个人都是自我的艺术家，都在创作一幅由破碎的认同组成的拼接画，一件全新的、独特的艺术品。

不管我们心中所认同的人对我们的影响是正面的还是负面的，对我们来说都是很重要的。在某种程度上，我们对他们总是怀有强烈的情感。如果我们心中认同了某人，就会在行为上与之保持趋同。虽然我们可能会清晰地记得，自己的某些行为是在模仿某位老师或是某位电影明星，但是大多数的情况下，我们都是在无意识地模仿别人（当我写这些内容的时候，我很惊奇地发现自己还留着刘海，可能是因为我七年级时崇拜的偶像帕特·诺顿就梳这种发型）。

我们在心中认同一个人，原因有很多，但通常都是出于几个直接原因。我们常常把认同作为对付丧失的手段。我们会因某人的离世或者会因我们必须离开某人而备感痛心，于是我们通过模仿他们的穿衣风格、口音或是言谈举止来把他们留在自己的内心深处。

一位中年男子在父亲去世后不久便蓄起了胡子，因为他的父亲生前留着小胡子。

一个大二的学生在母亲去世后不久，便把自己所学的专业从政治学改为心理学，因为他的母亲生前是一位心理学家。

一位女士总是因丈夫在饭桌上举止不得体而心有不快，但是在丈夫去世后不久，她就变得邋遢起来，因为她的丈夫生前就是这个样子。

一位男子以前从不去教堂，但在妻子过世后不久，便经常去教堂听牧师布道，因为他的亡妻是一个虔诚的教徒。

然而，并不是只有死亡才能造成我们的丧失；在日常生活中，我们也会因成长而丧失，而且这种丧失会促进一些重要认同的产生。对我们来说，这些认同既是一种坚持，同时也是一种放弃。的确，内在认同会反映在一些外在行为上，而且这些行为仿佛是在暗示："我不需要你做这件事，我要自己做。"我们之所以能放弃人际关系中那些重要的方面，是因为我们通过认同把这些方面内化了。

我们早期形成的认同，绝大部分都是对我们影响最大的。这些认同限制了我们日后的一切，同时也塑造了以后的一切。我们在行为上会模仿自己喜爱、羡慕和崇拜的对象，但我们也会效仿那些我们憎恨和恐惧的人。这就是所谓的"对攻击者的认同"。这种认同可能会出现在我们受到挫折或感到无助的情形下。当我们面对比自己强大、有力的人的时候，我们会受到那个人的摆布。"如果你不能打倒他们，就加入他们。"我们在这种潜在精神的牵引下，努力模仿着我们痛恨和害怕的人，希望通过这种方式获得他们所拥有的威力，从而使自己能够对抗他们身上所体现出来的那种危险。

因此，被绑架的女继承人帕蒂·赫斯特，变成了持枪革命的塔尼亚。

因此，这种出于自我保护而形成的"对攻击者的认同"，会使一个饱受虐待的孩子在成年后，变成一个虐待孩子的施虐者。

因此，认同既有可能产生积极的结果，也有可能导致消极的结果，既可能是因为爱而产生也可能是因为恨而产生，既可能把生活变得更好也可能是更糟。这些认同会体现在方方面面，如冲动、情感、良知、痛苦、成就、能力、风格、人生目标或者发型。在漫长的人生旅程中，为了使一些相异的认同和谐地共存于同一自我，我们会放弃可能的其他自我。这些相异的认同当然包括作为一名男子或是一名女子对性别的认同，可能还包括宗教、职业和阶级的认同，还包括对于好坏品质的认同。

放弃那些可能的其他自我，是另一种必要的丧失。

威廉·詹姆斯写道："如果可能，我一定要成为这样的人：英俊富态，衣着考究；我要成为一名出色的运动员，年入百万；我要成为一名智者、美食家和情场高手；我还要成为一名哲学家、政治家、勇士、非洲探险家、诗人、圣人。但这是不可能的……在上面所列的这么多选项中，在人生的初始阶段，极有可能有一个是我们所要效仿的人。为了成为自己所选择的那个人，我们必须放弃其余的选项。因此，那个想要找到最真实、最强大、最深刻的自我的探索者，一定要仔细地阅读这份名单，从中选出一个，然后压上我们全部的赌注。这样一来，其他的自我都已经不现实了……"

＊＊＊

我们几乎无法调和内心中那些相异的认同，我们无法将我们各个分离的自我融为一体，这些失败会导致很多不好的结果，其中最糟糕的是极为古怪的神经错乱，也就是所谓的多种人格的精神混乱——许多相互矛盾的自我同时存在于一个人身上（还记得《夏娃的三张脸》这部影片吗？）。在我们周围，在办公大楼里，在律师事务所内，在小镇上，到处都有轻度自我混乱的人；在我们周围的任何地方，都有整体感失调的男男女女，这使我们的世界充满了情感灾难。

毋庸置疑，我们都遇到过精神分析师温尼科特所指的那种伪自我人格的人。

我们也遇到过精神分析学家海伦妮·多伊奇命名的那种似人格的人。

我们还遇到过那些处在神经病与精神病界限边缘的人，这些人被严格地界定为临界人格。

我们肯定还遇到过这种人，他们是当今心理学和社会学研究的热门课题，他们就是自己饿死自己的自恋型人格障碍者。

这些名称中的任何一个都可以用来探讨自我和自我意象的扭

曲。这些名称中的任何一个都与伤害有联系。这种伤害指的是对私"我"的伤害，而且对这种伤害的描述都稍有不同，但常常是部分重叠。

＊＊＊

精神分析学家莱斯利·法伯描述了这样一种情况：一个人围绕伪自我建立起了他的全部存在，并且他相信，为了"获得他所渴望的注意和认可……他必须玩弄自我的表象"。那么，在他身上会出现什么情况呢？他既遭受痛苦又蒙受羞辱，因为他有另外一个隐秘的、没有人喜欢的、不被承认的侧面。同时，他还承受着很大的精神压力，因为看起来他不是他自己，或者不是他应该是的那个人。

当然，有时我们所有人都会笨手笨脚地修补我们的公众表象，我们希望给别人留下深刻的印象，希望取悦别人，宽慰别人，也希望自己能胜过别人。毫无疑问，我们所有人有时都会致力于一定程度的自我欺骗。任何公正的、毫无偏见的看客在给我们打分时只会打出"C"，而我们给自己打出的是"B+"。当然，我们大部分人在大部分时间里都会尝试着在真实的自我和表现出来的自我之间保持一种合理的联系。因为当这种联系中断的时候，我们对外展现出的自我可能是一个虚假的自我。

某位在竞争激烈的领域里获得成功的女士坚持认为："真正的我是那个来自布鲁克林的穷苦女孩。"

又如某位男士所说的那样："他有两个'自己'，真正的那个自己……一直在顽固地展现他自己，而另一个自己……则依从社会的要求。"

又如理查德·科里，他"走路的时候光芒四射"，人们十分羡慕他那种光环笼罩下的生活。他英俊潇洒，身价不菲，且富有绅士风度；在一个夏季的夜晚，他"走回家里，把一颗子弹射入了自己的头部"。

这便是那些作为伪自我生存着的人。

正如温尼科特所说，真正的自我来源于早期的人际关系，来自母子之间那脆弱的和谐关系。真正的自我源自一些反应，这些反应实际上是在告诉我们："你就是你，你的感觉就是你当下感觉到的一切。"这些反应能使我们相信自我的真实性，它们还能使我们相信：暴露早期的、脆弱的、开始成长的真正自我是安全的。

来这样想象一下：我们伸手去拿一个玩具，但在我们伸手去拿的过程中，我们瞥了一眼我们的妈妈，我们不是为征得许可，而是为了一些别的东西。我们在寻求确认，这个寻求确认的愿望，这个自发的举措的确属于我们。我们感觉到了我们所感到的东西。

在这一脆弱的、微妙的时刻，母亲的支持与指导使我们相信了自己的愿望："是的，我想要这个。我的确想要。"我们在萌生新的自我感觉时得到了确认，我们在"自我意识"之中得到了认可，于是我们继续伸手去拿那个玩具。

然而，母亲在回应我们那带着疑问的眼神时，误解了我们的需要，或者她以自己的需要取代了我们的需要，那么我们便不能确定我们真正的感觉和我们真正想要做什么。母亲没能与我们协调一致，这种不协调会使我们感到：我们被抛弃了，我们被攻击了。于是，我们可能会通过建立一个伪自我来保护真正的自我。

这个伪自我是温顺的。它没有自己的行动方案，似乎是在说："你想要我成为什么样子，我就变成什么样子。"它就像一棵树，处在被修剪得平整的树篱中，自己不能自由地生长，只能按着规定的形状抽枝长叶。这些外界规定的形状有时是有吸引力的，有时甚至魅力非凡，但它不是真实的。

***

海伦妮·多伊奇所描述的似人格者，比伪自我更像变色龙，因为他随时都准备着接收外界的信号，并照着此信号塑造自己，形成自己的行为。他倾向于经常变换自己的模仿对象，先是模仿这类人，随后又模仿那一类。每次转换他都给自己找充足的理由。似人格者意识不到自己内心的空洞，他所过的生活看似一个整体。他所用的表达方式，他选择的人际关系，他的价值观念、情感及快乐，都只是对他人的模仿。虽然他的表演很精彩，但最终我们还是会感到不安，我们会看着他，并在心中暗自想："等等，好像哪儿出错了。"除非他知道，他只是重复了他人的行为，就像科幻小说中的外星人一样。从他的行为举止来看，他仿佛真的经历过这些，但实际上他根本没有相应的内心体验。

一幅似人格者的有趣且精彩的画面被呈现在伍迪·艾伦的影片《变色龙》中。在影片中，主人公是一个缺乏自我观念的男子，他会变成任何一个和他在一起的人。伦纳德·齐利格急切地希望融入自己所处的环境，希望得到认可、被人喜爱，希望自己变成黑人、中国人、心宽体胖的领袖和印第安酋长，希望自己看起来像希特勒的褐衣队员，教皇的随从及巴比·卢斯球队的队员。齐利格不仅模仿周围人的外在表现，而且模仿他们的精神特征，从而变成了与他相处的同伴。他对他的精神分析医生说："我谁都不是，什么都不是。"他只是伦纳德·齐利格，一只徒具人形的变色龙。

***

在第三章中，我们已经描述了人格分裂的过程。边缘型人格者将自我和他人都依照好和坏来进行划分。在幼年时，他开始恐惧，他偶尔会感觉到，对母亲的愤怒会伤害她（事实上我们都会产生这种感觉）。那么他该如何是好呢？然而，如果那个他既爱又恨的母亲能够被视作两个人，那么他就能恨得心安理得了。就这样，他陷入了分裂。

按照精神分析学家奥托·肯伯格的说法，边缘型人格者过着破碎的、时刻变换的生活，他们"积极地斩断令人恐惧的情感经历与那些在其他情况下变得混乱、矛盾、令人极度沮丧的事物的联系……"虽然边缘型人格者也能感觉到爱和恨，但是他们永远都不能把这两种情感融为一体，他们担心好的东西会因此而受到毒害。

这种想象中的破坏将会带来难以承受的焦虑及负罪感，他可能周一、周三爱你，周二、周四、每隔一个周六恨你，但不会同时爱你或恨你。于是他陷入了分裂。

边缘型人格者的情绪和人际关系都不稳定，对此，我们一点都不奇怪。他经常冲动，而且在身体上自残。他发现独处很困难。边缘型人格者最突出的特点是分裂，这使他能够忍受思想上和行为上的深刻矛盾，他使自我的各个方面都与别人割裂开来。这种分裂状态使他如处孤岛。

* * *

自恋者通常都被人们看作过分自恋的人（我有多么爱自己？从很多方面都能看出来，让我来描述一下）。然而实际上，这些人是由于缺乏稳定的内心自爱，即健康的自恋，才会在心中强烈地追求自恋。这会迫使自恋者利用其他人来实现纯粹的自我增强，还会迫使自己利用他人来反映、扩展自我。

我一定魅力无穷——看看挎着我胳膊的漂亮女人。

我一定十分重要——看看我周围都是名人。

我一定令人兴奋——我就是一颗耀眼的明星，总是众人瞩目的中心。

我一定是——我不是吗？

他们内心自爱的发展出了差错，所以他们没有在心中形成一个自信的自我。

弗洛伊德说，在我们了解到世界还有别人存在之前，我们所拥有的对自己的爱是最初的自恋，即原始自恋。他还说过，此后，当我们从别人身上撤回我们的爱来爱自己时，我们所展示的就是第二阶段的自恋。他说，我们给自己的爱越多，给别人的爱就越少。对自我的爱与对他人的爱是对立的。弗洛伊德的这些话给我们留下的印象是：自恋当然不是一个好东西。

但是近年来，一些精神分析学家，特别是海因兹·科胡特，对这一观点提出质疑，他们认为这种对自恋的看法是消极的、极端的。科胡特说，自恋是一种正常的、重要的、健康的好东西。我们全心全意地爱自己，不但不会使自己给予别人的爱减少，反而还会增加或是补充我们对他人的爱。

我们如何才能获得正常的而非过分的自爱呢？

科胡特的观点仿佛是在说，我们开始的时候总是有这样一种感觉：我们很好，我们是完美的、有力的，也拥有完美的、有力的东西。为了使我们与崇高的人类限制达成一致，我们首先需要一种对自恋的定位。

在我们生活中的某个时期，我们需要自我炫耀，需要沾沾自喜；我们需要得到别人的认可并希望自己在别人心目中是出类拔萃的人；我们需要一面能映出自我崇拜的镜子并在镜子前展示自己；我们需要父亲或母亲起到那面镜子的作用。这意味着母亲能带给孩子单纯的快乐。当孩子向母亲炫耀着什么东西时——"啊，妈妈，看我！"，孩子希望妈妈也为自己感到高兴，并希望她带着骄傲和鼓励的口吻做出回答。但是这绝不意味着放任，也不意味着孩子的情感不应受挫。每个人成长过程中都需要一些挫折。

在我们的生活中还有一个时期，我们需要另一个人的参与来完善我们的人生。当我们说"你真棒，你是我的"的时候，当我们需要与一些完美无缺、无所不能的人建立联结来扩展自己的时候，我们需要父亲或者母亲就是那个理想的人。这意味着，父亲或者母亲能使孩子冷静、自信，使孩子感到荣耀、强大、有力。实际上，这也意味着孩子需要一种保护，"我在这里—— 你不必全靠自己做"—— 一位战无不胜的同盟者，但这绝不意味着父亲或者母亲一定要是一位超级英雄。

在幼年的某个时期，我们需要自己拥有一个金色的自我，一个比实际身体比例强大一些的自我。同时，我们需要相信，那个热切的、兴高采烈的、自负的金色自我是可以被人们接受的，至少在一小段时间内可以如此。

如果父母也把我们当作一个金色的自我并接受了我们——不需要总是如此，只是在某些时候就足够了，那他们就为我们形成自我发挥了作用。因为在形成自我的过程中，我们获得了那些极为重要的元素，所以我们随后就放弃了它们——我们随后就将它们调整、转化成了更加现实、合理的东西。

一个积极的自我形象。

一颗坚强的自尊心。

一种自我之爱，可以使我们更加自由地去热爱他人。

但是，如果没有自恋定位，我们便会停在旧时的、婴儿期的自恋阶段。我们无法继续前进，也无法放弃这种自恋。于是，我们会通过他人来弥补我们那部分缺失的自我，也不会把他人看作相互关心的伙伴。所以，自恋者总是在寻找令人崇拜的人，而且希望自己也拥有那些令人崇拜的因素。自恋者还会不断寻求强大有力的人，而且希望自己也拥有那些使人强大有力的因素。但是，就像科胡特所评论的那样，那些被自恋者所追求的人，"并不是因为他们拥有什么特殊品质，才受到自恋者的追捧和喜爱，而是因为他们身上的一些人格特征……被自恋者恍恍惚惚地感受到了"。当然，他们绝对不是真正意义上的朋友、恋人、配偶或者孩子，他们是自恋者所缺失的那部分自我，是自恋者的一部分——仅仅是"目标自我"。

从一幅描绘自恋人格的复合画像中，我们看到了佩吉展现出了很多方面：在日常生活中，她热情、自负，浪漫而且性感，她总是引人注目。她表面上看起来活力四射，但实际上，她每天都在死亡和空虚中挣扎着。她如饥似渴地渴望着，一直面对着"这是什么"的恐惧。在她各种外表和姿态的掩饰下，她不断地在喊："看我啊！"此时，她感觉自己并不真实，毫无价值。

佩吉从不依赖别人。她害怕与人亲近。她就如同钱包大小的一盒盒面巾纸那样仔细地审视着周围的人。她总是不停地移动，试图逃离她对衰老和死亡的恐惧。因为她与过去和未来都没有真正的联结，她没有真正关心过别人，也没有关于爱的记忆，焦虑笼罩着她的生活。

每天早晨她都仔细地看着自己的皱纹。

她把一周中每晚的日程都安排得满满当当。

她时常带着一份令人烦闷的忧郁症病例去看医生。

她内心充满了愤怒——失望的、无人关怀的孩童般的愤怒。

我认识一个名叫唐的男子，他属于另一种类型的自恋者。他能征服很多女人并把她们带到床上，他对这种行为十分着迷。最令他自豪的炫耀之词就是：在一个精疲力竭的晚上，他跑了三个不同的地方，分别与三个不同的女人上床。当时正值汽油短缺，所以他使用的是公共交通工具。

在与女人的关系上，唐总是一再换人，不断去寻找更理想的。这些女人都很漂亮、聪慧，而且也有思想深度。每得到一个女人，随之而来的便是幻想破灭，这总是驱使着他去找新的替代者。他有多任妻子和很多情人，但是他对哪一个都不了解。

文学作品里所描述的众多自恋者中，我最喜欢的那个不是人类，而是一只癞蛤蟆。它叫瓦提·布里根，我们能在《阿尔奇和梅塔贝尔》这部作品中找到它的名字。

它扬扬得意地坐在伞菌下，
它认为自己是宇宙的中心。
地球的存在是为了给它生长伞菌，
而伞菌的存在是为了供它休憩。

白天，太阳为它照耀，

夜晚，月亮与星斗因它而变得美好。

一切都是为瓦提·布里根而存在。

真是太了不起了！

一些自恋者称自己是"最伟大的人"，而其他人则会以比较委婉的方式炫耀自己。然而，他们的飞扬跋扈、目空一切，或者他们那种男女乱交和叛逆行为，或者那些他们自吹自擂的谎言，或者他们那种无所不知的姿态，都暗示了一个虚幻的世界。在那个世界里，他们相信自己了解、掌控所有的事物，还可以赢得一切。在那里他们非常特殊，极为特殊。

一个病人向精神分析医生讲述了自己的一个梦。他说，他在梦里体会到了那种特殊感：

有人提出一个问题，要我寻找一个继承人。

我想了想说道：上帝怎么样？

自认为自己很伟大，这样的梦太容易破碎，而且它会无情地、不可避免地破碎。因为不管我们取得了多大的成就，爬得有多高，正常的生活轨迹都会把我们引向丧失，引向疾病和衰老，引向身体和精神上的缺陷，引向分离、孤独和死亡。这些经历都会让我们感到生活艰难，即使有家庭、宗教和哲学，即使我们脆弱的肉体与外界存在联系，我们也依然会感到困苦。但是，如果没有了那些联系，如果没有了"m"和"e"（me）之外的更多内涵，时间的逝去就只会不断地带来恐惧。面对这个长期存在的现实，自恋者在相当长的一段时间内都拒绝承认。他们相信，年轻与美貌、健康与权力、崇拜与认可永远存在。

它们当然不会永存。

当才智渐去、容貌凋萎，辉煌的事业也开始走下坡路的时候，世界便不再呈现出那喀索斯（这来自一个美丽的古希腊神话，美少年那喀索斯在水中看到了自己的倒影，便爱上了自己，每天茶饭不思，憔悴而死，变成了一朵花，后人称之为水仙花。心理学家借用这个词来描绘自恋的现象）式的完美。因为镜中的自我是他唯一承认的自我，自此，他便失去了自我，陷入了抑郁。抑郁——扬扬得意的对立面，自高自大的黑暗面——可能是自恋者的自尊受到伤害的一种反应。抑郁也很可能是因为微不足道的轻视和失望以及严苛的、不可避免的因素而产生的。

一位精神分析学家在描述一位上了年纪、精神抑郁的女病人时写道："她的所有备用镜子都碎了，她又一次感到困惑和无助，就像一个在母亲脸上找不到自己身影的小女孩……"

当自恋者失去了理想化的目标自我时，就会感到筋疲力尽、意志消沉。因为那些目标自我是自恋者快乐和力量的源泉，丧失了它们，自恋者就会感到无力与空虚。他也许会吸毒、酗酒、纵欲，他试图通过这些方式来逃避空虚。他也许会退隐到一种自恋式的、狂热的宗教崇拜之中。"在那里，宗教内容占满了他的生活：没完没了的宗教仪式、强制性的赞美以及宗教冥想，这'有助于填补'几乎难以想象的空虚……"

作为神奇而又神秘的整体的一部分，他要求得到完美的启示，他试图找到一个放大的自我。作为一个快乐而又幸福的整体，他放弃所有的消极想法，试图恢复婴儿期自恋的喜悦。

从根本上讲，**这些自恋者缺乏的是和父母在一起的经历**。父母要么是不在身边，要么就是指责他们或拒绝他们的请求，这使他们很失望或者使他们对什么都不感兴趣。辛西娅·麦克唐纳在她的那首令人心寒的诗《学有所成》中，描写了一个女儿因为想得到母亲的认可而感到狂乱：

我画了一幅画，把天空染成了绿色，

我拿给妈妈看，

我猜她会说我画得真棒。

于是我用牙咬着画笔又画了一幅画。

看，妈妈，我不是用手画的。

她说：我想有人会欣赏你的画，

如果他们知道你是如何作画的，

他们会感兴趣，

但我不感兴趣。

我和布法罗交响乐团一起演出，

我吹奏了古诺的单簧管协奏曲中的独奏曲。

妈妈来听了，我猜她会说吹得真棒，

于是我躺着用我的脚趾，

伴着波士顿交响乐演奏。

看，妈妈，我没有用手演奏。

她说：我想有人会欣赏你的曲子，

如果他们知道你是如何演奏的，

他们会对你的曲子感兴趣，

但我不感兴趣。

我做了一块杏仁蛋奶酥，

把它送给了妈妈。

我猜她会说，做得真棒。

于是我用胸脯碾着面饼又做了一块，

我用胳膊肘托着送给了妈妈。

看，妈妈，我没有用手做。

她说：我想有人会喜欢你的点心，

如果他们知道你是怎么做的，

他们会对你的点心感兴趣，

但我不感兴趣。

我的手腕受伤并做了截肢手术，

我扔掉我的手去找妈妈。

但是这一次，

在我还没有说：看，妈妈，我没有手了，

妈妈就说道：我给你准备了一件礼物。

她坚持让我试试，

想看看那副蓝色的小手套合不合手。

有时，自恋者的父母确实给了他爱，但他还是成了一个让人忧心的自恋者。这说明，他的父母所给予的爱，方式不对。他们在给予爱的时候，没有把孩子当作孩子来看待，而是把他当作了一个装饰品或是西服翻领上别着的胸花。

自恋者常常是儿童期自恋的产物。

因为自恋者的父母经常利用或虐待自己的孩子，虽然这些行为都是在无意识状态下发生的。他们会对孩子说：好好做，表现好点；让我因你而自豪；别激怒我。这样一来，孩子和父母达成了无言的交易：如果你埋藏我不喜欢的那部分，我就喜欢你。父母同时也给了孩子一个无言的选择：孩子，你要么失去你自己，要么就失去我。

有一点十分重要，我们要牢记：有时，即使是和蔼的父母也会与一个特殊的孩子合不来。如果这会引起伤害的话，这种伤害也是因为令人痛心的不搭配引起的，而非源自冷漠、无能和冷嘲热讽。但是，不管有什么样的理由，**只要父母没能起到镜子的作用，映射出孩子的自我或是没有映出孩子理想化的自我，这种经历的缺失都会威胁着自我的凝聚。**为了抵御外界对自我的威胁并迅速弥补自我缺失的部分，病态的自恋者就诞生了。

＊＊＊

现在，我们在正常的发展过程中，都有过伪自我、似人格自我、分裂和自恋的经历。我们都有过与自我断绝联结的经验。我们都曾有过这样的想法："我们为什么要说那个，实际上我不是那个意思。"我们都曾与自我产生过矛盾，都曾尝试过隐藏自己那个不被人接受的自我。我们都曾在不同人面前展现过迥然不同的自我。

然而，前文所述的那些人，不只展现了日常生活中的扭曲、正常人都会有的混乱和变化无常，还展示出了更多的内容。他们因早期发展中的重要损伤而遭受痛苦。那些损伤妨碍了必要丧失的出现，即使他们无法放弃需求、抵御和错觉；那些损伤也妨碍了强健、完整的自我的形成。

因为健康的成长包括必要的放弃。当我们面对必须以牺牲自我为代价来换取认可时，即使我们心中渴望得到认可，我们也应该放弃这种渴望。

这意味着我们要放弃防御性的分裂（我们出于防卫而陷入分裂状态），并将我们的好我和坏我融为一体。

这意味着我们要放弃那个自认为自己了不起的想法，去塑造一个能与他人融洽相处的自我。

这意味着虽然我们在生活中可能会被情感发展中遇到的困难所牵绊，但我们仍拥有一个可靠的自我，仍会产生认同感。

我们所说的认同感指的是，我们感到自己最真实、最强大、最深刻的自我，虽然经常变，但是能够超越时间而存在。这是一种比任何差异都要深刻的自我认同感，是真正的自我，一个能使其余所有的自我都凝聚在它周围的自我。这个稳固的自我既包括我们自己也包括我们自身之外的东西。它既包括认同也包括差异。它既包括私"我"和我们在内心中形成"我就是我"的经历，也包括别人的"对，你就是你"的认可。

在任何时候，他人的支持和反应都是重要的，但是在婴儿期，它们具有更为特殊的重要性。因为，如果没有"他人"的早期帮助，任何人都无法塑造出"我"。起初，我们所有人需要一位母亲来帮助自己存在，需要一位母亲帮助我们伸出手，去体会什么是属于我们的，需要一位母亲帮助我们建立一个核心的确定，即我们的愿望和我们的情感就是我们自己的，这一点确定无疑，就像我们确定我们的心脏每时每刻都在跳一样。开始的时候，我们不能满足并且认识到自己的需求，母亲帮助我们满足和认识我们的需求。

在我们认识自己的需求的过程中，在我们确定我们的情感是属于我们自己的过程中，我们开始产生了自我存在的观念。我们丧失了无我意识，即没有自我存在，没有认同存在。

自此，我们开始创造和发现我们的私"我"。

Chapter 5 爱的功课: 我们需要同时拥抱自己内在的魔鬼和天使

爱是生命的血液, 爱是分离中重聚的力量。

——保罗·蒂利克

作为一个分离的自我是一件最光荣的事, 也是最孤独的事。爱自己是美好的, 但……也是不完整的。分离是甜美的, 但与我们自身之外的某个人建立联结却是更甜美的。我们每天的存在既需要亲近, 也需要距离, 还需要自我的完整和亲密的完整。通过平常的世俗的人类之爱, 我们可以使一体和分离协调一致。

母亲——我们生命中的第一个爱人——给了我们最早的爱的教育。她帮助我们, 保护我们, 给我们安全感。母亲的爱是无限制的、无条件的, 不带有任何个人利益, 也不带有任何期望。她为我们而生, 无疑, 也会为我们而死。

我们这是在说些什么?

赐予我们生命的母亲当然不是完美无瑕的。她也会疲惫不堪、愤愤不平, 也会叫苦连天。她当然也爱别人, 并不是总爱我们, 更何况我们有时候还会使她厌烦、生气、发火。但是, 正如温尼科特所说, 如果母亲对我们足够好, 那种好就会被当作一种完美的体验。如果她真的足够好, 那么我们的愿望、美梦和幻想都会得到肯定。这样一来，她便使我们体会到了无条件的爱。

然而，当一体的母亲变成分离的母亲的时候，我们就知道了爱的限制。我们知道了自己不得不付出代价，我们也知道那些代价是我们承受不起的；我们知道有时爱会辜负我们，也知道了有时我们想得到爱，却得不到。通过把我们头脑中关于自己和别人的意象调整成符合实际的意象，我们放弃了我们不得不放弃的东西——我们开始接受必要的丧失，而且这丧失正是人类之爱的先决条件。

但并非每个人都是这样。

我们中有些人在成年之后继续要求得到这种无条件的母爱。当他的配偶或是伙伴期望共同付出时，他会勃然大怒；当他的配偶或是伙伴期待着他来满足自己的需求时，他就会大发雷霆。一些人会继续要求得到那种无条件的母爱，于是他的配偶或是伙伴就会问他："我会得到什么？"这时，他可能觉得这个问题难以理解。

我还记得，幼年的爱使我们体验到了和谐，"母亲的需要就是我的需要"。当我们与母亲分离时才发现，婴儿和母亲拥有不同的生活内容。当我们与母亲分离时，才学会爱那个与我们不是同一个人的母亲。

虽然成熟的爱必须始于自我同他人的分离，但不想分离的愿望还依然存在。有人认为，不管谈恋爱的双方多么成熟，在恋爱的时候，他们都抱有一种想要回到母亲怀抱的愿望。我们永远都不会放弃那种愿望，但是我们可以把爱和被爱、付出与获得融入这种愿望。朱丽叶说："我给你的越多，我得到的就越多，因为付出与所得都是无限的。"我们不必为了发现莎士比亚诗歌中的真理而把自己变成不幸的情人、受虐狂或饱受男性沙文主义者压迫的可怜虫。

精神分析学家艾瑞克·弗洛姆在他的一本小书《爱的艺术》中，把幼儿的爱和成年人的爱进行了区分。虽然两者之间的区别写在纸上很容易，放到实际生活中很难做到，但它为我们放置自我划定了一个范围：

幼儿的爱所遵循的原则是："我爱因为我被爱。"
成熟的爱所遵循的原则是："我被爱是因为我爱。"
不成熟的爱会说："我爱你，是因为我需要你。"
成熟的爱会说："我需要你，因为我爱你。"

然而，不经历幼年，我们不会成熟。除非我们知道爱是什么，否则我们不会爱。除非我们拥有足够的自爱，即一种我们从幼年的被爱中学会的爱，我们才会把他人作为他人来爱。同样地，除非我们准备谈论恨，我们才能谈论爱，谈论幼年的或成熟的爱。

* * *

恨是一个能使很多人一听到就感到不舒服的字眼儿，它可以是丑陋的、过分的，也可以是失控的。恨是一种毒害灵魂的物质。

恨不是美好的。

更糟糕的是，我们对自己所爱的人埋藏着恨的情感。我们祝愿他们一切都好，同时还希望他们出点差池，即便是我们那最纯真的爱也未必是纯粹的，它总是被染上矛盾的印迹。弗洛伊德写道："除了少数几个例外，即使我们与一个人保持着最温柔、最亲密的关系，我们对他的爱也都含有些许敌意……"他和我们的关系是否属于那少数几个例外，很值得怀疑。

爱中存在恨，这是很常见的情况，只不过人们不愿意承认罢了。例如，我冒雨赴约，在雨中等待自己的丈夫，全身都湿透了。结果他迟到了二十分钟，我义愤填膺，高声喊道："我要杀了你！"又如，在舞台上，饰演一部悲剧的女演员哀叹道："唉，我恨，是因为我爱得太深了。"此时，我承认，我也有过那种感觉。

当温尼科特列出十八种原因来证明每一位可爱的母亲都恨自己的宝宝时，我，还有大多数母亲都为之一怔，感觉这种观点太恐怖了。不对，不是这样的，不，不可能。我们坚持道。他让我们先暂且不要发表评论，让我们想象一首儿歌。我们在摇着惹人怜爱的宝宝入睡时，哼过那首儿歌："摇篮压断了树枝，宝宝连同摇篮一起掉了下来，所有东西都掉在了地上。"温尼科特认为，这首摇篮曲暗示了不祥之兆，这一点确实令人信服。这首曲子确实表达了一位母亲的情感，而且这种情感与柔情没有半点瓜葛。从这一点来看，温尼科特是对的。

温尼科特写道：温柔的情感并不能达到有益的目的，而且它还会产生伤害，因为"它包含了对恨的否定……"。他认为，这种否定会使正处在成长中的孩子，无法面对他心里所产生的恨，会使孩子无法容忍自己心中那种恨的情感（"爸爸妈妈从来没有过这些可怕的情感，我是什么怪物，怎么会有这样的情感？"）。我们需要学会容忍我们的恨。

有一个四岁的男孩儿，我们可能会认为他的父母并不温柔，因为这个男孩儿每天晚上都在他的澡盆里，给自己唱这首歌：

他什么都不做，

只是坐在正午的太阳下，

有人同他讲话，他不理不睬，

因为他不喜欢和他们讲话。

他要把矛刺入他们的身体，然后把他们扔进垃圾堆。

人们告诉他要吃饭，他只是嘲笑他们……

他不和任何人讲话，

他认为没必要。

人们来找他却怎么也找不到，

因为他不在那里。

他要用长钉刺瞎他们的双眼，把他们投进垃圾箱，

然后盖上盖子。

他不到户外呼吸新鲜空气，他不吃蔬菜，

他不上厕所。

他会变得像大理石一样瘦削。

他什么都不做，

只是坐在正午的太阳下。

　　我觉得这首歌表达了某种……敌意，这一点应该没人怀疑。眼中钉不是美好的，这一点应该也没人反对。但是，关于敌意和憎恨是否属于基本的侵犯本能的表现形式，或者侵犯是否是失望的、被剥夺的、使人沮丧的爱的表现，人们似乎还存有异议。

　　弗洛伊德对此率先进行了评论。他认为，我们所有人都受两种基本的本能驱动——性的本能和侵犯的本能。但是性和侵犯通常都是混为一体的，这一点是他所提出的理论的核心。

　　所以，最狠毒、最粗暴的行为也都含有一些无意识的性的意义；所以最温柔、最有爱意的行为也都含有一些恨的元素——"我们要吞了你，因为我们是这么爱你。"

　　关于恨，弗洛伊德写道：

　　把爱与恨联结在一起，无论在情感上还是智力上，对我们来说都是古怪而陌生的。然而，为了防范隐藏在爱背后的恨，大自然通过利用这对对立的情感，来使爱永远保持警惕和洁净。至于我们心中那朵最美妙的爱之花，我们可能会把它的开放归于我们对自己心中敌对冲动的抵抗。

换言之，我们可以通过强调爱来抵御恨。但是，弗洛伊德却认为，在我们的潜意识里，我们依然都是谋杀犯。

有人认为，人在本质上是慈爱的、善良的。侵犯只是一种反应，并非是与生俱来的。这是因为我们都出生在一个不完美的世界，而恰恰是这个不完美的世界导致我们变得愤怒、残忍和充满敌意。我们通过各种手段改善这个世界，我们通过耶稣，通过马克思，通过弗洛伊德，通过格洛丽亚·斯泰纳姆（美国著名女权主义者）——我们终将会消灭我们心中的恨。

然而，与此同时，从本质上或（和）从外部环境来看，恨是活跃的、健康的，并且是与爱混合而生的。的确，精神分析学家罗洛·梅主张，爱与恨都是他们所描绘的原始生命力的组成部分。原始生命力包括性与侵犯、创造与毁灭、高尚与卑鄙。

罗洛·梅谈论的原始生命力，是一种每个人都急于证明自己、维护自己、增长自己并使自己永存于人们心中的推动力。那是一种力量，它超越了善良与邪恶的范围；那是一种力量，如果不能发挥出来，就会驱使我们去盲目地交配和杀戮；如果我们放弃了这种力量，我们就会觉得人生了无趣味，或是陷入一种半死不活的状态；如果这种力量与我们的自我融为一体，就会为我们的所有人生经历增添活力。

因此，对爱的威胁并不是来自这原始生命力，而是源自我们对它的否认。我们通过侵犯或其他一切手段来攫取这种力量，就是希望能把这种力量化为己有，但努力的失败也是爱的威胁的来源。

罗洛·梅引用了诗人里尔克的话，他说："如果我的魔鬼要离开我，我担心我的天使也会随之而去。"他说，里尔克是正确的，**我们必须同时拥抱我们的魔鬼和天使。**

＊＊＊

那位光芒四射的大明星莉芙·厄尔曼，被称为世界上最有魅力的女演员。当她听到里尔克关于天使和魔鬼的一番见解之后笑了笑，然后告诉我说，因为她的相貌，她总是被安排扮演剧本中"天使"一角儿。她说她在排练《白粉园》这出戏剧时受这句话的启发，让自己的表演非常成功。在这部戏里，她出演一个天使般的女人，她在躲避革命风暴的时候，发现了一个被母亲遗弃的婴儿。

"当时，我对这一部分的理解是：我坐下来，温柔地看着婴儿，给他唱歌，然后把他抱起来，一起带走。"但是，导演却让她深度挖掘这个角色，让她展现出一个女人在面临这种责任时的疑虑、怯懦和矛盾心理。她回忆说，导演建议她不要表现得太高尚，也不必每时每刻都展现一种善良的形象。

最后，莉芙对戏中格鲁莎这一角色有了新的理解。她抱起孩子，"但是当她意识到这个婴儿将会是一个很大的累赘的时候，又放下了孩子……"她起身离开，没走多远就停住了脚步，陷入疑惑，然后又转身回来了。她极不情愿地坐下来，看了看襁褓中的婴儿，又向四下望了望，最后，她带着一副无奈的表情抱起孩子，离开了……

莉芙总结道:"只有当人物和外部环境没有明显地表现出好和坏时,演起来才真的让人感到有趣。"

莉芙说,"同时表现出善与恶,并且表现出二者的斗争"这一点让她十分着迷。因为,以前人们一直教导她:"好孩子没有坏想法。"莉芙说,现在,在她的生活和表演中,她知道了"我们必须经过一番努力才能成为好人,善举总是包含着对善的选择(善举通常都是我们有意为之,都是我们经过一番选择之后才会出现的结果)"。

承认侵犯是我们的本性,并不代表我们残忍,也不代表我们会做天理不容的事,更不是表示我们要把所有的暴行都展露无遗。即便我们有矛盾心理,承认我们的侵犯本性,也不表示我们否认爱的普遍性。这一观点只是在说,我们在爱的同时也会恨我们所深爱的配偶、孩子、父母和朋友。这一观点只是试图告诉我们:不应该把恨"看作令人恶心的东西,也不要认为恨同我们没有任何关系",因为,这种做法从长远来看,会使我们感到空虚,而且还会危害我们。

我们也曾经是一个充满敌意的四岁孩童,说过恶毒的话。也许有人告诉我们,"你只是说说而已,不是真的有那种感觉"。也许有人教导我们,爱意味着我们永远不会有用钉子刺瞎爱人的双眼的想法。

那他就是在说谎。

＊＊＊

爱与恨相伴而行，母亲不仅给了我们最早的爱的教育，同时也给了我们最早的恨的教导。父亲，我们心中的"第二个他人"，把它们详尽地阐释了出来。父亲给我们提供了母子关系之外的另一种选择——父子关系。他把我们从一体中拉到了世界上。他向我们展现了一种男性模式，这种模式既补充了女性模式同时也相异于女性模式。他向我们展示了"可爱、爱人与被爱"这三个词，有着更深层次的，或许是截然不同的含义。

现在，是时候停一停来讲述我们的父亲了。父亲与孩子可以形成早期的、稳固的联系。他没有可以给我们喂奶的胸脯，但除此之外，他可以做母亲所能为我们做的一切。父亲能够成为婴儿的最初看护者，事实上，有些父亲确实扮演了这一角色。但是，我们说这些难道是想证明父亲和母亲可以互换吗？

恰当的答案似乎是"不"字。

关于父子联系，来自哈佛医学院和波士顿儿童医院的迈克尔·约曼的研究结果，为我们提供了新的宝贵资料。迈克尔认为：父亲对于孩子的照料并不像我们过去所认为的那样受到很多生理方面的限制。他写道：研究显示，父亲对于孩子的情感波动和母亲一样敏感，而且在处理婴儿出现的各种状况的时候，父亲和母亲一样有技巧。他还指出，通过研究六个月到二十四个月大的孩子，通过研究这些孩子与父母产生依恋关系的过程，他得出结论……婴儿既依恋父亲，也同样依恋母亲。

然而，他还提到了不同点：面对孩子，父亲一贯的反应明显与母亲不同，而孩子也是一贯以不同的反应分别对待父亲和母亲：

父亲更为强壮，与父亲在一起更令人兴奋；而母亲更善于辞令，和母亲在一起令人内心平静。父亲在照顾孩子方面所花的时间很少——父亲与孩子在一起的时候，大部分时间都用在了玩乐上。父亲倾向于给我们展示新奇的、令人兴奋的和超出常规的事物，反过来我们的反应会激励他继续这么做。我们更倾向于跟父亲玩耍（尤其是男孩子），但当我们感到压抑时，我们更倾向于去找母亲而不是父亲。虽然我们的父亲和母亲在同我们建立紧密关系的时候都投入了大量的情感，但是因为生理原因，生物学为母子之间的亲密联系设立了一个特殊阶段，而父亲只能通过时间来发展那种亲密关系。

约曼博士总结道：在婴儿期，父亲和母亲给了我们性质不同的经历，而且父亲和母亲的作用虽然是不可互换、不可等同的，却是相互补充的。他还指出：虽然增加父子联系对孩子有很大好处，但是生理构成还是能够"证明男人抚育子女弱于女人"。

鲍勃·格林是一名记者，他与妻子苏珊生了一个女儿名叫阿曼达。鲍勃通过比较自己作为父亲的角色和妻子苏珊作为母亲的角色，得出了一个相似的结论：

今天早上，苏珊对阿曼达说："我们今天不太高兴，你只是从十一点睡到五点……"

我认为苏珊那句话的确切意思是："我们今天不太高兴。"她经常使用"我们"这个词，所以此处她应该不是口误；当她想到阿曼达时，她也想到了自己；当她想到自己时，也想到了阿曼达。我也同样爱阿曼达，但我与阿曼达的关系不一样：在我心里，我们都是各自独立的人。在这个对男人的角色有了新定义的年代，我想知道其他的父亲是否持不同意见。

不管怎样，我都认为，在那里确实有某种内在的距离。如果你是一个男人，你永远都无法与孩子紧密无间。你可以尝试各种想法，但是亲近是无法实现的。

很多女权主义者不同意这种观点。

然而社会学家爱丽丝·罗西在一次关于父母角色的精彩分析中，对约曼博士的研究结果和鲍勃·格林的观点表示认同。她说："在人类所知的任何社会形态下，除了少数特殊类型的女性，母亲作为婴儿的最初看护者这一角色从来没有被取代过。"生物社会学对此做出了详尽的解释（她解释说："生物社会学观点认为，人类社会确实存在一种遗传基因，它决定了与女人相比，男人所能做的事；而且，这种观点认为，生物学可以使所学到的东西成形，但就不同性别所能学会的东西而言，男人和女人确实存在差别。"）。

罗西博士认为，在人类历史中，有很长一段时间都停留在狩猎和采集阶段，在那一时期，妇女发展了选择性适应能力，这使得她们抚育孩子的能力优于男性（现在依然如此）。当然也有例外，但此处她是就整体女性而言。她还认为，在经期、孕期和产期，形成了一种以生理为基础的因素，这种因素使母亲与婴儿的联系紧密，至少最初几个月里比父亲更为亲密。她还作出了推断，她认为这种密切的母子联系非常重要，它很有可能在婴儿期结束后还依然存在。

说了这么多，她究竟想证明什么？罗西总结道：即使孩子早期是由父亲抚养，或者父母严格地平分照顾孩子的工作，也不会成功地改变我们的发展轨迹，也不会使婴儿与父亲建立起比母子联系更为亲密的联系。然后，她继续推测道：母亲对我们来说，在情感上可能一直是一位重要的家长。

这并不意味着父亲对我们的早期发展不重要。毋庸置疑，他们极为重要。他们是母子一体的建设性分裂者，他们是自主与独立的鼓励者。他们是儿子心目中具有男子汉气概的楷模，他们是女儿女子温婉气质的认可者，他们还是除母亲之外，第二个给予孩子坚定不移的爱的人。

父亲给了我们一系列可供选择的歌谣和回应。作为第二个温暖的港湾，父亲会使我们的游荡变得更加安全。和父亲在一起，把他当作盟友或者爱人更加安全。当我们生母亲气的时候，我们在父亲面前表现出我们的怒气也是更加安全的。在父亲那里，我们可以恨并且不被抛弃，我们可以恨并且依然爱着。

当我们面临需要与母亲再度结合的诱惑时，当我们为失去乐园而痛苦时，我们可以向我们的父亲求助。只有我们体会到了放弃的痛苦，我们才能成功地放弃共生结合的愿望。那位关心、支持着我们的父亲，能减轻我们的痛苦。由此，放弃才会成为可能。

精神分析学家斯坦利·格林斯潘这样描绘我们的父亲：

当我们在共生的水域挣扎着，游到了岸边，他伸出手拉我们上岸，然后带领我们继续前行。他是我们生命中第二个所爱的人，与父亲相处给了我们一种深刻的体验，同时也给了一个与他人相处的经验。由于父亲的存在，我们对爱的内涵的理解更加丰富，范围也扩大了。

如果我们没有父亲，我们会渴望有这样一个人存在。

* * *

的确存在这样一种情况：我们如饥似渴地想要得到父亲。这是一种更深层次的渴望，这是一种对母亲以外的爱的渴望。成就、美人、家庭、朋友，甚至是自己捧在掌心的孩子都无法满足我们的这种饥渴。在一个宁静的夏日，莉芙·厄尔曼谈到了她那已经过世的父亲，也谈到了她对父爱的不懈追求。

她回忆道，父亲去世时，"母亲和奶奶不停地尖叫、哭号，仿佛是在比谁最悲痛"。莉芙说这些话时，声音中透着愤怒。父亲过世时，莉芙只有六岁，没有人认为她会悲痛欲绝。所以，她的悲伤没有得到认可，也没有得到抚慰。

这种悲痛也没有真正地融进莉芙的经历。她回忆道："因为我不相信父亲会就此去而不返。所以我经常坐在窗边，想着他会回来。我曾给身在天国的父亲写信。我曾把他的照片放在枕头底下。我曾把养的宠物放到床上，然后幻想着和它们一起去见父亲。"

看着眼前这位心态平和的美女——一双率真的蓝色眼睛，棕色的长发，脸上有些雀斑——我们不难想象出当年那个爱幻想的孩子，不难想象出一个从噩梦中惊醒，对着月亮祈祷"我爱的人都不要离开我"的孩子。当妈妈告诉她，那个逝去的爸爸是一位"善良、睿智、伟大、完美"的男人，他就像一位会时刻保护她们的神一样，我们不难想象这个成长在女性家庭的小女孩对母亲的话深信不疑。莉芙写道：

> 长久以来，我一直努力地记着爸爸……他曾和我一起共度了六年的时光，却没有给我留下一个真实的形象。我的头脑中只是一片空白。这空白深深地植根于我的心中，我的很多生活经历都与此相关。父亲的离世给我的心灵造成了很大的创伤，仿佛在我的心头凿了一个洞，而我日后的经历都在填补这个空缺。

莉芙在二十一岁的时候嫁给了一个精神病医生，"他和我想象中的父亲一模一样，和我妈妈口中描述的父亲也一模一样"。几年后，莉芙离开他去找了另一个保护者，了不起的瑞典导演英格玛·伯格曼。莉芙说："我试图寻找父亲，我试图填补童年的那段空白，我相信世间肯定有这样一个男人存在，我还经常对那些无辜的男人发火，因为他们不是那个男人。我和别的男人的关系都与这一切相关。"

她和男人的关系依然与她渴望得到父亲有关。

然而，莉芙现在已经四十多岁了。她与伯格曼的关系在很多年前就结束了。他们的女儿都快成年了。之后，莉芙还结识了别的男人，我的问题是，既然莉芙清清楚楚地知道自己与男人之间有着这样的问题，既然她是一个如此实际而又如此受人尊敬的人，她是否会改变自己的行事方式呢？莉芙毫不掩饰，诚实地回答道：不太可能。

她解释说："虽然我能找出并正视这个问题，但我认为它依然还在那里。它在我心中已经根深蒂固，以至于它不可能会被解决。"

那么，她会如何处理这个问题呢？她回答说："带着它生活并试着对自己宽容些。"

从早年炽烈的情感经历中，我们发现爱不仅能给我们带来欢乐，也能给我们带来痛苦。虽然有此结论，但我们一生还是在不断地重复这些教训。或许像莉芙·厄尔曼那样，我们可能也会说："嘿，我去那里了。"

但是，有时我们并没有意识到那些重复。

有时，那些我们总结出来的教训并不可怕。

有一个小女孩因为父母双亡而受到了极大的精神创伤。当我和她一起玩并且玩得正高兴的时候，她突然停下，站起身来，说了声"再见"就离开了。她的思维方式看似是这样的："在你丢下我、离开我之前，我要先离开你。"如果她总是强迫自己在所爱的人伤害自己之前，就先离去，我想知道她长大以后是不是会变成一个不能进行正常人际交往的人。

我认识一个小男孩。他的妈妈一把推开他并且说道："我很忙，现在不行。你这样很烦人。"看到他烦恼、哀号，恳求母亲而且还狂躁地踢着母亲卧室的门——那扇总是关着的门——我想知道他二十年后怎样处理和女人之间的关系，我也想知道他希望和需要女人怎么对待他。

在人类的天性中，有一种反复出现的冲动，它被称为重复冲动。在它的驱使下，我们会反复地做我们以前做过的事并试图保持早期存在的状态。在它的驱使下，我们会把过去心中的渴望以及我们抵御渴望而产生的压抑情绪转移到现在。

因此，不论我们爱谁，也不论我们以何种方式去爱一个人，这些都是我们早期经历的重生。它们的重生都是在无意识状态下进行的，而且还会给我们带来痛苦。虽然我们可以扮演埃古而不是奥赛罗，又或者扮演特斯提梦娜而非埃古，但不管我们扮演谁，都是在表演同一出古老的悲剧，除非我们能看破一切并摆脱自己的无意识状态。

就以那个小男孩为例。他长大后，可能会成为一个消极的、顺从的丈夫，依然表现着自己的无助；他可能会成为一个殴打妻子的丈夫，依然表现着那歇斯底里的愤怒；他可能会成为一个冷漠的人，就像他母亲当年对待他那样对待自己的妻子，总是让自己的妻子不断地乞求自己；他也可能会像他那过世的父亲那样，抛弃妻子，让自己的妻儿听天由命。

这个小男孩长大后，可能会选择一位和自己那精神分裂的母亲一样的女子结婚。他可能会设法改变自己的妻子，直到她变成了自己心目中的母亲的形象。他可能会向妻子提出过分的要求。当她拒绝时，他便抱怨说："你总是拒绝我——就像我的母亲一样。"

在重复过去经历的过程中，这个小男孩或许会重复他当年的愤怒、羞辱和悲痛。当年，为保护自己免受那些痛苦情感的折磨，他运用了很多抵御之法，这些抵御的方法在日后也可能会被重复。在重复过去经历的过程中，他会随着新经历的增加不断更新自己的经验。但是无论他怎么更新，我们都会从他选的爱人和他爱一个人的方式中，看到当年那个哭闹、恳求、发怒的小男孩的影子。

许多男人不承认自己依恋母亲，但是从他们日后的人际关系中，总能看到幼年经历的再现。这些经历通常都体现在他们对女人性冷淡，以及爱一个女人而后又离开她的行为上。然而，对他们而言，无论男人还是女人，依恋是爱的联结的关键所在。不管他们和谁上床，那个人都会是他们那渴望已久而又令人欢愉的母亲，至少在他们头脑中是这样的。

女人也一样，就如凯琳·斯诺在其小说《威罗》中描写的，也会在自己的生活中重复幼年的经历：

皮特（一个女人）因为无聊，在一家飞机制造厂找了一份电焊工作。但是，长时间的体力劳动并没有把她变成一名"男子"。她还是那个喜欢牺牲自我的人。下班后，她会做饭、洗衣服、熨衣服、擦地饭。她会把自己大部分的薪水都花在威罗身上……

与母女关系相比，男女关系更加脆弱。每一个女孩都只是在自己的幼年时期形成的范围内游走，而且这个范围会深深地烙在她们心里。威罗是一个离群索居的人物，整天被一个粗鲁的怨妇责骂；实际上是两个怨妇：她的母亲和姐姐。而皮特在自己的母亲面前总是低声下气的，因为她的母亲总要离开她去工作。同时，她还经常做家务并给身材魁梧、整日忙碌的父亲洗衣做饭，因为父亲一直想要一个男孩。

本杰明·斯波克是一名儿科医生，同时还是一名政治活动家。他在描述自己选择女人的标准时，表现出了上文提及的重复冲动。他指出："我总是被比较严肃的女人吸引，虽然她们很苛刻，但我还是会对她们展开追求。"斯波克博士非常清楚，自己选择这些女人都是以他那严厉的母亲为模本的。如果他确实是一位颇具魅力的男人，那么他有这样的择偶标准，是因为他想赢回自己的母亲，即使在他八十多岁的时候也是如此。

他说："有些男人就是喜欢温柔的女人，这一点令我十分诧异。"他认为征服这种女人太过容易。"我所需要的女人，首先要认为我是一个与众不同的人，其次她还能向我提出挑战。"他说，他的前妻珍妮和他的第二个妻子玛丽·摩根就是这种类型，只不过她们体现这两点的方式大不相同。（我在这里需要说明一下，因为斯波克博士允许我和玛丽"在背后讨论他"，所以我在玛丽那里得到了另一番评论。玛丽不同意他的说法，她并不认为自己是斯波克口中所指的那种苛刻的女人。但她补充道："他一直试图让我变成那种人。"这无疑是重复冲动的另一种表现方式。）

我们通过塑造早期的环境来重复过去，虽然实现这一点有些难度。弗洛伊德描写的一个女人就是这样的例子。她想方设法给自己先后找了三个患病的男子做丈夫，而且在结婚后，三个丈夫都病入膏肓，所以不得不躺在病床上由她照顾。

此外，我们还把自己心中父母的形象强加于当下，以此来重复过去，虽然这么做毫无远见可言。因为我们觉得父亲的温文尔雅就是软弱，所以我们就觉得温和是软弱的表现；因为我们认为母亲的沉默就是一种惩罚，所以我们不觉得沉默也可以代表亲近。温柔、文静的人也能给我们提供有新意的东西，只要我们能看到这一点。

即使我们清醒地告诉自己不要再试图重复过去，也是没用的，因为我们照样会重复过去。就以一个女人为例。她非常鄙视那种传统的、大男子主义的家庭观念，所以她决意要寻找一个新的家庭管理模式。她的母亲完全处于她那专横丈夫的统治之下，因此她按照自己的全新模式，找一个完全被她统治的配偶，而且她竟然公开把情人带回家，以此来体现她的叛逆、现代和自由。然而，接下来她却允许她的情人虐待并羞辱自己——我认为她对现代这一概念的理解，就是任何时下正在风行的方式——因此，作为一个自主的女人和妻子，在她那自由的生活中，她重复了母亲的角色，忍受羞辱、唯命是从。

弗洛伊德写道，重复冲动解释了为什么一个人总是被他的朋友背叛，为什么一个人总是被他的追随者抛弃，为什么一个人与每个情人的恋爱过程都经历相似的阶段并以相似的结局告终。弗洛伊德写道，有些人看起来总是"噩运不断，或是被'魔鬼'操控……其实他们的命运大部分都是他们自己一手安排的，而且大部分都是由他们的幼年经历决定的"。

我们希望将令人愉快的过去转移到现在，我们希望重复幼年的欢乐，我们希望爱上那些与我们人生中第一个爱人相像的人，因为最初爱过这一切，所以我们想再度拥有，这些愿望看起来很合乎情理。如果妈妈的确很好，为什么一个儿子不可以像自己的老父亲一样娶自己的妈妈？诚然，所有正常的爱——既不是扭曲的，也不是无耻的乱伦——都必定在某种程度上包含了爱的转移。

重复好的经历还说得过去，但重复那些给我们带来痛苦的情感冲动却让人百思不得其解。虽然弗洛伊德曾试图用一个含糊的概念——死亡本能解释这种冲动，但它也可以被理解为一种试图恢复或重写过去的绝望。换言之，我们尝试一次，尝试一次，又尝试一次，总是希望这一次的结局会不同。我们不断地重复过去，但我们感到无助，被人颐指气使时，就会试图掌控和改变发生过的事。

在重复痛苦经历的过程中，我们绝不会让我们那些可怕的童年记忆得到片刻喘息。我们继续吵嚷着，要那些不可能存在的东西。不管这些记忆对我们有多大的诱惑，它对我们的过去都已于事无补，所以，我们必须放弃那些希望，我们必须放弃。

我们不可能爬进时光穿梭机，再度回到自己的童年并过上那种渴望什么就有什么的日子。那种获取的日子已经一去不返了。我们的需求可以由不同的方式和更好的方式得到满足，也可以通过创造新经历的方式加以满足。

* * *

因为我们可以把过去和现在交织在一起，所以我们能体味到多种爱，也能体会到爱的各个阶段。我们能以这种或是那种方式，终生去爱。E.M.福斯特在小说《霍华德庄园》中描写了这样一个人物：他告诫我们，"就是联结！"那些贫苦的、温柔的、浪漫的、恐怖的、不经意的和有希望的联结——我们尝试得好辛苦！

我们尝试过性爱——肉体的放纵和性欲的释放，我们尝试过情爱——对结合和创造的冲动，我们尝试过母爱、友爱以及兄弟之爱和邻里之爱，我们还尝试过博爱——一种无私奉献的爱。因为我们尝试过与人联结，所以上文中所列的各种爱我们至少尝试过一种，或者尝试过全部。因为童年的经历在整体上或部分上、在好的方面或坏的方面影响着我们，所以我们会努力尝试各种爱。

因为没有联结的生活是不值得过的，所以我们会去尝试，再尝试，就这样一直尝试下去。孤独的生命不会存在，每个人从出生开始就注定与人存在联结。在一篇意味深长的文章中，艾瑞克·弗洛姆写道：

人天生就具有理性，而且人也能意识到自己的存在……人能意识到自己是一个分离的个体，也能意识到自己生命的短暂。每一个人的降生与离世都不是由他自己的意志决定的；他可能会比自己所爱之人先一步辞世，也可能会比自己所爱的人迟一步离世。他能意识到自己的孤独与分离，也能意识到自己在自然和社会力量面前是多么无助。所有这些都会使他独立而又分离的存在成为令人难以忍受的囚牢。如果他不能使自己从这囚牢中解脱出来，并伸出手来与世界融合……他可能会变得神经错乱。

因此，**我们那伟大的成就 —— 赢得分离和自我 —— 也总是令人痛苦的丧失。但这丧失是必要的，因为没有它，就不会有人类的爱，而且我们通过爱，能够超越这丧失。**

PART II

—

成长的代价：
内心冲突

精神现实常常是围绕缺失和差异这两个极点建立起来的，而且……人类总是对那些不许做与做不到的事情妥协。

——乔伊斯·麦克杜格尔

Chapter 6 爱的争斗：妈妈又生了一个小宝宝

有一种错误，

深深地植根于每一个男人和女人的心里，

它迫使我们去渴求不可得之物，

它迫使我们去渴求专一的爱，

而非普遍的爱。

爱或许是每一个分离的自我彼此产生联结的桥梁。然而，我们头脑中第一次出现的爱只属于我们自己，它包罗万象且不可分割。但不久之后，我们就会意识到，我们所拥有的那份爱并非我们专享，还有其他人和我们争抢我们心爱之人的爱。我们会意识到我们在渴求不可得之物——一种不可能得到的东西。

＊＊

在圣诞节的早晨，当一个小女孩醒来时，看见了自己渴望了很久的礼物——一个玩具娃娃的房子。那座房子十分华丽，每个房间里都摆着家具，铺着地毯，墙上贴着墙纸，屋顶还有枝形吊灯。小女孩正忘情地欣赏着这个礼物时，她的妈妈轻轻地用胳膊肘碰了她一下，然后问了一个简单而又可怕的问题：你是姐姐，可不可以慷慨些，同妹妹布丽奇特一起分享这个礼物？

我想了想。妈妈提出的那个简单的问题……对我来说，是有生以来遇到的最复杂的问题。我想了整整一分钟。在这一分钟内，我的心脏停止了跳动，我的眼睛在不停地眨，我的脸憋得通红。这真是一个捉弄人的问题，仿佛眼前有一枚硬币，忽而给我看这面，忽而又让我看那面；就像一个狡猾的魔术师，拿着丝绢在你面前变戏法，他可以将片刻的安宁变成永久的混乱。实际上，我心里的答案可能是这样的：在任何情况下，我都不想与妹妹布丽奇特一起分享那个玩具……我心里的答案也可能是这样的：当然，我很想和妹妹一起分享那个玩具娃娃的房子，因为那么做一方面会令妈妈开心，另一方面也会显得我很大方，多么有姐姐的样子；然而还因为我深深地爱着布丽奇特。当她伸出手来，试图去摸微型的走廊里祖父的那个微型钟表时，我就知道，她跟我有着相同的渴望。虽然在她去摸的时候我很想大喊一声：没有我的允许，你不许用你那讨厌的小指头碰它，但是我知道我在心里还是爱她的。布丽奇特欣喜若狂，完全不会顾及我的痛苦与内心冲突。在妈妈问我那个简单的问题之前，我从来没有这么清楚地意识到自己对妹妹的爱与恨。经过这一次，对于妹妹，我在心里也再没有产生过这种感觉，但是我也无法忽视自己的内心感受。我再也不想玩那个玩具了。最后，我把它送给了别人。

虽然作家布鲁克·海沃德能够清晰地回忆起自己童年时期那种痛彻心扉的仇恨情感，但是我们之中很多人却都做不到。而且碍于尊严，我们成年人也不允许自己回忆那些激发出仇恨情感的贪婪和占有欲。然而，我们在最初都想独自占有属于自己的财富，包括我们的第一笔财富——母爱。我们不希望任何人带走属于我们的好东西，也不希望把这些好东西给予任何人。

因为，如果我们和自己的对手分享那些好东西，那还能剩下什么给我们呢？我们独享，觉得一切都是足够的，如果与人分享，岂不是我们得到的变少了？我们骨子里就是希望自己得到专注的爱。但我们还是要在不同程度上，愤怒而又痛苦地放弃那种独享的愿望。

***

西格蒙德·弗洛伊德写道："不是每个小孩都爱自己的兄弟姐妹，通常情况下，他并不会在心里对他们产生爱意……因为兄弟姐妹是自己的竞争者，所以他反而会心生怨恨。这种态度常常持续很多年永不间断，直至成年，甚至还会更久。"

如果我们觉得恨会使人不安，那我们或许不会承认自己心中有恨，也不会承认孩子心中有恨。把恨称为弗洛伊德式的神话是很容易的一件事。我们在谈到自己的长子或是长女在第一次见到自己的弟弟或妹妹时，总能记得他们当时所说的一些有趣的话。他们可能会说："你的意思是说他要住下来吗？"或者会说："你什么时候把那个新来的小孩带回医院？"或者是："把他放到篮子里，然后盖上盖子。"还可能会说："我们要他干什么？"我们以非常隐晦的方式承认了自己心中那"强烈的厌恶之情"。在我的字典里，这叫作恨。

例一，在几年前，我的朋友哈维在家照顾三岁的乔希，他的妻子和刚刚出生的宝宝还在医院。一切看起来都很顺利和平静，但事情并不像人们想象的那样顺利。哈维问坐在身旁的乔希："给我画一幅漂亮的画好吗？"乔希拿着蜡笔和图画纸，抬起头冷冷地望着父亲，回答说："除非你把那个小孩赶走。"

例二，有几个孩子合伙使用一辆车，他们途中谈到一个话题："一生中最糟糕的事。"有的说是自己扭伤脚踝的时候，有的说自己从树上掉下来的时候，还有的说自己被有毒的树液搞得全身中毒的时候。当轮到理查德时，他说道："对我来说，最糟糕、最可怕的事情就是我妹妹出生了。"

例三，当尼基出生的时候，我对他的哥哥托尼说："嗯，你以前不是说希望家里再添一个孩子吗？这就是那个孩子。怎么样？"托尼毫不迟疑地回答道："我已经改变主意了。"

兄弟姐妹之间的争斗属于正常和普遍现象吗？所有的精神分析学家都给予了肯定的回答。一般头胎孩子容易产生争斗心理；在两个或更多同性别的孩子之间，在孩子们年龄很相近的家庭，或是相对大家庭来说规模较小的家庭，这种争斗或许会更为激烈。但所有人都有对抗情绪，无一例外。在我们生命的最初几个月，我们都曾产生过完全拥有母亲的幻想。共生现象只会出现在母亲和孩子之间。当我们意识到别人也有权利要求得到母亲的爱，甚至可以优先于我们得到母亲的爱的时候，我们就会心生妒意。

当然，兄弟姐妹之间也可能会产生或最终产生互相爱护、彼此忠诚的感情。的确，他们也可以成为盟友或挚友。但人类第一起谋杀案就发生在兄弟之间，这正是《创世记》所记载的，而非弗洛伊德的言论：

耶和华十分欣赏亚伯和其呈上的供品，但并不在意该隐及其呈上的供品，这令该隐异常气愤……当兄弟二人在田间劳作时，该隐起身杀死了自己的兄弟亚伯。

为了得到父母更多的爱，甚至只是一点点爱，我们会杀害自己的兄弟姐妹。当然在大多数情况下，我们只是在头脑中杀死他们。最终我们会认识到，失去不可分割的爱是另外一种必要的丧失，认识到世间除了母子之间的爱之外还有很多爱存在；我们还认识到，在这个世界上，大部分我们得到的爱都是要与人分享的，并且分享的起点就是在我们的家里，在我们的兄弟姐妹之间。

我们并不喜欢这样。

安娜·弗洛伊德认为，"极端的妒忌心理、竞争心理以及杀死对手的冲动"都属于正常的幼年特征。若想重新赢回那不可分割的母爱，我们可能会认为"杀死对手"是行之有效的办法。但我们很快就会意识到，怀有敌意的行为注定只会使我们失去母爱，而非赢得母爱。

我们唯恐失去父爱或母爱，即我们所爱之人的爱，而且这种担心会引起我们很大的焦虑。即便我们很想砸死那个小宝宝，因为担心这种行为会导致自己失去父母之爱，所以我们也会让这种冲动烟消云散。为了抑制心中焦虑，我们会运用一种或多种方法来抵御这种情绪，我们可以反对、对抗、改变、放弃我们心中那种危险的、现在已不想要的冲动。这便是我们的防御方法，而且这些方法通常都是在我们的潜意识状态下运行的。

这些抵御方法不仅可以用来解决兄弟姐妹之间因争斗而产生的问题，还会使我们终生受用。每当我们因自己所担心的或者已经实际存在的丧失而感到焦虑的时候，这些抵御方法就会发挥作用。当我们认为自己在情感上很危险的时候，这些方法也会在我们的潜意识状态中发挥作用。虽然我们在不同情况下会启动不同的防御方法，但我们经常运用的那些方法会成为我们性格和行事作风的核心部分。

下面就是我们日常使用的防御方法的名称和含义。

下文也介绍了我们可能会如何使用那些方法，来对付我们心中那种想要"砸死那个小宝宝"的冲动，当这种冲动会使我们面临丧失母爱的危险的时候。

抑制——它指的是我们将自己不想要的冲动（以及与这种冲动相联系的任何回忆、情感或愿望）抛出意识之外。"我就没想过要伤害那个小宝宝。"

逆转——它指的是我们凭借过分强调相反的冲动来摒弃那种我们不想要的冲动。"我不想伤害这个宝宝；我爱这个宝宝。"

孤立——它指的是我们把某个想法和它相对应的情感分离，这样一来，虽然我们心中还有那种令人嫌恶的冲动，但是与之相联系的情感已经被抛出意识之外。"虽然我总是幻想把我的兄弟扔进油锅里，但是我对他一点恨意都没有。"

　　否认——它指的是我们可以在自己的幻想、言语或行动中修改那些不受欢迎的现实，这样一来，我们就可以把那些令人讨厌的现实和与之相联系的冲动抛到九霄云外。"我根本不用伤害那个孩子，因为我依然认为自己是唯一的孩子。"有这样一个有趣的例子，它可谓是否认这一抵御方法的典型案例。有一个小姑娘，人们告诉她，她就要有一个弟弟或妹妹了。听完之后，这个小姑娘默默地思考着，然后把目光从她妈妈的肚子上移到了她的眼睛上，说道："是这样的，但谁会是那个孩子的妈妈呢？"

　　回归——它指的是我们为了逃避那种令人讨厌的冲动，回归到自己以前的发展阶段。"虽然这个宝宝将会取代我在妈妈心中的地位，但是我不会伤害他，因为我就是那个宝宝。"

　　设想——它指的是我们将那种令人生厌的冲动归咎于别人，这样一来，我们就从那种冲动中解脱出来了。"我不想伤害这个宝宝，是他想伤害我。"

　　认同——它指的是我们通过效仿别的人，例如我们的母亲，以较为和善、积极的情感来替代讨厌的冲动。"我不会伤害那个宝宝，因为我要当他的妈妈。"

　　反对自我——它指的是我们把充满敌意的冲动引向自己，而不去伤害我们想伤害的人。"我不会打那个宝宝，而是打我自己。"有时一个人反对自我，是通过把自己等同于那个自己恨的人而体现出来的。他认为"我打自己，实际上就是在打那个宝宝"。

补救——它指的是我们把自己含有敌意的冲动在幻想中或在实际情况中表现出来，然后再用善意的行为来弥补造成的伤害。"我会先把那个宝宝揍一顿（或在想象中把他揍一顿），然后再亲他一下，来弥补我造成的伤害。"

升华——它指的是我们用社会可以接受的活动来替代那种令人嫌恶的冲动。"我会打那个宝宝，我会画一张画。"

或者也可以像我这样，在长大以后就兄弟姐妹之间（我与妹妹）的争斗写上一章。

***

除了上面所列的防御方法之外，任何手段几乎都可以作为防御方法来使用。许多兄弟姐妹，包括我和我的妹妹露易丝，为解决争斗问题，还使用另外一种重要策略。这种策略便是把自己和其他的兄弟姐妹区别开来，给自己的兄弟姐妹制定一套特征，给自己制定另一套相反的特征。这种防御策略叫作"求异"，实际上就是划地盘。后来，我发现"求异"这种方法对我和妹妹之间的关系至关重要。

因为划分了各自的地盘，我和妹妹便没有任何相似点了。这样一来，我们就不会把彼此看成对手，也不会在同一场比赛中竞争。

我们用意思相反的词语界定自己：喜欢室外活动——喜欢室内活动；想当科学家——想当作家；性格外向——性格内向；因循守旧——标新立异。我们也把工作地点选在不同的地方。就这样，我和妹妹通过避免痛苦的竞争和攀比，来处理我们的竞争心理和嫉妒心理。

求异始于六岁左右，如果前两胎都是相同性别的孩子，这种现象则更常见。求异会使两兄弟或两姐妹，例如我和露易丝，觉得各自都得到了自己想要的东西，甚至每个人还都会认为自己比另一个更胜一筹。我一度认为，标新立异的人比因循守旧的人更有趣，而妹妹则沾沾自喜地认为与反复无常的标新立异者相比，因循守旧的人更值得信赖；我一度认为性格内向的人品格更高尚，而露易丝却认为性格外向的人更健康。这样一来，每个人都是胜利者。

兄弟姐妹分地盘，一定程度上可以被看成他们在分父母。因此，我很像我的母亲，而露易丝很像父亲。通过划分父母并使自己单独拥有其中一人（父亲或母亲）的认同权，我和妹妹都给自己找到了合适的位置，一个不存在竞争的地方。

然而对我和妹妹，对任何两兄弟或两姐妹而言，这种角色划分都存在严重的局限。如果我们都想当科学家或者都想当作家，该当如何？我们可能会压制我们的部分本性，压制那部分本该给予深度挖掘的本性。也许，我们只会成长为半个完整的人。而且，在有些家庭，坚持要划分地盘的人是父母，而非兄弟姐妹。父母会给孩子贴上不适宜的、限制孩子成长的决定性标签。例如，他们会说：你很漂亮，她很聪慧；你乐观开朗，她喜怒无常；你资质平平，她天资聪颖。虽然父母是想通过给每个孩子划分出各不相同但彼此平等的特性，来减少兄弟姐妹之间的争斗，但两兄弟或两姐妹却要花很长时间才能摆脱那些标签的限制，开始弄明白自己的本性究竟是什么样的。

二十五岁的梅说："我和马戈是双胞胎，妈妈曾经用'聪明伶俐'来形容马戈，而用'美丽端庄'来形容我。妈妈不断地这样刻画着我们，结果现在我仍在努力证明我自己聪明伶俐，而马戈也在证明自己美丽端庄。"

但是，刻画出一个分离、具体的自我，一个明显有别于兄弟姐妹的自我，能使我们不落在他们后边，也能使我们可以不采用杀死他们的方法来赢得胜利。无论是在六岁还是其他任何年纪，求异这种防御方法都能大大缓解兄弟姐妹之间的争斗情绪。

三十五岁的萨拉说，每当自己感受到别的女人对自己的威胁时，她都会划分地盘：她告诉自己她有什么，而威胁到她的那位女士没有；她是什么，而那个女人却不是。如此，她才能看到并承认那个女人身上具备的优点——三十年前，她就是这样处理她和妹妹之间的关系。

萨拉说："如果她功成名就、相貌出众，但是没有孩子，我就告诉自己我有孩子。"

"如果她功成名就、相貌出众，也有孩子，我就会告诉自己我有四个孩子。"

"如果她功成名就、相貌出众，而且也有四个孩子，我就告诉自己我的四个孩子都是男孩。希望女权主义者听到这句话的时候能原谅我。"

＊＊＊

不管我们用来解决兄弟姐妹之间争斗情绪的手段是否有效，它们都经常会出现在我们的成年生活中。童年结束很久之后，我们在别的城市，同别人交往的过程中，还会重复自己早年那些解决兄弟姐妹争斗的手段。

这些手段有时是值得肯定的，就像萨拉的例子中陈述的那种情况，但有时则不是。

心理学家阿尔弗雷德·阿德勒指出，如果一个孩子发现自己很能打架并且能打得过自己的兄弟姐妹，"他就会成为一个好斗的孩子。如果他打败所有兄弟姐妹都没能赢得父母的关注，他就会变得失望、沮丧，然后他会通过让父母为自己忧心或为自己担惊受怕而从兄弟姐妹中胜出……"因此，**一个人在金钱、健康、学业、社会关系或法律方面所遇到的麻烦，可能都始于童年，并延续到之后的生活中。而且这些麻烦能够把父母的注意力，从取胜的兄弟姐妹身上转移到自己身上。**

为了防御兄弟姐妹间的争斗，还有其他一些自我损害的方法。这些方法可能会影响我们步入成年之后的生活。

以卡尔文的经历为例。他比他的哥哥特德小二十个月，但从一开始，他就比特德更能干，比特德更有能力。当他开始表现自己、维护自己、展现自己的能力时，他的妈妈担心特德会因为被弟弟赶超而承担巨大心理负担，所以她总是传递给卡尔文这样的信息：别打败你的哥哥，停一停，放慢些，向后退一退；如果你要获得我的认可，你就不能同特德争。虽然她的这些信息大部分都没有直接表达出来，但卡尔文成功地领会到了妈妈的意思。卡尔文顺从了妈妈的意思。

现在，卡尔文已经四十多了，但他依然不能认真地做一件事。他说："打网球的时候，我试图改进自己的打法——但总是不能取胜；打高尔夫球时，从一开始到第十八洞之前，我能一直领先——但是一到第十八洞，我就完了，真是见鬼了。"卡尔文说，和打球一样，在工作中我最大的问题也是回避竞争。他梦想着能成功，他还制定了宏伟的计划，他也开始行动了，但是……

他说："我尽了最大努力，甚至发挥到了极限，但我还是做不到。我不能冒险取胜。"因为他逐渐认识到，在竞争中取胜意味着"杀死我哥哥，我就会失去母爱"。

关于成年的兄弟姐妹之间的争斗，心理学家海尔格勒·罗斯和乔尔·米尔格拉姆做了大量有趣的研究。他们发现，兄弟姐妹之间很少讨论这种争斗，而且他们也很少同自己的父母和朋友讨论这种争斗。它是一个秘密，一个可耻的秘密，一个肮脏的小秘密。罗斯和米尔格拉姆认为，这一秘密会使兄弟姐妹间的争斗永远存在。

因此，许多兄弟和姐妹终生都会是凶猛的对手。他们永远都不会放弃竞争心理和嫉妒心理。即使他们在别的地方遇到别的什么事，他们也依然会牢牢地将彼此卷进是非中来。

安妮虽然已经八十九岁了，但还依然对妹妹受人欢迎这一点感到愤愤不平，而她的妹妹，今年已经八十六岁了，也依然因姐姐智商高自己一筹而心怀愤恨。由此来看，求异并不总是有用的。

现在，理查德和黛安正争着照顾年迈的母亲，他俩都希望母亲由自己照顾。这一场竞争，似乎是为了争得"最孝顺的孩子"这一桂冠而进行的最后一战。

这对姐妹虽已步入中年，但依然在争斗，总想证明自己比对方高出一筹。不过，现在她们是通过自己的子女和孙辈们进行竞争。

一对杰出的兄弟——小说家亨利·詹姆斯和哲学家威廉·詹姆斯——终生都在进行争斗。从亨利一出生，争斗就已经成了兄弟的"日常生活方式"。

威廉过去常常中伤亨利那备受赞赏、高度重视细节的写作风格："看在上帝的分儿上，赶快说吧，快点收笔吧。"而亨利也曾抱怨过威廉："我一听到你读我的文章就感到惋惜，总是希望你马上住嘴——看起来好像你天生就不会'欣赏'它……"还有一个典型的"吃不到葡萄说葡萄酸"的例子。威廉拒绝被选入文学艺术学院，他解释说，因为他"那肤浅、自负的弟弟已经进入了此学院"。换句话说，是因为亨利比他先一步进入了学院。

再来看看奥利维亚·德哈维兰和琼·芳登。她们是姐妹而且二人都是演员。芳登小姐写道："从我出生起，父母和保姆就鼓励我一切都要争取"……因为姐妹俩从事相同的职业，所以这种争斗必然会更加剧烈。在琼·芳登获得学院奖最佳女主角的那天晚上，她和奥利维亚隔着一张桌子面对面坐着。芳登看着姐姐，心想：

> 我都干了些什么！从小我们就互相敌视，我们揪着彼此的头发，我们比赛摔跤，还有奥利维亚弄得我锁骨骨折的情景，都如万花筒般从我眼前一幕幕闪过。我整个人都僵在那儿了。我觉得奥利维亚会从桌子对面跳过来一把揪住我的头发。面对姐姐，我觉得自己现在只有四岁。该死的，我又惹姐姐生气了。

相比之下，比利·卡特似乎并不害怕惹恼他的哥哥。吉米·卡特温和地宣称："我爱比利，比利也爱我。"在吉米出任总统期间，他任由他的弟弟在公共场合出丑。比利任由自己沉溺于酒精之中，他用枪打烂了自己的嘴，他还一直缺钱花，他用这种方式来和吉米争夺民众的关注。显然，他没有办法打败自己那位神圣的、功成名就的兄长，但他用自己那傲慢而又死不悔改的行为伤害他的哥哥，令他的哥哥难堪。

* * *

心理学家罗伯特·怀特研究发现，如果兄弟姐妹在童年时期没有解决彼此间的冲突，他们步入成年后，依然会继续争夺"父母的宠爱，可能那时候他们的父母已经年老体衰，甚至与世长辞"。他说，有时那些"家庭成员的内部争斗"所遗留下来的问题，会影响我们未来的职业关系和社会关系。所以，我们会把同事、朋友、配偶，甚至自己的孩子看成我们的兄弟姐妹。

例如，一个实验室的技术员抱怨说，他有一个同事，比他年长三岁，"他总是跟在我身后监督我。他总是唠唠叨叨地挑我毛病，这让我很紧张，结果犯的错更多。这种情况就跟过去我和哥哥在一起的时候一样"。

帕姆是一个杂志编辑，她因为比她年轻的新编辑伊莎贝拉先她一步升了职而感到十分苦恼，所以她不得不向心理医生求助。为什么那位颇具魅力、野心勃勃的新编辑得到上司的青睐，会使她在心理上感到受创呢？为什么嫉妒、愤怒和上司的冷眼会使她如此痛苦呢？

她说："后来我发现，那位年轻的对手使我隐约地想起了我的妹妹辛西娅。伊莎贝拉和辛西娅都是卷发，而且她们都有办法让自己高人一等——所有这些都让我非常嫉妒。我还发现，辛西娅总是最受父亲宠爱的女儿，而奇怪的是，上司的态度和行事作风使我想起了我的父亲。现在我明白了，在某种程度上，早年的戏剧正在重演。我的上司忽视我而对伊莎贝拉另眼相看，正如当年父亲把我抛在一边而偏爱辛西娅一样。"

现在帕姆终于发现，兄弟姐妹间的争斗也在她的婚姻生活中重新上演着。多年来，她一直都在盲目地和丈夫约翰重演着当年的争斗。她后来才意识到，那种"这是我的，那是你的，不许动我东西"的地盘意识，正是她和妹妹之间的争抢关系的完美再现。为什么约翰把他的衬衫放进她的皮箱里，她不但会生气而且还会勃然大怒？为什么当她跟朋友——她自己的朋友——吃午餐时，约翰想一起吃，她就会大发雷霆？为什么她不想把自己的朋友介绍给约翰认识？为什么约翰不能和她同用一把刷子，同吃一块蛋糕，或者了解同一领域的知识？为什么约翰不可以把自己的夹克挂在衣橱中"她"的那面？

最后，帕姆认识到，当妹妹侵占她的领域时，她就会勃然大怒，所以她把这种怒气转移到了丈夫的身上。尽管现在她仍有"这是你的，那是我的"这种地盘意识，但是她对丈夫的"侵犯"行为已经温和了些，不会再像以前那样："不许动我的东西。"

很明显，我们在日后生活中会重复哪些内容，似乎不仅由我们的父母决定，也由我们的兄弟姐妹决定。弗洛伊德告诉我们：

孩子与同性或异性之间的关系的性质和特点，总是在他们六岁之前就已经形成了。这些性质和特点可能会在以后发生一些改变或得到进一步发展，但永远无法把它们连根拔除。最初为他们确定下来这些关系和性质的人，正是他们的父母和兄弟姐妹。日后，他们认识的所有人，都是他们最初情感对象的替代品……因此，他们一定会受到某种遗留情感的影响。

这种遗留下来的情感，有时会施加在下一代人身上。当我们把子女中的一个看作我们自己，"他十分像我"，而把另一个看作我们童年所深深怨恨的兄弟姐妹时，这种情况就会发生。有这样一个例子，一个母亲以前经常受姐姐的虐待，成年后心中依然因童年的事而充满嫉妒、愤怒不已，她甚至在不知不觉中，把她的大儿子塑造成了她的姐姐。在与精神科医生会面时，医生问她为什么会把较好的卧室给小儿子时，她激动地回答道："我就是妹妹，觉得姐姐总是得到最好的东西，甚至现在我还恨她。"

*　*　*

身为姐姐，我承认最先出生的子女总能得到最好的东西，但是我也十分确定，得到最坏东西的人通常也是他们。一方面，长子或长女在母子联结的共生阶段结束后几个月里，甚至是几年内都能和母亲维持排他的特殊关系；但另一方面，他们也会因为这种排他的特殊关系，而比其他兄弟姐妹体味到更多的丧失之痛。新婴儿的诞生，会使他们感到困惑，感到自己遭到了背叛：

妈妈说我是她的乖宝宝；
妈妈说我是她的小羊羔；
妈妈说我完美无瑕，就像现在这样；
妈妈说我乖巧可人，什么都很棒。
但是妈妈又生了一个小宝宝，
为什么？

如今，人们通常认为，父母更关注、更重视头胎子女，而不是其弟弟或妹妹。人们通常还认为，相比较而言，父母对后来生的子女没有很强的占有欲，不会像担心头胎子女那样担心后来降生的孩子，也不会对他们有很高的期望。所以，如果我们是弟弟或妹妹，或许会嫉妒哥哥姐姐的领先地位；如果我们是哥哥或姐姐，或许会觉得弟弟妹妹总是被娇惯。换言之，不管我们在家里排行老几，我们都能明确证明我们被骗了。

有时，我们的确被骗了。

虽然父母应该做到大体上平等对待子女，但有时，因为某个孩子更聪慧、漂亮、听话、强壮、善良，或很像他们，或者更有成就，父母会因此而更偏爱于他。

例如，马克斯·弗里希写了一部很吸引人的小说《我不是斯蒂勒》。他在书中描写了威尔弗里德和阿纳托尔对母亲的惊人评价。他们先到公墓祭拜了死去的母亲，然后在一个小酒馆里交换了他们的日记。

阿纳托尔写道："很明显，威尔弗里德的母亲十分严厉，而我的母亲却不是这样的……有一次，我从钥匙孔里听到，母亲在她的一群朋友面前讲我说过的那些有趣而又机智的言语……这样的事情肯定不会发生在威尔弗里德身上，因为他的母亲一直担心他永远都不会做出什么值得称赞的成就……"此外，阿纳托尔还写道："威尔弗里德的母亲是一个很实际的女人，威尔弗里德从小就听惯了母亲的这种观点——如果他不能挣很多钱，他永远都娶不到一位满意的妻子。"

相比之下，阿纳托尔的母亲是一个爱玩的人，她比较娇惯自己的孩子，而且"她很注重培养我的内在品质，她还说，我能娶到任何一位我喜欢的姑娘……"

显然，威尔弗里德和阿纳托尔的母亲是两个截然不同的人。然而……他们所讲的是同一个人。

他们俩是亲兄弟。

有时，兄弟姐妹中受宠的那一个会仗着自己在父母心中的地位而傲慢无礼，滥用特权。有时，他会感到内疚，有时他又会因自己最得宠而为所欲为，并深受其惠。但是不管他如何对待自己的兄弟姐妹，他们可能都会嫉妒他、怨恨他，而且这种敌对情绪可能在童年过后还依然存在。尤金·奥尼尔在《长日入夜行》中，讲述了酒醉的吉米对弟弟大发脾气。痛苦之下，他承认自己给了弟弟"最坏的影响"。为什么？他说："因为我不希望你成功，跟你相比，我总是显得很不堪。我想让你失败。我嫉妒你，你是妈妈的小宝贝儿、爸爸的小心肝儿！"

即使父母实际上并没有偏爱哪一个孩子，但只要有兄弟姐妹的存在，也就意味着欺骗、丧失——之所以是一种丧失，是因为母亲的胳膊、眼睛、怀抱、微笑和无以匹敌的乳房原本属于自己，正是兄弟姐妹的存在使这种私有地盘变成了共有财产。

孩子怎能不想摆脱他们的兄弟姐妹呢？

孩子怎能体会不到兄弟姐妹之间的争斗呢？

＊＊＊

当三岁的乔希看到母亲抱着出生不久的小弟弟时，他直接表达了自己的想法："你不能爱我们俩，你只能爱我一个。"

听到乔西的话，他的母亲也坦白地告诉他说："我非常爱你，但是……不能只爱你一个。"

这个痛苦的现实无可否认，我们只能与自己的兄弟姐妹分享母亲的爱。我们幻想绝对的爱，一旦这种梦破灭了，我们的父母能帮助我们成功地摆脱丧失之痛。但是，让我们相信自己没有任何损失，他们却无法做到。

然而，一切顺利的话，我们也能体会到足够多的爱在我们周围。

我们还会发现，因为兄弟姐妹的存在，我们也许能体味到另一种爱，一种有着密切联系的爱。

尽管兄弟姐妹间的争斗会让人感到烦恼和痛苦，而且这种烦恼和痛苦还会跟随我们步入成年，尽管兄弟姐妹间的争斗所遗留下的问题能转移到我们日后的其他各种关系上，但这种争斗也只是兄弟姐妹间持续的深厚情谊的附属品。近年来，已经有越来越多的人开始研究兄弟姐妹彼此间所产生的终生影响。研究的核心不仅是兄弟姐妹间的争斗，还包括他们之间的互相宽慰、互相照顾、互相鼓励，他们之间的榜样作用以及他们成为彼此忠实的盟友与最好的朋友。

有时，如果没有父母的爱来支撑，兄弟姐妹也许会成为迈克尔·卡恩和史蒂芬·班克所说的模范兄弟（童话中的人物）——汉塞尔和格雷特尔，彼此忠诚，互相保护，就像童话中描述的那样。汉塞尔和格雷特尔常常使用他俩所特有的语言，他们一旦分开，就会感到忐忑不安。他们认为兄弟间的和谐关系比个人利益重要得多。在成长的过程中，无论付出什么样的代价，他们都始终不离不弃，即使排斥配偶和朋友，他们也在所不惜。在他们心中，兄弟间的忠诚永远是第一位的。

因为母亲去世，父亲又是一个反复无常、有暴力倾向的人，伊莱、拉里、杰克和内森四兄弟就在成长的过程中形成了汉塞尔和格雷特尔式的兄弟情义。现在他们都已成年，但仍保持着兄弟间的忠诚。内森说：

"我很清楚地知道，当我遇到困难的时候，我首先想到的就是自己的兄弟。我不去找父亲，不去找姻亲，也不找自己的妻子，而是找我的兄弟。"

拉里也说：

"如果你（他的兄弟）遇到了困难，钱财上的也好，学业上的也罢，不管什么困难，只要你来找我……我会把最后一块钱都给你。我是认真的，而且说话算数，即便我对自己的子女和妻子也负有责任。"

汉塞尔和格雷特尔之间发展出如此深厚的兄弟情义，确属极端的例子。他们之间形成了这样的关系，说明他们的父母很失败或者遭遇不幸，致使兄弟二人不得不在邪恶的丛林中相依为命。在条件较好的家庭环境中，不太可能会出现汉塞尔和格雷特尔式的兄弟关系。因为那样的家庭能给孩子提供保护和关爱。虽然在那种环境中发展起来的兄弟情义不是很深厚，但兄弟姐妹间还是能形成彼此关心、相互支持的情谊。

因为，随着时间的推移，我们会逐渐认同我们那慈爱的父亲或母亲，并告诉自己"我也要像你们一样，去爱那个孩子"，或者转变我们的想法，告诉自己"或许我的确爱那个孩子"。于是，我们会因为自己有了一位玩伴、仰慕者、先驱者而感到欣然，或者我们转换思想，把兄弟姐妹看成自己人，"我们的"兄弟姐妹，而不再强调父母是"他们"的还是我的。最终，我们就能缓和兄弟姐妹间的争斗局面。这样，我们就会把那个讨厌鬼、入侵者、竞争者，那个窃取我们母爱的人变成我们的朋友。

大儿子在八岁那年，我曾听他用十分厌恶的语气回答了陌生人的问题："我们是兄弟。"

当他到了十五岁的时候，我听到他用十分自豪、热情、友爱的语气说："我们是兄弟。"

然而，即便争斗关系一直持续到成年，也有改变和调解的办法。虽然旧的模式依然存在，但并非根深蒂固。有时，不管兄弟姐妹中谁在争斗中胜出或是因失败而痛苦，都会在权衡爱恨的过程中，更倾向于爱。有时，一次家庭危机会使兄弟姐妹变得更亲密一些。不管我们什么时候产生过伤害兄弟姐妹的想法，最终我们都不会那么做。

经过十多年的研究，心理学家维克多·奇奇雷利发现，无论是从持续时间、平等主义方面来讲，还是从分享共同遗产方面来说，兄弟姐妹之间的联系在人际关系中都是独特的。他发现，大多数兄弟姐妹一生之中都与彼此保持着一些联系，其中姐妹们在保持家庭联系、提供情感支持方面起主要作用。在一次针对六十岁以上的兄弟姐妹展开的调查研究中，奇奇雷利发现，其中百分之八十三的人认为自己同兄弟姐妹中的一位保持"亲密"联系。大多数证据表明，兄弟姐妹在年老时彼此间的争斗确实减弱了，因此，修补或更新兄弟姐妹之间的关系可能是我们进入晚年之后的一项重要任务。

奇奇雷利尊重所有人类关系中的矛盾情感，他还指出，"我们可以把争斗设想成一种长期潜伏的情感，在某些特定的情况下，它会强烈表现出来，而在其他时候，它都是处于蛰伏状态的"。虽然争斗在我们一生中的任何时候都有可能会再度燃起，但人们还是希望兄弟姐妹在长大成人后，能够言归于好，不再计较自己曾经丧失了不可分割的爱。

伟大的人类学家玛格丽特·米德在她的自传《黑莓的冬天》中写道：

在成长的过程中，姐妹们表现出了激烈的争斗；在成为年轻的母亲后，她们拿子女来互相攀比，这无疑是争斗的延续。但是，当孩子们渐渐长大，姐妹们反而比以前亲密了许多。到了晚年，她们又常常是彼此精挑细选的、最令人开心的伙伴。

米德博士接下来又谈到了分享童年记忆的价值：

"只有我和露易丝能回忆出库尔奇是指什么，它是一只欢蹦乱跳的长毛狗，还总是耷拉着耳朵；记得后院长着一棵漂亮的苹果树；记得母亲开车载我们去海滩的路上唱过《两只织布鸟》；记得父亲在卧室的地毯上打高尔夫球；记得一位名叫凯瑟琳的保姆，在晚间祈祷时教我和妹妹说：'愿上帝保佑我的父母、所有亲戚、朋友和宾·克罗斯比（美国歌唱家和电影演员）。'姐妹们和兄弟们可以分享其他同时代人分享不了的东西（不管其他同时代人之间的关系多么亲密），即亲密的、可引起共鸣的家庭历史的细节。"

如果我们可以让对抗成为过去的话，这种分享可以为终生的联系奠定基础，这种联系可以使我们经受得起双亲辞世、子女离去、婚姻失败的痛苦。**虽然兄弟姐妹的存在意味着我们不能获得完全的母爱，但这种丧失也为我们带来了巨大的益处。**

Chapter 7　危险欲望：从出生起就已然存在

置于你母亲的婚床——不要害怕。

此前，在梦中，还有圣所，

不少人已经和自己的母亲躺在了一起。

——索福克勒斯

除了和兄弟姐妹共享双亲之爱外，我们还得和双亲中的某一位分享这种爱。新的丧失亦由此而生。因为俄狄浦斯不仅听到了上面抚慰的言辞，梦想和自己的母亲睡在一起，并且也这么做了。他做的事情就是人们所说的三岁孩童都会有的强烈愿望，赶走双亲中的一个，独占另外一个。

这种渴望是不被容许的，但也是根深蒂固的。终其一生，这种欲望被弃置过多次，又复活过很多次。然而最重大的那次放弃，是我们的第一次，最攸关命运的那一次，即童年时期我们退出的那次竞争。那次退出是我们一生中最炽烈的爱恋宣告终止。

即便是最圣洁之人心中亦存有俄狄浦斯情结。

睡梦中，一如在精神分析学家的诊疗床上那样，它向我们诉说着。它可以通过孩子们的日常愿望表达出来："等我长大了，我就娶……为妻。"那个人，就是一生中与我们走得最近的人，就是我们最爱的人。对于三岁孩童而言，这个人当然是双亲中的一位。

圣洁之人会说，好吧，我们可以接受这样浪漫的爱：小男孩确实想讨母亲喜欢，小女孩向父亲搔首弄姿。圣洁之人会说，俄狄浦斯的恋母情结中含有与性有关的一面，这看起来既牵强又让人恶心。孩子们与性无涉，他们是纯洁的。

精神分析学家们却说，并非如此，他们是有性生活的。

的确，即便是想一想，也会觉得三岁孩子有淫欲是令人吃惊的。我们必须承认，我们的性经历开始得更早，它始于我们啜奶嘴和母亲乳头时的口欲期快感（显然是一种快感）。的确，这个所谓的"口欲期阶段"与成人后的性交是两回事。但是，从嘴唇到肛门再到生殖器官，我们身体的某些部位——我们的性感应区——相继成为我们所说的性紧张和性快感的核心源泉。

不过，这种典型的弗洛伊德式的性发展观只能被视作我们更加宽广的性区域的一部分。除了这一部分，我们还得考虑和周围人的关系。这种关系引申出了精神分析学家爱利克·埃里克森所说的"有决定意义的接触"，比如，婴儿的嘴唇触及母亲的乳房，以及随之而来的发生于两人间的有助于他舒舒服服地获得快感的一切事情，包括母亲心甘情愿地给予的一切。两人间的这些往来包含着看见、听见、被抚摸和被拥抱等快感，个中深藏着强烈的性快感，正如埃里克森所言，用"口欲期阶段"这类词只是勉强达意。

为什么恋母阶段会有如此特殊的意义，又如此令人忧心呢？因为，我们的欲望与渴望已经深深地埋在了我们心里；因为这种狂热而又危险的三角关系所激发出来的内心冲突使我们不知所措。虽然我们已经忘记了那残留在我们脑海里的狂野幻想，但因为我们已经为了实现幻想而有所行动，所以我们才会如此纠结。

* * *

恋母情结是由西格蒙德·弗洛伊德率先发现并加以解说的。他说，恋母情结是普遍的、与生俱来的。正如我们接下来所看到的那样，它既涉及我们对双亲的积极情感，也涉及消极情感。下面我们就来看看他那引人注目的核心观点：

男孩爱上自己的母亲。女孩爱上自己的父亲。父母中总有一人会成为他们既爱又恨的绊脚石。早在我们会叫"爸爸""妈妈"之前，欲望、嫉妒心、争斗心和除掉竞争对手的愿望就已经在我们心里生根发芽了。这些情感，这些乱伦和杀害父母的无意识冲动，使我们备感内疚并且心中充满了对报复的恐惧。

长大后，我们几乎或者根本不记得这些情感和想法了，而且就是在当时，这出戏也没有公开演出。而实际上发生的，可能只是我们被抱在怀里或者舒舒服服地依偎在他们身边，心里想表达的可能是"我爱你，爸爸"；我们可能会无缘无故地大发脾气，心里想表达的可能是"我恨你，妈妈"；也许我们在玩游戏时，把那个代表妈妈的玩偶放在一边，很长时间都不去理会；或者在我们的梦魇中，一个怪物或者老虎追逐一个受到惊吓的小女孩（和我们心中的那个秘密一样恐怖和卑鄙）。

所有这些都是恋母情结给我们的生活投下的阴影。这种原始的、毫无约束的情感始终不会冲到眼前公开上演。我们也不会有意识地认为自己的对手会像怪物或者老虎一样伤害我们。但是我们总会不知不觉地就担心起来，害怕伤害，害怕伤害会造成损伤（要知道，我们不仅恨自己的对手也爱自己的对手），害怕那个可恨的对手不再爱我们了（我们也爱他、需要他）。这样一来，我们就会陷入难以自拔的内心冲突。

此外，我们小，他们大，我们没有什么手段能击败或控制他们。所以，结果不言而喻，我们会逐渐认识到，我们的野心注定不能实现。

因此，大多数男孩和女孩在五岁左右，就会被迫放弃自己那不被允许的恋母愿望。

然而，这些愿望永远不会被完全放弃。

这些愿望会在不同程度上，有时是以十分混乱的方式，继续在我们的生活中编织着三角关系。

＊＊＊

一个女人一而再再而三地选择年长的男子做丈夫、谈恋爱或发生性关系，这就是一个典型的三角关系例子。她这么做，是为了满足自己当年的愿望：赶走妈妈，赢得爸爸。她虽然并不总是以此为目的，却常常如此。我认识一个女孩，她同一个男人上床后问道："你多大了？"当他说出自己的年龄之后，这个女孩十分惊讶地说道："你跟我父亲同岁。"那个男人不知所措，但很想知道女孩的心意，于是问道："你的意思是好还是不好？"她毫不掩饰，直截了当地回答道："太棒了！"

我的俄狄浦斯情结使我总是爱上比自己大二十到二十五岁的男子，他们的智慧和成就以及对某种崇高事业的奉献精神，与我童年时所敬慕的英雄十分吻合。为了嫁给与自己年龄相近的同龄人，我不得不放弃自己的俄狄浦斯情结，所幸最终我做到了。但是与大多数同龄人相比，我很晚才认识到：在某种人际关系中，以平等伙伴的身份与人交往，会获得作为爸爸的女儿所得不到的好处。

***

但是，即使陷入俄狄浦斯情结并迷恋自己的父亲，也不代表一个女孩一定要嫁给一个比自己大很多的男人，她可以选择嫁给一个结过婚的人，或是具有成熟气质的男子。如果一个与多名已婚男子交往过的女孩抱怨说"好男人都已经被占光了"，那她也许该仔细想想，这个令人苦恼的念头是从何而起的。

依照三角关系来推断，一个迷恋自己父亲的女孩长大后会认为，从别人那里偷来的男人才是最值得占有的男人。但是，有时"偷"的过程比她们偷到的人更有价值。有时，把母亲赶出局是俄狄浦斯情结中最重要的部分：如果一个男人离开自己的妻子而选择和你在一起，这证明你比他的妻子更好。

不过，他若是真的离了自己的妻子，你可能就不再想要他了。

玛丽·安三岁丧父，她至今还依然在已婚男人中寻找自己父亲的身影。每当她获得了自己想要的人，她就变得兴趣索然。其实，在她心中驱使她的并不是对父亲的渴望，而是对母亲的报复和愤怒。因此，她每一次的恋爱其实都在诘责情人的妻子，仿佛在说："你失去丈夫是因为你没有好好照顾他。"她的每次恋爱其实都是在心底愤怒地斥责她的母亲，"就是因为你没有好好照顾他，你才失去了丈夫"。

弗洛伊德写到了发生在男人身上的类似情况。他们恋爱的先决条件是：总要有一个"受伤的第三者"。这样的男人所喜欢的都是结过婚或订过婚的女子。这样，他重复了童年时期的经历：爱上一个已经被别人占有的女人。很明显，在三角关系中，受到伤害的"第三者"不是别人，正是他的"父亲"。

精神分析学家说，如果女人总是幻想他们的情人就是自己的父亲，她们可能会不知不觉地受到负罪感的折磨。但是如果儿子陷入恋母情结，迷恋自己的母亲，情况会更糟。如果他的妻子太像自己的母亲，他会发现自己无法与妻子过正常的性生活。他的这种无能，使他不会打破乱伦的禁忌。例如阿瑟，他以为自己只要找个情妇就能解决自己的问题，但是当她们一开始照顾自己时，他又不能勃起了。

还有一个例子。这个男子来自白人中产阶级，他想通过精神分析法知道自己为什么只钟情于黑人女子或是"有异国情调"的女人。为什么白人中产阶级的女子就不行呢？后来，他明白了。因为那些"异国"女子显然不可能与他有血缘关系，所以和她们做爱是安全的。

＊＊＊

　　狂热的三角关系也许会在最初形成之后，经过一段时间或是很长时间才会显现出来，而且常常以一种象征性的方式表现出来。有一些态度或是行为，从表面看毫无道理可言，但从心理学角度来观察，就能看出它们的逻辑所在。

　　心理分析学家欧内斯特·琼斯认为，哈姆雷特那人所共知的拖延行为，是恋母情结所导致的。他发誓要杀死叔父，却一再拖延。琼斯写道："哈姆雷特的犹豫不决……总的来看既不是因为他没有行动能力，也不是因为那个任务颇有难度……"不是因为他的宗教良知已经达到大仁大义的高度，也不是因为叔父的罪行未经证实。琼斯认为，杀死哈姆雷特的父亲，娶了他的母亲，叔父的行为恰好是哈姆雷特所渴望的。因此，"哈姆雷特由于自己内心中的'邪恶'而不能彻底谴责叔父的罪恶……实际上，他的叔父融进了他自己人格中隐藏得最深的那部分。所以，对于哈姆雷特来说，杀死叔父，就是杀死自己"。

　　你不必认同琼斯对《哈姆雷特》的解说，也没必要赞同他的恋母情结一说。你可以把琼斯的观点看作理解莎士比亚那出戏剧的一把——而不是唯一的一把——钥匙。事实上，我们一定要牢牢记住，人的所有行为都是由诸多因素引起的，只有在极少数的情况下，一种结果由一种而且仅由一种原因引起。**我们早期的生活**

体验，无论是疾病、严重的丧失，还是母子间的亲密联系，都会影响到我们处理那些激烈的三角关系的方式以及我们是否能为处理这些关系做好准备。

此外，我们因恋母情结而产生的心理冲突，在以后的岁月中，能从我们与性相关的情感和选择上体现出来，也能从我们职业生活的品质上表现出来。小时候，卢一直害怕强大而又有力的父亲，所以他到了四十岁的时候，还十分惧怕有权势的人；而麦克则对父亲的权威不屑一顾，而且还试图推翻他那独断专横的统治，所以长大以后他成了一名政治活动家，同那些排挤"小人物"的"大人物"作斗争。当这样的人开始审查自己的情感时，他们就追溯到了自己五岁时的世界。在那个世界里，小孩子对大人既爱又怕，还试图挑战。如果孩子对父亲一直是蔑视与挑衅，那他们之间就会以此为基础形成父子关系，这个孩子在日后的职业生涯中，也会和自己的上司形成这种关系。

恋母情结所产生的另一个问题，比人们想象的要普遍得多，那就是对成功的恐惧，即所谓的"成功性神经官能症"。这种问题的具体表现是，一些男人或女人总是说他们希望得到升职的机会，但在实际行动中却又总是破坏自己的志向——阻碍自己的升职之路。若他们得偿所愿，他们又会陷入恐慌之中。西格蒙德·弗洛伊德写道："一个人在成功之后，因为内疚而陷入病态……而这种内疚感与恋母情结有着密切的联系。"

弗洛伊德指出，一些人在童年时害怕与自己性别相同的父亲或母亲竞争，他们长大后会依然为这种担忧所困扰。他们会在无意之中于心底埋下一种念头：成功就意味着杀死自己的父亲或母亲。依照无意识下形成的法则，他便会认为成功很危险，因为它会招致报复。如果竞争意味着杀人或被杀，如果一个人把每一个竞争对手都看作自己的父亲，他也许会退出竞争，设法不取得成功。

这样一来，修改之后的行动纲领可能会是：

我满足于第二名的位置。

我发誓永不超越你。

请别伤害我。

对于一些害怕成功的女性来说，她们所担心的并不是母亲会生气，而是自己的争强好胜会使母亲疏远自己。有的则是因为怕自己全力以赴，会伤害到自己的父亲或丈夫。因此，少年音乐家艾米丽因为改变了鞠躬的方式而输掉了一场本该获胜的比赛；才智过人的年轻律师丹尼斯，在和上司谈话的过程中感到头晕，被迫离开了房间，因为她突然发现自己能做上司的工作，而且还会比他做得好。

因为担心受到伤害而产生的恐惧感可以追溯到童年时代的经历——她们害怕被父母抛弃而异常恐惧：成功就意味着我会灭亡，因为他们会离开我、抛弃我。男人也有这样的恐惧，只不过我们听到的比较少罢了。**一些精神分析学家说，男人更害怕的是被抛**

弃而不是受到伤害。

显而易见，对成功产生怀疑是有良好的客观理由的。因为有压力，因为要承担家庭开销。但是，如果一个很有能力的人发誓说，他真的很想找到一份更好的工作，但在面试的时候不是生病就是频频迟到，或者就不去参加面试，或者在面试过程中故意使自己看起来像个傻瓜，那么也许他不想成功或是躲避成功的机会。如果一个想升迁的人通过不懈追求终于得偿所愿，却在成功之后十分沮丧并且异常焦躁，那么他可能患有成功性神经官能症。

* * *

当我们着眼于精神分析学家们所说的消极恋母情结时，会发现那些三角关系的表现方式又有了新的转变。消极恋母情结是一种十分炽烈的情感，它既包括我们对与自己性别相同的父亲或母亲的肉体的渴望，也包括我们对与自己性别不同的父亲或母亲的敌对情绪。在童年时期，我们既会产生积极的恋母情结，也会产生消极的恋母情结，而且这两种情感会伴随我们一生。对大多数人而言，虽然这就意味着异性恋的冲动会占优势地位，但我们所有人在某种程度上都是两性的，即对男女两性都有性欲。

然而，据说女性的性发育一定比男性困难，因为女人的积极恋母情结总是出现在消极恋母情结之后，而这又和所有人最早迷恋上的都是母亲有关。三岁左右的时候，我们把这种爱和有关三角关系的奇异想法联系了起来。那种奇异想法便是：组成幸福的一对，把那个古怪的男人排斥在外。男孩也好，女孩也罢，幸福的一对指的都是母亲和孩子，两者的竞争对手都是那个叫作爸爸的粗鲁的闯入者。

如此，在消除恋母情结时，女孩子要遭受双重丧失，先失去母亲，接下来是父亲。男孩子某一天可以娶一个女人，从她那里找回最初的激情。女孩子的初恋则不得不经过一次性别上的改变。

如果不能处理好这种恋母情结，可能引起的后果之一便是成为同性恋者，另外一个后果是成为假同性恋者。比如，一个男人可能会选中了一个女人做妻子（她从相貌到举动都不具备明显的男性特征），原因在于她的一些特征使她对他而言成了同性恋人的替身。一个女人挑选一个长期不忠于她的男人，以便在想象中分享丈夫床上的那些女人。如果不是这样的话，他们可能会更加直接地从同性恋人身上寻求同性父母给予他们的东西，或者将这些东西奉献给自己的同性伙伴。

* * *

我们必须承认，在相当大的程度上，我们那强烈的性欲及关于性的癖好和与生俱来的本性有关。打出生起，人们的需求的方向就是不同的。不过，这种不同虽然能从人的某些与生俱来的本性那里得到部分解释，但人们的性本能却既是先天的又是后天的。事实上，我们的恋母情结的各个方面之间是有冲突的，我们对这些冲突做出的不同反应能体现出我们的人际交往圈子的特点，包括自己有什么样的兄弟姐妹，乃至于有什么样的近亲；也包括自己有什么样的父母，他们之间的行为及他们对我们的行为。

要明白，俄狄浦斯王想和生母伊俄卡斯达睡在一起，而对方也有这种愿望——双方都有这种渴望在体内涌动。在恋母阶段，当孩子对父母有情欲时，父母反过来也一样。

不错，他们都是圣洁之人，他们都是正常的而非反常的人父人母。

但正常者与不正常的界限在于是否有意识地或无意识地限制那种情感，是否将那种情感付诸行动。一位精神分析学家告诉我，其实他未曾见过"任何一个孩子冲动得特别厉害"。他认为，"父母和恋母且顺从的孩子互相扰乱了对方的心智，伤害由此而生"。

来自父母的诱惑行为会让幼小的孩子亢奋、困惑，也会吓住他们。虽然近来有人认为不伦之恋并非一无是处，然而多数专家都认为这种诱惑是很伤感情的。

精神分析学家罗伯特·维纳认为，家庭的特点在于给人一个一生的"过渡空间"，这个空间可以作为个人和社会、理想和现实、内心和外界之间的休息场所。在他看来，乱伦从两方面破坏了这个空间：父亲的乱伦破坏了女儿的分离，这种行为等于对女儿说："你是我的，我想做什么都行。"同时，乱伦又迫使女儿和自己过早分离。因为乱伦也等于对女儿说："你不是我女儿，是我的情人。"维纳博士认为，乱伦"无可挽回地摧毁了作为家庭纽带的那份圣洁"。他还认为，虽然家庭生活会因别的形式遭到破坏，但乱伦是"谋杀以外后果最严重的破坏方式"。

怎么会这样呢？

在她很小的时候，她的母亲就去世了。之后很长一段时间内，她都在每天早晨钻到我的床上来，有时她还睡在我的床上。我很同情这个小家伙。此后，每当我们一起坐在车里或是一起坐火车去别的地方，我们都手拉着手。她过去经常给我唱歌。我们也常常说："好了，今天下午咱们别去理会任何人——让我们眼中只有彼此——因为今天早晨你是我的。"人们常常称赞我们是伟大的父亲与懂事的女儿，人们还常常因为我们的融洽关系而感动得热泪盈眶。我们就像情人一样……然后突然有一天，我们真的变成了情人……

近似的乱伦故事在精神分析学家的诊室里偶尔也会听到。但是这个故事不是来自诊室，而是选自斯科特·菲茨杰拉德的小说《夜色温柔》。小说中的女儿名叫妮可，来自高雅的上层社会。她后来如何了呢？最后她变成了精神病患者。

托尼·莫里森在小说《最蓝的眼睛》中也描述了一个类似的故事：贝克拉是一个黑人女孩，她无家可归、身无分文，对生活十分绝望。她的父亲在酒醉后被贝克拉那因为震惊而变得僵硬的身体和瞠目结舌的样子刺激得兴奋起来……而且还被自己"要干一件禁止的野蛮事"的想法迷了心智，粗暴地强奸了自己的女儿。

现实生活中如果发生贝克拉这样的事，被人告发的话，就会被转到国内法庭进行审理，或者会被记录在警察的记录本上。然而很多这样的事都没有被抖出来，因为受害者那样做会给家庭带来灾难。苏珊妮·菲尔德在自己的作品《有其父必有其女》中描写了年轻的社会工作者西比尔。这是一部关于父女关系的很有价值的书。书中，西比尔讲述她那痛苦的、真实的经历：

虽然我已经尽力抹去有关那部分生活的大部分的记忆，但是我现在还是能想起它。记得那件事是从我八岁的时候开始出现的。那时，不管是在家里还是在旅行的时候，爸爸和我总有几分钟是单独相处的。起初，他只是让我隔着裤子抚摸他，后来，他开始在我面前脱光衣服并用手抚摸我。

西比尔说，当她十五岁时，有一天父亲试图跟她发生关系，她通过收紧身体阻止了父亲的行为。之后，她去一家私人机构，找到一位法律顾问，得知自己可以通过去法院起诉并逮捕她的父亲。但是她说："仅仅是做出上诉的决定就已经让人感到很可怕了，如果我真的去了法院，我的家就毁了。我的兄弟姐妹永远都不会理解我。我们以后该怎么生活呢？总之，我还是不能冒着拆散家庭的风险去法院告他。"

虽然跟母子间的乱伦行为相比，父女间的乱伦行为更为常见。但母亲也会玩一些危险的诱惑游戏。例如，她们可能会让儿子到自己的床上来，或者当着儿子的面穿衣服，或者让儿子把手拿开，然后去抚摸他们的身体。维纳博士曾经写过一个大学生，虽然已经年龄够大了，却不能外出约会，而且他还得留在家里接受母亲给他按摩后背。维纳博士还指出，当父母不能放弃他们那乱伦的愿望时，乱伦的幻想就可能会以象征性的、替代性的或者不完全的方式来实现。

还有一个精神分析学家举了一个例子，把母亲的乱伦幻想更为直接地表现了出来。那个患者是一个十四岁男孩的母亲，她很担心孩子的性启蒙。她不希望儿子与妓女交合而染上疾病，认为寡妇或者离了婚的女人也不合适，即便是未婚女子，她也觉得不妥。她很想知道，如果自己充当儿子暂时的性伴侣，会发生什么。她的医生用精神分析法进行分析，并最终使她认识到：这个主意糟透了。

的确，父母对自己的子女有性欲，即使他们的子女只有三五岁。他们如何处理自己的这些欲望与孩子如何处理自己因恋母情结而产生的内心冲突有很大的关系。诱惑行为先暂且不提，父母行为的一个极端是过分刺激，另一个极端是不许任何接触并与子女保持距离。而处在两极之间的父母，如果能够谨慎地去爱自己的子女，他们便能体会到人类关系中的肉体快感的价值。

父母可以十分清晰地向子女表明，夫妻间的私密空间是不允许子女闯入的。

他们还可以清晰地说明，不论那种愿望多么强烈，孩子始终都不可以和父母中的任何一个结婚。

＊＊＊

吃晚饭时，四岁的女儿同父母谈到了他们现在居住的那所局促不堪的公寓。女儿提出了一个建议："可以把我的床搬进你们的房间，这样我的房间就可以有地方放玩具了。"父亲解释说，父母的卧室是一个私密的空间，而且夫妻要有自己的房间。女儿听完父亲的话，不吃饭了，不停地打父亲，随后还蜷缩在父亲的脚下。这个三角关系中的第三者，就是父亲的妻子，女孩的母亲。这个女孩的母亲在谈及这敏感而又令人感伤的一幕时说：

我想对自己的丈夫说，别那么说，而且我敢肯定女儿也不想听到你那么说。我想编个理由哄哄她，比如爸爸妈妈的卧室如果放两张床会更挤，或其他什么理由来搪塞她一下。我不想让她感到自己受到了伤害或是被抛弃了。但我还是没说出来。因为女儿更多的是需要从父亲那里了解到，他爱我们两个，只不过爱的方式不同。

但是事情并没有向她所说的方向发展。那个母亲此时想到了自己小时候就希望成为父亲心中唯一的挚爱。她很敏锐地叙述了接下来的一幕：

丈夫对女儿说，他很想抱她，并且准备吃完饭以后就跟她一起玩游戏。女儿这才慢慢地从地板上站了起来，恢复了常态，想到饭后的拥抱和乐趣，她不禁笑了起来。看到女儿刚才的痛苦和现在的微笑，我也笑了。我发现女儿的言行也映射了我当初的妒意，而且我还看到了自己的成长轨迹。

虽然感到痛苦，但我们也认识到我们无法从妈妈那里把爸爸偷来。认识到这一点，我们才能成长，才能步入更广阔的世界。我们虽然为这必要的丧失而感到痛苦，但我们的痛苦会得到慰藉。然而，如果我们真的在恋母情结的斗争中赢得了胜利，打败了我们的对手，并最终赢得了父亲，那么与丧失相比，这种胜利终将会给我们带来更大的伤害。

有一个女人一直同她所爱的人一起生活，却总是不肯接受那个男人的求婚。她觉得她是迫于无奈才拒绝他的，但她并不知道使她迫于无奈的理由是什么。后来，她在精神分析学家那里找到了答案：她认为结婚就意味着有孩子，而有孩子就意味着死亡。她四岁的时候母亲去世了，这样她就在俄狄浦斯情结的斗争中获得了胜利，赢得了自己的父亲，取代了她的母亲，但她为自己的胜利而心怀负罪感。现在她所惧怕的是，结婚便会有孩子，有了孩子她就会死，她认为这就是上天因她当初那邪恶的胜利而给予自己的惩罚。

破坏性的俄狄浦斯情结的胜利，可以通过父亲或母亲的离世而得到——"我要彻底拥有我的母亲，我知道接下来父亲就会因心脏病发作而猝死。"此外，这种破坏性的胜利还能通过父母离婚而获得。最近的几项研究表明，面对父母离异，男孩的处理能力不如女孩，他们因此而受到的影响，和女孩相比也会更加持久、强烈。他们可能会成绩下降、情绪低落，心中总是怒气冲冲，自尊心也会受到影响，他们可能还会吸毒或酗酒。这些研究还表明，恋母情结在一定程度上解释了离婚对男孩影响更大的原因。

琳达·伯德·弗兰克在《离婚者的儿子》中称，母亲在百分之九十多的情况下将担负起监护子女的责任——征得她本人的同意或者缺席宣判给她。如此一来，如果孩子是男孩，通常情况下母亲都能得到他，亦即他也能和母亲生活在一起。儿童精神病医生戈登·利文斯顿在马里兰州的哥伦比亚有个诊所，每年有多达五百名离婚者的子女前来就诊。他说："解决由恋母情结而来的冲突，应本着有利于父母而非子女的原则，但如今相反的情况却一再发生。"因为儿子（有时的确如此）取代了父亲在床上的地位，所以由此而生的性紧张和负罪感可能造成内心的混乱和行为的不安。

尽管看起来父母离婚在恋母情结方面更容易对三到五岁的男孩产生影响，但青春期会再度搅起由恋母情结而来的冲突，从而使十几岁的单亲子女变得更有占有欲，更加嫉妒。一个十六岁的孩子有一次趁母亲约会时将她锁在外面。后来这孩子解释道："她要想回家，就得叫醒我。那个男人一看见我就走了。"一个十五岁的孩子说得更直白，他对准备出门的母亲说："我要你十一点前回家，一个人回家。"

一项研究发现：年龄在九到十五岁间的男孩最不愿意接受继

父。但是，年龄更小一点的男孩出于对恋母情结的焦虑，或许会急着让一个男人进到家里。一个小男孩不断地问自己的母亲："我们接下来要跟谁结婚呢？家里需要一个爸爸。"

但是没有出现双亲的一方去世或者双亲离婚的情况，恋母情结也能获得胜利。如果母亲（或父亲）对儿子（或女儿）的喜爱超过了配偶，也能获得这种胜利。在很多家庭中，母亲喜欢儿子，却不加掩饰地看不上儿子的父亲。儿子从父亲那里夺走了母亲，而父亲是可以正当拥有母亲的人，于是儿子心怀负罪感，担心自己会因为这种成功夺取而受到惩罚，再加上母亲提出的不伦要求的压力，故在恋母情结中获得成功的年轻人，很可能希望自己在这场竞争中败下阵来，如果他能把这些心思形诸言语。

那么，精神分析学家所说的解决恋母情结的"健康"方式是什么呢？五岁的时候做出的积极放弃是什么呢？我们怎样才能摆脱无意识世界中的激情（它们是莎士比亚和索福克勒斯的写作素材）呢？在经历了必要的丧失之后，我们会从那些被禁止的、无法实现的梦想中获得什么呢？

有人说，我们最终无法完全消除恋母情结，它还会一而再再而三地抬起头来。我们终其一生都要和由恋母情结而来的冲突作斗争。我们要使自己的性爱和强有力的自我维护从童年时的乱伦及弑亲想法中摆脱出来。有时我们会获胜。

如果我们幸运的话，随着时间的推移，我们处理这种爱与恨，恐惧、内疚及放弃的能力将会逐步增强。但处理的方式是在童年时期成形的，那时我们不得不尽力消除自己的恋母情结。

这意味着我们要放弃对父亲（或母亲）的性爱。我们要认同父亲或母亲，并竭力模仿他们。的确，因为相信双亲都会反对我们那邪恶的愿望，所以我们放弃了它，就像双亲也放弃了它那样。我们接受了他们的道德标准、赏罚体制，也在自己的心中建立起了执法机构。

这里面既有损失也有收获。

通过认同和自己性别相同的父亲或母亲，我们直面了某一性别的本质和局限，明白了某一性别可为与不可为的事情，并放弃了对不可为之事的渴望。

通过巩固自己内心的执法者超我，我们直面了人类自由的本质及局限，明白了作为文明人有些事是我们可以做的，有些事则不行，并放弃了对不允许做的事情的渴望。

通过放弃与父母的情感纠结，我们再度踏上了从整体到分离的路途，走进了一个只有放弃了恋母情结才能属于我们的世界。

* * *

美国女人类学家玛格丽特·米德指出：恋母情结"通过一个失败者而获得现今之名。这个失败者就是俄狄浦斯，一个解决不了冲突的不幸之人。各个文明阶段能够找到的，尽管常受损害，总体上却是成功的诸多解决方案不是恋母情结赖以得名的源头"。玛格丽特·米德向我们提到了一首伤感且颇有关联的诗《给篡位者》，这首诗作于弗洛伊德的无意识说之前。在诗中，一位父亲找到了这一古老命题，并描述了这一问题终将如何被征服。

啊哈！营帐中的叛徒，
胆大包天的叛逆者——
你这个口齿不清、步履蹒跚的小浑蛋，哈哈大笑着，
四岁都不到。

忆往昔，我是如此自豪，
独自统治着国家，
哪承想，最终被亲骨肉，
赶下了王位！

这个小叛徒，急匆匆地走来走去，
只有婴孩方可如此，
他声言要做母后的情人，
等他成了伟大的、魁梧的男人！

孽子，收回你的叛逆！
把你母后的心留在我这里。
会有另外一个人，
你可以向她表明心意！

等那个人儿来到你的身旁，
上帝会让她爱的光环笼罩着你，
你的生命将因此变得美丽、真实。
你的母后于我也是如此。

Chapter 8 共生焦虑：我们不能同时是男孩又是女孩

当你碰到一个人，你最先需要分别出的是："男性还是女性？"

—— 西格蒙德·弗洛伊德

婴儿时期，我们觉得自己无所不能——这是小孩子的权力感，愚蠢又有趣——什么都能做，拥有一切，可以是一切。站在我们对立面的兄弟姐妹，及永不能占有的父母却提醒我们：不，那不是真的。十八个月左右的时候我们自己也发现，男孩和女孩是有区别的。不管这一对人体差异的发现是否会产生其他的影响，它确实使我们明白了与性相关联的一些局限。

我们不能同时既是男孩又是女孩，虽说有人宣称这可能是"人类本性中最深的倾向之一"。我们不能像弗吉尼亚·伍尔夫笔下的可以变形的主人公奥兰多那样，时男时女，有时又是两性人。但是通过固有的两性性欲和移情作用，我们能够体验到另一性别的感受。通过规定更加广义的男性女性的定义，我们也能加深对自己所属性别的体验。然而我们又必须承认：两种性别都是不完美的，我们的潜力是有局限的，性别的同一尽管会为我们带来很多刺激很多欢乐，然而也必须适合这些限制，适合这一丧失。

我的意思是，我们寄存于男性或者女性的身体中这一简单的事实，很大程度上规定且限定了我们的感受。

我的意思是，虽然我与丈夫、儿子关系密切，但他们与我在心理上的差别，仍与任何女人和我的心理差异有别。

我的意思是，我们那种"一切皆有可能"的万能观点为与性有关联的遗传所局限，这是又一次必要的丧失。

有人认为，与性有关的遗传的局限是文化的产物，也有人认为它是天生的。然而，有关性同一的研究似乎清晰地表明：打出生起，男孩和女孩就被明确地当作所属性别来对待，乃至于"男性化"与"女性化"行为的最初表现，也离不开环境的影响。

因为父母将男孩、女孩区分开来了。

他们用不同的方式对待男孩和女孩。

他们对男孩和女孩的期许是不同的。

而且在子女们模仿他们的态度、活动时，他们对男孩、女孩所做的鼓励及阻止是不同的。

与性有关的遗传的局限真的存在吗？男性心理、女性心理是天生的吗？我们能不能不受文化、教养、性别的影响，不带偏见地研究这些难以解决的问题呢？

比如，我曾经问过三位女作家，看她们是否认为男女生而有别，她们的回答是这样的。

小说家洛伊丝·古尔德：女人来月经，给孩子喂奶，要生孩子；男人只授精。之所以会产生其他的所有不同，原因在于我们试图将文明建在这些原始的才能之上——就好像我们只有这些才能。

记者格洛丽亚·斯坦内姆：一生中百分之九十五的时间里，男人和女人间的差别都要比任何两个女人或男人间的差别大。

小说家、诗人艾丽卡·钟：总体而言，男人女人的唯一不同在于女人可以做男人做的所有事情——可以在身体内创造新的小人，可以写作、开拖拉机、在办公室里工作，也可以种庄稼。

对于这一问题，西格蒙德·弗洛伊德又会有不同的回答。

事实上，弗洛伊德的确公开声明过，比起男人来，女人更有情欲受虐狂特征，她们更自我陶醉，更喜欢妒忌别人，在道德上不比男人强。弗洛伊德认为，两种性别在生理上有别的必然后果就是造成品性上的不同——作为原因的事实（也可能不是事实）是：小女孩最初也是男孩，她们的阴蒂是没有发育完全的阴茎，并且她自己也正确地认为，她们是有缺陷的男孩。正因为小女孩认为自己是身体上有残缺的男孩，所以她的自尊才不可避免地受到伤害，让她对自己产生厌恶感，并尝试着补救，以后她性格中的所有缺陷都是由此而来的。

不过，一如弗洛伊德的朋友所言，谁能保证这些说法都是正确的呢？

因为，自从弗洛伊德有了这番说辞以来，科学已经证实：虽说性别是由受精时我们的染色体决定的（女孩是XX，男孩是XY），但包括人类在内的哺乳动物，不管遗传性别为何，其原初本性及结构都是女性的。直到胎儿发育的晚期雄性激素开始产生时，这种女性状态才渐渐结束。直到雄性激素出现后，解剖学意义上的男性和出生后的男性化，才得以在适当的时候适量出现。

虽然上述文字不能让我们深入了解男女两性的心理，但它的确永久性地限制了弗洛伊德的男性生殖器中心论。因为最开始的时候，小女孩绝对不是不健全的小男孩，相反地，所有人在最开始的时候都是女孩。

不过，虽说弗洛伊德提出了男性生殖器中心论，但当时他也聪明地指出，他的那些关于女人本性的说法"肯定是不完整的、零碎的"。

弗洛伊德还说："如果你想更多地了解女性，那就问问自己的人生经历，或者请诗人帮帮忙，或者就等着科学的发展为你提供更深刻、连贯的知识吧。"

* * *

两位斯坦福心理学家合著了一部很受推崇的著作：《性别差异心理学》，他们的尝试就是为了弄明白性别间的差异。两位作者埃莉诺·麦考比和卡罗尔·杰克林在对大量的心理研究进行考察和评价之后，得出了这样的结论：一些广为接受的关于男女两性的差异的看法是十分错误的。

比如这样一种论调：比起男孩来，女孩更"喜欢与人交往"，更"容易接受他人建议"，她们的自尊心不像男孩那样强。再比如有些人认为女孩善于死记硬背，更擅长做一些需要简单重复的工作，而男孩则善于"理性分析"。又如有些人认为女孩更多受遗传的影响，而男孩则更多地受到环境的影响。女孩擅长用听力，男孩擅长观察。还有，女孩缺少上进心。

在两位作者看来，这些都是不经之谈，并不正确。

但有些荒诞不经的观点——抑或它们并非荒诞？——一直有市场。一些与性有关的神秘问题尚未获得解决。比如：

女孩子胆子更小吗？她们更加胆怯或者更容易担忧吗？

男孩子更加积极主动、有竞争力，更容易占据优势吗？

与男孩子的特征相比，养育、顺从、做母亲是不是女孩子的特征呢？

作者说，现有证据比较模糊，也不充分，这些令人纠结的问题将继续存在下去。

不过他说，有四种差异已经得到了很好的证实：女孩子口头表达能力较强，男孩子数学能力较强；男孩子的视觉更好，空间感更强，男孩子在表达和操作时显得更咄咄逼人。

这些差异是先天的，还是通过后天努力形成的呢？两位作者拒绝就此加以区分。他们更倾向于认为，学会某种技巧或者行为，取决于生物学上的预先安排。带着这样的论点，他们指出，只有两种性别差异是明显地建立在生物学因素之上的。

一个是男孩有更好的视觉-空间能力，有证据表明存在着一种与性别相关联的隐性基因。

另一个是男性荷尔蒙与男人随时准备采取更有进攻性行为之间

的关联。

然而，就连这个也是有争议的。乔治敦医学院生理学及生物物理学教授、内分泌学家埃斯特拉·拉姆齐曾经对我说：

我认为荷尔蒙是伟大的小东西，没有它就没有家庭的存在。但我仍然认为，事实上男女两性在行为上的所有差别都是由文化决定的，而不是由荷尔蒙决定的。当然，子宫里的性激素在区别婴儿的性别上的确起到了很大的作用。但出生以后，人脑很快就取代了它，其作用盖过了所有的系统，包括内分泌系统。比如，男人天生就比女人更有进攻性。但这个样子是由所处环境造成的，而不是由性激素造成的。在廉价品商店里，气势上咄咄逼人被认为是应当的，甚至是可贵的。如果你在那里见到了买东西的女人，你会发现她们的架势会让阿提拉汗（侵入罗马帝国的匈奴王）自愧不如。

虽然埃莉诺·麦考比和卡罗尔·杰克林的研究还表明，小女孩的依赖性并不比男孩强，但女人的依赖性并不会因此而不再成为话题。几年前，科莱特·道林那本风行一时的著作《灰姑娘情结》引发了很多地方女人的反响。这本书的主题便是女人对于独立的恐惧：

这就是灰姑娘情结。以前十六七岁的姑娘经常遇到这一问题，它会阻止姑娘们读大学，使她们急于走进婚姻的殿堂。现如今，读了大学，在社会上工作了一段时间的女人经常会遇到这一问题。当最初的对自由的激情退去，焦虑的情绪逐渐滋长并取而代之，以前对安全的渴望会再度牵引她们的内心：她们希望得到拯救。

道林认为，与男人相反，女人对得到照顾有根深蒂固的渴望，作为成年人，她们不愿意接受必须独自对生活负责的现实。道林坚称，这种依赖性倾向是童年时期的教育培养出来的。这一时期的教育教给男孩的是，在这个充满困难与挑战的世界上他们必须依靠自己；教给女孩的则是，她们需要并且必须寻求保护。

道林说，女孩子被教得具有依赖性。

男孩子被教得摆脱依赖性。

70世纪80年代中期，美国东部有一所由自由派精英主导的私立学校。该校学生的母亲有的是医生、律师，有的是政府官员，学生自己的头脑中也充斥着男女平等思想，然而甚至在这里，灰姑娘情结也有反映。一位教人类行为的高中教师告诉我，在过去的几年里，他一直问自己的学生，看他们在三十岁时想做什么。答案一直都是统一的。男生女生都认为，女生将会生养孩子，同时做一点有意思的兼职。虽然男生希望到那个岁数时应有相当大的自由，但女生一直认为，他们应该成功地做某一专职工作，支撑他们的家庭。

现在的确有一些女人还生活在幻想中，希望有一天自己的王子会照顾她，教养女孩的方法的确也有助于解释这种幻想为什么会产生。但是我们还需要考虑一下，女性依赖的根源来得比早期照顾孩子的习惯更深。同时，我们需要记住，依赖不是一个肮脏的字。

因为与其说女性的依赖是希望得到保护，不如说是希望成为人际关系网络的一部分。她们不仅希望获得，而且还给予慈爱的照看。或许女性特征的要旨就是希望别人给她以帮助和安慰，与别人同甘共苦；需要别人站在你这边，对你说："我能理解。"相反的情况也是需要的，她们也需要得到别人的需要。对这种关系的依赖可以被描述成"成熟的依赖"。但这也意味着，女人的特征和亲密关联更多，和分离关联更少。

在一系列出色的研究中，心理学家卡罗尔·吉利根发现，**男人定义自我时强调个人成就甚于和他人的联系，女人定义自己时则更喜欢强调与人形成一种负责任的、互相关爱的关系。**但事实上，她指出："男性和女性都很典型地表明了不同事实的重要性，男性在定义自我、授权自我的过程中体现了早期分离对成长的影响，女性的作用则在于创造和维系人类社会不断发展的联系。"吉利根认为，只因在这个世界上成熟就意味着自主，所以女人对各种关系的关心看起来不像是优点，而更像是缺陷。

可能这种关心既是优点又是缺陷。

克莱尔是一个很有抱负的内科医生，她发现了联系的根本含义。她说："正所谓孤掌难鸣，如果世界上只有你一个人，那还有什么意义可言呢……虽然你可能不喜欢他们，但你必须爱他们，因为你与他们是分不开的。从某种意义上讲，爱他们就像爱你的右手，他们就是你不可分割的一部分，而其余的人就是与你有关联的庞大的人类集体的一部分。"

于是，一位名叫海伦的女士在谈到一种关系的终结时，揭示了亲密关系所蕴含的风险。她说："我不得不认识到……托尼和我分开后，我的自我依然存在，并且我居然也有一个自我！说实话当时我也不敢确定，我们俩分开后，是否还有某个自我存在。"

弗洛伊德曾经说过："在爱着的时候，我们最经受不起痛苦，失去一个人或者失去他的爱时，我们心情最悲痛且最感到无助。"女人会特别赞同这些话。因为当自己重视的那段爱结束后，女人比男人更容易情绪低落，更容易感受到痛苦。这样说来，**对亲密关系的依赖使女人即便没有成为一个较为软弱的性别，也会成为一个比较脆弱的性别。**

***

我们必须牢记：我们现在是在从总体上谈论男人和女人。当然也有容不得亲密关系的女人，也有乐意自由自在敞开心扉的男人。但人们认为，同大多数男人相比，大多数女人有更强大的联系能力，我也赞同这种观点。另外一种观点也是我赞同的：女人的这种能力使男女之间的重大差异变得更加明显。

事实上，如果女人的天性更倾向于联系和相互依赖，如果她们更倾向于与人建立亲密的个人关系，那是为什么呢？让我们根据男孩和女孩确立自我性别的方法，回过头来考虑一下这个问题吧。

因为大多数人都赞同，男孩和女孩在确立自己的性别时，采用的的确是不同的方法。

例如，我们所有人，男性和女性，最初都与母亲有共生融合关系，所有人的最初认同都发生在自我和母亲之间。的确，男孩和女孩都必须摆脱与母亲的共生关系，确立母子间的界线。但强烈的长期的共生关系将会更不利于男孩形成男性特征，而不是女孩形成女性特征。因为同最早的看护者结合、一致或相似，在多数情况下意味着同女人结合、一致或相似。

这样，女孩要成为女孩，可以维持她们对母亲的最初的认同。如果男孩想成为男孩，就决不可如此。

如果女孩想变成女孩，她们可以维持与母亲的情感纽带与不固定联系。如果男孩想成为男孩，则决不可如此。如果女孩想成为女孩，她们无须放弃最初的联系便可以定义自己。男孩要成为男孩，则决不可如此。确实，他们需要发展精神分析学家罗伯特·斯托勒所说的"共生焦虑"，那是一道起到保护作用的屏障，可以阻止他们强烈的、与母亲融合的愿望，从而保护、拓展他们的男性意识。

如此一来，男孩子在人生的第二年、第三年，一定会离开母亲，不认同她们。但他们的离开及他们的保护屏障也许会包含不少反对女性的防范措施。因此，男性会为他们的不认同女性付出代价，这种代价可能是小觑、蔑视乃至于仇恨女性。男性会否认自己的"女性"成分，并在相当长的一段时间里害怕与女性建立亲密联系，因为这样做会损害建立在男性特征基础上的分离。

捎带提一句，对亲密关系的害怕也殃及了男性间的关系。在《男人俱乐部》这一怪异的短篇小说里，一群中产男人聚在一起分享各自的人生经历。这种做法打破了惯常存在的壁垒，这种"女人式"做法拉近了彼此的距离，因此使他们不安，他们最终拆毁了房子，发出了像野兽一样的嚎叫声，噢——，哦呜——"嚎叫声越来越高，越来越高，以至于在这样的声音中我们化为一体，乃至于向死亡沉沦时我们也感到兴奋……"

亲密关系使男孩感到威胁，女孩们则更害怕分离，因为她们的女性特征就是建立在同别人的联系的基础上的。我认为，**我们甚至可以宣称女人天生就是为了建立起更广泛的联结**——说到底，女人的身体就是为别人腾出地方而设计的。从解剖学意义上讲，女人可以将一根阴茎纳入自己的阴道，女人可以用子宫保护、养育胎儿。从心理学意义上讲，女人比男人更愿意且能够与所爱之人的需求达成一致，或者适应这种需求。

有人说我们这些女人是被洗脑了，我们在成长的过程中被教养得十分依赖各种关系，以至于为了保有它们，我们不惜放弃灵魂和自我。也有人说，我们适应环境的方式具有奴性。但在私人关系中，一个公认的事实是女人比男人做出的适应性调整更多，这是否可以归因于女人生来就有的、能反映其发展过程乃至于人体结构的适应能力呢？（这种适应，往最好处说，体现了一种价值观：不完美的联结也要好过完美的身体结构。这种适应相形之下真的是不太"发达"或不太成熟吗？）

听听艾拉是怎么说的：

正反两方面的理由我都想到了，正面理由占了优势。我需要这种关系。这意味着我不能再想着辞去工作了，因为他永远都不会想着挣足够多的钱。这意味着我再也不要向他提及聚会时他喝得太多了，因为他聚会时从来都这样。这也意味着我再也不要轻易地问他，离了这个城市后都跟谁鬼混了。

艾拉怎么这么操心呢？答案在下面：

我们结婚三十年了。我们有了很长的过往，有愉快的性生活，共度过美好的时光，现在已经有了孙子孙女了。我知道我可以独自一人生活，但彼此间已经有了值得维护的、共同的价值观——所以，我只能去适应。

女人在各种关系中适应得更多的这一观点是建立在恋母阶段所发生的事情的基础上的。虽然小男孩不得不放弃对母亲的强烈认同，但母亲从过去到现在可以一直是他们爱着的第一个人。这样，男孩要想成为被异性爱着的男孩，可以继续渴望一个女人，比如他的母亲。女孩要想成为被异性爱着的女孩就不能这样。她们必须放弃最初深爱着的对象，将选择从女性转向男性。

这种选择的转向，在精神分析学家列侬·奥特曼看来，是女性的灵活性之源。他认为，"这种放弃使她准备好将来做男孩时无法与之相比的抛弃"。

＊＊＊

对于一个女孩而言，不再将母亲作为性渴望的对象是一种困难的放弃，一种根本的丧失。事实上，一些精神分析学家说的、臭名昭著的阴茎崇拜（弗洛伊德坚称所有女性都受过这种崇拜的煎熬）或可被视作一种愿望，一种避免这种丧失的愿望。

不过，幼年时的崇拜对象不止于阴茎。不只是女孩有阴茎崇拜，或者别的崇拜。因为慢慢地我们知道了身体是什么，可以做什么，此时我们会臆想彼此身体的部位及功能。我们想要——当然想要——多汁的乳房、功能多样的阴茎及神奇的生儿育女能力。与妒忌的三角有别，羡慕始于二人间的戏剧场景："你有那个，我想要它。"

关于"羡慕"一词，字典给出的解释是"别人有了我们想要的东西，我们对此感到不满"。实际上，有些精神分析学家猜测，如果溯源的话，我们的羡慕最早可能源自对母亲乳房的艳羡，那是一种对"身体、精神，乃至所有令人舒适的源泉"的羡慕，这一"源泉"包含着丰富的内容和力量。

当我们了解到人体的差异后，男孩可能会宣称他也想生孩子。

或者他会不可救药地认为，女孩生女孩，男孩生男孩，并以此否认自己生不了孩子这个事实。男孩会防范自己对怀孕、子宫的羡慕，这可能会导致他们终生对婴儿失去兴趣。不过，人们也经常指出，摆脱了这些思想后，男人对外部世界的创造性行为是对创造新生命的微不足道的替代及外化。

一些原始部落允许男人以父代母育的方式表达他们对子宫的羡慕。这种风俗是这样的：妻子生孩子时，丈夫躺到自己的床上，仿佛是为了生育。精神分析学家布鲁诺·贝特尔海姆曾推测，一些青春期仪式的部分目的或许是帮助男孩和女孩应对对异性性别特征的羡慕。贝特尔海姆指出，虽然这种羡慕是均匀地分布在男女两性中的，但人们却更关注女性的这种羡慕心理。因此，贝特尔海姆转而选择强调男性的某种普遍的羡慕心理：对能生育的阴道的羡慕，对能产生乳汁的乳房的羡慕。

贝特尔海姆写道："我认为……渴望拥有……另一性别的特征是性别差异造成的必然后果。"但拥有另一性别的力量便意味着所属性别力量的丧失。他说，通过成人仪式，男人试图"先表达，继而摆脱对所属性别的焦虑，以及对另一性别拥有的经历、器官和功能的渴望"。

有人发现，随着社会态度的转变，男人渴望生子的秘密心理已经不必深埋心底。因此他和妻子一起参加自然分娩的课程，在产房里和她一起喘气，一起心跳。很多男人（现在我指的不是原始社会里的初民，而是现代美国的中产阶级男人）认同其妻子的生育能力，以至在妻子怀孕的那几个月里，他们——那些男人！——会筋疲力尽，肚子不舒服，有时体重增加三十磅，长了个大肚子！

五十多年前，菲利克斯·贝姆曾写过男人对女人生育能力的强烈羡慕——他的分娩羡慕——以及对女人乳房的羡慕。贝姆指出："当他人拥有比我们更多的东西时，便会引发我们的羡慕……与这种'不同'的东西的特征关联不大。"

有关联的是身体上的差异在男人和女人那里都被视为一种减少或者丧失。

对异性性器官的羡慕在初始时可能只是一种表面上的需求，但很快就会被赋予深层意义。比如阴茎羡慕——听起来有些刺耳，许多人认为这种说法是愚蠢的，是性别歧视——可能会具有更多的意义。

例如，对于人们的生命初期的情感而言，没有阴茎象征着被剥夺或者被欺骗。它也可以是一种恐惧的象征，意味着我们不是很像医生、母亲要求的那样：

记住，每个儿子都有一个母亲，
他是那个被宠爱着的儿子；
每个女人都有一个母亲，
她不是那个被宠爱着的儿子。

它也可以象征着没有被装备好，不能做所有人生中必须做的事情，因为正如一个女人试图描绘自己的自卑时所说的那样，"我们什么都没有"。

的确，身处职场的女人经常说，她们怀疑自己，觉得没有必需的能力，认为获得成功的必不可少的某些特点自己并不具备。即便获得了成功，也会认为那是靠欺骗而来的，因为潜意识中她们认为，自己不具备男人"获得成功的先天条件"。

获得男性的力量和特权需要一些东西，阴茎羡慕也意味着对这些东西的羡慕。因为，阴茎意味着你是个男人，是个男人又意味着有各种特别的优势，那么这种羡慕在无意识间就把优势和男性的优势、男性的身体联系在一起了。

在近期的一次研究中，两千名三年级到十二年级的孩子被问及同一个简单的问题：假如明天一觉醒来，你发现自己变成了一个男孩或者女孩，那么你的人生会发生哪些不同于以往的改变？虽然十几年来，人们对性别问题的认识有了提高，但不论男孩还是女孩，其回答都表现出了对女性的蔑视，这是很令人痛心的。

小学男生对此明显感到恐惧，他们常给自己的回答冠以"灾难"或"要命的噩梦"这类标题，然后他们接着说："如果我成了女孩，我会变得愚蠢、弱不禁风。"或者，"假如一觉醒来，发现自己变成了女孩，我会希望那是一个噩梦，然后倒头便睡。"或者，"如果我变成了女孩，那周围的人都会比我强，因为男孩总是比女孩强。"又或者，"如果我变成了女孩，那还不如自杀算了。"

男孩们觉得，变成女孩就不得不更多地关注自己的外貌、形体

（"我再也不能像现在一样懒散了，我需要闻起来舒心"）；他们得做一些琐细的事情（"得做饭，做母亲，还有其他这类的滑稽的事情"）；他们的活动会受限（"我必须反感蛇"）；他们将不得与男生享受同等待遇。可悲的是，女孩也同意所有的这些评价。

一个三年级女生写道："如果我是男孩，我会把事情做得比现在更好。"也有女生这么说："如果我是男孩，我的一生会过得更容易。"还有女生说："如果我是男孩，我就能竞选总统。"一个女孩痛心地写道："如果我是男孩，爸爸会更加爱我。"

偶尔也会有男孩发现做女孩的些许好处："再也不会有人因为我害怕青蛙而取笑我了。"不过，小学阶段以外没有男孩羡慕女孩，但女孩一直都觉得男人的不少方面更值得羡慕。

很小的时候，小女孩就发现她们的身体缺了一部分。她们也想有这一部分。后来，有些女孩就不再这么想了，有些则一直这样想。看起来，保留这种想法的女孩觉得她们缺少了能使她们足够好、比现在强或者与现在完全不同的东西。

那么，她们的愿望就不再是想有一根阴茎，而是逐渐能与之产生关联的"某些东西"。

阴茎羡慕会让女人看不起自己，或者别的有缺陷的人，即女人。这种羡慕会使一些女人厌恶男人，又会使另外一些女人高估男人。它会引导一些女人在寻找丈夫时，要找"如果我是男人的话，一定会成为的那种人"，如同伊芙琳在结婚时所说的那样。这也许会表现为要求得到特别的待遇，以补偿命运对她们的捉弄、欺骗。

虽然小女孩会将自己视作被截短了一截某些东西的人，但遭受这种心理折磨的并不仅限于女性。在恋母情结阶段，即小男孩与父亲争夺母亲的阶段，他想得到父亲有的东西，也同样意味着他想得到的是父亲的阴茎。这并非在说这么小的孩子就明白了阴茎在性生活中的作用，性行为的概念于他们而言是模糊的，古怪的。但父亲的阴茎比他的要大得多，就像父亲的其他部位也要大得多那样。对小男孩而言（对大多数成年人而言也一样），器官越大就越好，他们会羡慕大的器官。

这样，对两性生理结构不同的发现会同时激起男孩、女孩的羡慕之情。但每个人都是独一无二的、有个性的，因此，羡慕的强烈程度与羡慕的影响是因人而异的。因为担心自己或许最终会失去，或者已经失去了某些器官，这一学前课程比解剖学更能引发内心的焦虑。

对于男孩而言，这些恐惧源自某一群体集体的缺失。女孩子们当然也得有！可她们怎么没有了？哪儿去了？他们赋予这一器官以价值——感觉它很好，看起来也很好，可如今发觉它可以消失，这造成了男孩的恐惧，即所谓的阉割焦虑（琢磨琢磨，这种想法是合情合理的）。

男孩的恋母野心——那种取代父亲的强烈愿望——加重了这种焦虑感。某些情况下，害怕为这种胆大妄为的竞争付出惨烈代价的心理会延续到成年后。如果一个有才能的男性总是故意让自己失败，或者一直压制自己，或难以将自己心爱的女人抱到床上去，他可能还在对头脑中那个可怕的父亲说："没有必要伤害我，你看，我对你没有威胁。"

***

恋母阶段结束时，对于作为一个男性或女性的含义我们已经有了更加丰富、深刻的理解。三角冲突的解决将有助于我们成为自己想要成为的那种男人或者女人。女孩们加强了她们的女性身份认同，希望有朝一日能嫁给一个像父亲一样的男人。男孩子们加强了他们的男性特征，希望自己有一天能娶一个像母亲一样的女人。在这一过程中，我们都更加清晰地了解到了自己不能成为的角色。"爸爸，我爱你！"一个四岁的女孩带着欲望的表情说，"长大了我想跟男人结婚。"如果这个四岁的人是个男孩，他也会逐渐明白，他深爱着的母亲才是他性欲对象的更加标准的样板。

虽然我们的性认同是围绕与自己性别相同的父母中的一方形成的，但我们也可以认同其中的另外一位。在20世纪即将结束的时候，在美国的中产阶级里，成为男性或者女性的大门是敞开着的。即便如此，我们之间的某些身体部位永远也不会相同。在性心理发展的过程中，我们将走上不同的路——一条是男孩的路，另外一条是女孩的路。作为有异性爱的物种，我们依据性模式或者性可能来认同，来爱。但人体结构是否是命定的取决于我们自身局限的认识。

因为一些性别局限的确是存在的。我们也的确可将它们视作一种丧失。但承认这种局限并不必然使我们无法发挥自己潜在的创造力——也许它还是创造力发挥的必然条件。

玛格丽特·米德写道:"用黏土工作的陶瓷工人承认自己的材料有局限性，他必须在里面和进一些沙子，接着上釉，然后将温度保持在某一水平上并烘烤这些土坯。但通过承认材料的局限性，他那双将黏土做成某种美丽形状的艺术家之手并未受到限制。因为那双手已习惯了这种局限，并由局限中发展出了应对的智慧，再加上属于自己的特殊的世界观，他已经可以很好地处理那些黏土了。"

米德的意思是说，**自由始于我们承认有些事情办得到，有些办不到之时。**

她是在说，我们就是黏土，当我们了解了它的天性后，就能以人体结构为基础应对自己的命运了。

Chapter 9 过分内疚：是另一种形式的丧失

如果一个人从不内疚，那么他是什么？

一只动物，不是吗？

一只吃了肉而又宽恕自己的狼，

一只在交配中还自称纯洁的甲虫。

——阿齐博尔德·麦克利什

　　爱的现实和身体结构终于使我们认识到：并非一切皆有可能。我们并不是自由的，永远也摆脱不了那些施压在我们身上的限制——那些不许做与不可能做的事情对我们的限制，还有我们的愧疚感对自己的限制。

　　不管人类是否是唯一一会心生愧疚的动物，有一点是毋庸置疑的：我们总比甲虫和狼做得好。虽然我们的愧疚感并不能结束七宗罪，也不能说服我们去遵守十诫，但是我们的成长步伐确实因而慢了很多。

　　然而，我们必须认识到，虽然内疚剥夺了我们无数的欢乐，但如果没有内疚，我们和世界将会变得非常可怕。因为各种限制和禁忌，我们失去了自由。但这种自由的失去是必要的丧失，是我们为文明的发展而付出的代价的一部分。

　　我们的内疚感大约始于五岁的时候，彼时我们开始有了良知，建立起了超我。"不，不能这样"和"那会使你蒙羞"这些原本存在于外界的声音，重新汇聚成我们内心的批评声音。我们心中传出这样一种声音："最好别那么做，他们不喜欢"，此时，"他们"指代的不再是父母，而是我们自己。这时我们的内疚感便开始产生于自身，而不再是从外界感受到的。

当我们来到这个世界上的时候，并没有决定坚守某种值得尊敬的道德法则。我们并不是一生下来就想做善事，我们想要一切，我们想要，想要。我们只是慢慢地缩回了向外攫取的双手。但压抑自己不等于有良知，除非我们能内化这种抑制，并使它成为自身的一部分。除非我们做的错事永远不会受到惩罚，我们的那些不正当的念头永远不为人知，否则，我们会感到胃痛，会从灵魂深处感到寒冷，会遭受自我折磨的痛苦，这种感觉就是内疚。

真正的内疚并非害怕父母生气或者失去他们的爱，而是害怕自己良知的愤怒，并失去良知的爱。

* * *

我们通过获得良知解决了因恋母情结而来的冲突，这种良知如同父母那样，限制了我们，约束了我们。这种良知是父母灌输给我们的。此后我们使自己的行为和老师、教士、朋友、巨星、英雄趋同，我们所看重及禁止自己做的事情都会因这种趋同而改变。此后的很多年里，我们会逐渐习得各种复杂的认知技巧，它们将为日后形成的更加复杂的道德观念打下基础。现在人们相信道德观念形成的各个阶段（心理学家劳伦斯·科尔伯格认为有六个阶段）和思维发展的过程是同步的。尽管我们的良知是建立在感情和思维的基础之上的，尽管我们的良知会随着时间的推移而不断演变，尽管这种良知以我们的早期情感为基础，超出了恋母情结并包含了各种冲突、焦虑，但这个超我，即自我中包含道德约束和理想的那部分，源于最初我们与自己那无法无天的激情所进行的斗争，源于我们内心对人类公义的屈从。

如果我们违背了那些道德约束，或背弃了那些理想，我们的良知就会批评、斥责我们。

如果我们违背了那些道德约束，或背弃了那些理想，我们的良知就会设法使我们心生内疚。

然而，内疚也有好坏之分，适当与不适当之别。有人从不内疚，也有人过分内疚。我们中也许只有几个人见过那些对任何事都不感到内疚的人，但是我们中的大多数人都见过那些对任何事都心感内疚的人，而且在我们之中，就有为数不少的人是这样的。

我就是其中之一。

每当我的孩子不开心，我就感到内疚。

每当我房间里有一株植物死了，我就感到内疚。

每当我忘了饭后用牙线剔牙，我就感到内疚。

每当我说了谎话，即便是善意的谎言，我也感到内疚。

每当我故意踩死一只虫子，我就感到内疚，但蟑螂除外。

每当我用掉在厨房地上的黄油块做菜，我就感到内疚。

如果篇幅允许的话，我还能列出几百种此类使我由衷地感到内疚的事。所以，我说自己就是那种过分内疚的人，总会因为那种不加区别的内疚感而备受折磨。

因为这种不加区别的内疚感，我们会把被禁止的想法等同于被禁止的行为。这样一来，邪恶的想法就意味着邪恶的行为。虽然我们成年人总是认为自己很早以前就已经知道了两者的区别，但是我们的良知或许还在谴责自己，不仅是因为我们的谋杀行为，还因为停留在我们心间的杀念。虽然我们知道自己心中那些杀念只是想法而已，并不代表我们的实际行为，但是我们还会因此而内疚。

过分内疚的表现方式有很多种，这种不加区别的内疚只是其一，不适当的惩罚是另外一种。有时，对于某些令人内疚的行为，我们可能只需温和地道一声"对不起"或是在头脑中抽一下自己的手板当作惩罚也就够了，但我们会因此而过度地惩罚自己："这件事是我做的，我怎么会那么做呢？只有那种卑鄙无耻之徒才会做出这种事，因此我要判这名罪犯，也就是我自己，死刑。"这种因为内疚而不适当地惩罚自己的做法，就如同把一整瓶盐都撒在一块鸡蛋三明治上一样。谁都知道，做三明治需要盐，但也不至于要用一整瓶的量。

过分内疚的另一种表现形式是无所不能的内疚。这种内疚形式是因为幻想而生，例如，我们幻想自己完全有能力掌控自己所爱之人的幸福。如果他们感到痛苦、受到挫败、疾病缠身或者情绪低落，我们就会完全把责任揽在自己身上，认为都是我们不好才导致他们受苦。假若我们采取了其他方式行事或是我们再努力一些的话，就不会使他们遭受这样或那样的痛楚。

一个犹太教教士讲过这样一件事。在冬季的一个下午，他分别去两户人家吊唁他们死去的母亲。

在第一户人家，死者的儿子对他说："要是我把母亲送去佛罗里达，让她远离这冰天雪地，或许她就不会死。她的死是我的错。"

在第二户人家，死者的儿子对他说："要是我没把母亲送去佛罗里达，她也许就不会死。我没想到坐飞机的长途跋涉，再加上气候的突然转换会使她承受不住。她的死是我的错。"

问题的关键是：我们通过责怪自己来使自己相信，我们有控制生死的能力。我们责怪自己，是想表达我们的内疚，而不是想说我们没有能力，没有控制力。

有人可能会相信，世间确实存在一个至高无上的人控制着一切，他们相信恐怖事情的发生不是毫无缘由的。如果他们身上发生了悲惨的事，或者是他们的人生受到了重创，他们在一定程度上会认为自己罪有应得。还有一些人认为，苦难并不会随意降临在某个人的头上。他们不相信恶人能够功成名就，也不相信好人会遭受苦难。因此，他们在遭受苦难时也会认为自己是罪有应得：就是因为自己有罪，所以才会遭受苦难。

一个病入膏肓的孩子的母亲，对我说她曾经与上帝进行过交流，他们的对话内容着实令我大吃一惊。顺便说一句，这位母亲以前曾扬言自己并不相信上帝。她对上帝斥责道："你应该为你自己的行为感到羞耻，你真的应该感到自己很可耻。你太蛮横霸道了。如果你想惩罚那个不相信你的人，你应该惩罚她本人，而不是惩罚她的孩子。不要再惩罚我的女儿了！惩罚我吧！"

＊＊＊

　　精神分析学家塞尔玛·弗雷伯格写道，健康的良知能够使我们产生跟自己行为相称的内疚感，而且健康的良知还能产生阻止我们重复那种行为的内疚感。"但是神经质的良知就像盖世太保总部那样，总是无情地追查我们心中每一个危险的或是具有潜在危险的念头，而且也不放过那些与此类念头有关联的一切想法。为了给我们在梦中犯下的微不足道的罪行定罪，这种良知会在无休无止的审讯中控诉、恐吓、折磨我们。这种良知激发出的内疚感会限制我们所有的人格的发展……"

　　这就是过分内疚感的另一种表现形式——神经质内疚感。

　　神经质内疚感可能产生于恋母情结形成之前的岁月中，而且可能就是那段时期发生的事为神经质内疚感的形成提供了土壤，即因早期的母子分离或同父母的争斗而产生的忧虑和愤怒，促使了这种内疚感的形成。这样一来，我们的良知可能会惩罚我们，使我们觉得：自己被抛弃了，因为我很坏，所以我理应受罚；它可能还会像我们所深爱而又害怕失去的父母那样，严厉地谴责我们的过错；或者，它会把我们以往对父母的怒火，猛烈地发泄到我们身上。正如一位精神分析学家所说："总的来说，我认为孩子自己独立处理的那些让他们既忧虑又愤怒的事情，会使他们把这些事搬到自己内心的舞台上反复上演……还会使他们在成年后深陷程度和种类都不适当的内疚之中。"

这样的内疚感或许会使我们觉得：假如我们吻了一个人，我们的牙齿就会长出头发；如果我们和母亲顶嘴，会气得她心脏病发作；若是我们决定做那件自己极度渴望的事，即那件美妙的事——我们不应该那么做。

有时，我们觉得不能那么做，就像施皮尔·福格尔医生虚构出来的那位发狂的病人——亚历山大·波特诺伊那样：

不吸烟，不喝酒，不吸毒，不借钱，不打牌，一说谎就会大汗淋漓，仿佛自己身在赤道一样。的确，我总爱谈论做爱，不过我向你保证，我说出来的次数和忍住没有说的次数一样多……为什么小小的骚乱就让我手足无措？为什么稍微偏离可敬的传统就会让我的内心如此慌乱？当我憎恨那些可恶的惯例的时候，当我想打破那些禁忌的时候，为什么我的内心会如此痛苦？医生，我的医生，你说什么，让我恢复犹太人的本来身份吧，解放我这个善良的犹太小男孩的性本能吧！可以吗？如果你想提价，那就提吧，我会不惜一切代价！面对内心深处邪恶的快感，我已经退缩得够多了！

必要的丧失　　**163**

并不是每个人都像波特诺伊，或者他的创造者菲利普·罗斯那样，能够准确地意识到我们在道德上必须忍受的禁忌。我们可能会有意识地感觉到我们比实际上更自由。因为内疚的一个重要方面就是它常常在我们无意识状态下作用于我们，让我们遭受无意识内疚的折磨。

　　现在我们已经体味到有意识的内疚带给我们的感觉，它使我们尝到焦虑与痛苦的滋味，而无意识的内疚只能通过间接方式才能体会到。有很多迹象大概都能够证明无意识内疚的存在，其中之一便是我们内心那种强烈的想要伤害自己的愿望，以及坚持让别人惩罚自己或自己惩罚自己的需求。

　　罪犯常常在无意识内疚的作用下，留下对自己不利的证据，也许当年尼克松留下那盘与水门事件有关的磁带可以算作一例。无意识内疚的具体表现还有很多，例如，一位丈夫出去与别的女人厮混，回家时竟然还在衬衫口袋里装着那个女人的手表；迪克与父亲进行了一番激烈的打斗之后，砸烂了自己的那辆雪佛兰轿车，还弄伤了自己；丽塔看到自己的上司对着一位秘书大发雷霆，脑海里闪过一个念头："幸亏挨骂的是她不是我。"但是她马上就为自己的这个想法付出了代价，一不小心把热茶全洒到自己的大腿上了。

　　过去，有一对恋人——埃莉和马文，他俩就属于这种情况：

　　埃莉和马文秘密地交往了六个月，他们一直都是每周见两次面，但是他们的感情到现在都没有进一步升华。因为他们俩都认为夫妻间的忠诚既不现实也不重要。他们虽然都这样认为，但都因此身患疾病。埃莉患上偏头痛，而且还得了小脓疱疹，而马文则总是感到胸部一阵阵地疼痛，而且还得了眼疾。

埃莉和马文各自驾车去四十里外的一个小餐馆偷偷会面，可是到现在也只不过是相拥而吻，没有进一步的行为。因为他们俩都认为，感情专一是一种既幼稚又落后的想法。虽然他们都这样认为，但都因此身患疾病。埃莉患上了结肠炎，而马文则总是感到背部一阵阵地疼痛；埃莉开始咬手指甲，而马文又开始抽烟了。

埃莉和马文渴望下午在汽车酒店里谈情说爱，可是到现在他们只是喝了很多咖啡，没有进一步的举动。因为马文觉得自己的电话被人监听了，而埃莉觉得自己被一个穿军雨衣的人跟踪。马文说万一旅馆着火了怎么办，而埃莉说要是自己说梦话怎么办。埃莉觉得自己的丈夫最近很可疑，言谈举止中总是充满了敌意；而马文也说自己的妻子最近很可疑，对自己甚是殷勤。马文不停地用刮脸刀刮自己的脸，而埃莉则一直站在自己的车门处，紧紧地抱着自己的双肩。虽然他们都认为内疚是神经过敏的表现，而且已经过时了，但他俩还是因此而决定不再私会了。

然而，我们为无意识内疚付出的代价可能远比患上结肠炎、偏头痛、背痛或妄想症更高。这种内疚可能会使人终生都陷入懊悔与痛苦之中。这种内疚可能是因为我们的良知对自己那些行动的和没有行动的行为进行谴责而产生，这种内疚也可能是来自我们的那些没有实践的想法，即使这些只是想法，我们的良知也把它们判定为邪恶的行为。因此，母亲身体不适、父母离异、我们心中暗藏的仇恨与嫉妒以及我们独享的性满足——所有这些都会使我们感到自责与羞愧。我们不想要妈妈新生的弟弟或妹妹，并且特别希望他们从此消失，如果他们真的因为疾病或事故而就此消失或是死了，我们就会责怪自己，并会不自觉地想道："为什么我要杀死他，为什么我不救他，为什么？"

我们的生活可能会因这些无意识的内疚的存在而遭到破坏。

正是弗洛伊德最先发现，有时，精神分析学家遇到的患者，强烈地拒绝从他们的病症中解脱出来，那看起来就像他们很想自己终生都陷于情感痛苦之中，好像一生都离不开那种痛苦的情感。他们这样做，其实是因为这些痛苦就是他们给自己的惩罚，然而他们却不清楚自己究竟为什么要受到惩罚，不知道自己究竟犯了何种罪过。弗洛伊德还指出，很可悲的是，如果一个神经官能症患者婚姻不幸、疾病缠身或是损失了所有钱财的时候，他们的症状就会突然消失。他写道："这种情况只不过是一种痛苦被另一种痛苦取代了而已；我们表面上看到他的症状消失了，其实最重要的一点是，他的生活需要维持一定数量的痛苦。"

* * *

然而，有时候人们却应该因为心生内疚而感到苦恼，你我也不例外。有时候内疚感是恰当的、有益的，而且并非所有的内疚感都是神经官能症，也并非所有的内疚都要通过治疗或是精神分析加以清除。要是那样的话，我们所有人岂不是都成了道德败坏之徒？不过，我们之中确实有人缺乏内疚感，在产生内疚方面存在缺陷。

我有一位朋友，名叫伊丽莎白，在她的头脑里，根本就不存在内疚。因为她认为，内疚的人在天亮的时候都被拉去毙了，所有活着的人都没有内疚感。因此她就是完美的，无罪也无错。她会说"汽车被撞坏了"，而绝不会说"我撞坏了汽车"，因为那么说她会感到窒息；她会说"他的感情被伤害了"，而绝不会承认是自己伤害了他的情感；她充其量也只会承认"我们忘了买票，现在票已经卖光了"，其实负责买票的人就她一个，而不是她口中的"我们"。还有一些更为激烈的行为，她曾经与丈夫的好友有染，而事后她却试图使自己和丈夫相信，不是她的错，是他的好友强迫自己。

伊丽莎白绝对有明辨是非的能力，但是她无法使自己感到内疚，而且她还能就这样毫无内疚感地活下去。

缺乏内疚感的另一种表现形式是，有些人虽然在做了一件令人恐怖的事后惩罚了自己，但是他们还会继续做那些可怕的事。尽管他们的良知承认自己做了错事，而且也让他们为自己的罪行付出了惨烈的代价，但是他们的内疚感就是不能正常发挥作用，提早向他们发出警告，导致他们只知道惩罚自己而不知预防。

我们知道，某些罪犯为了补偿自己的无意识内疚，通过惩罚自己来赎罪。我们还知道，某些罪犯并不是没有愧疚感，只不过他们遭受的是扭曲的内疚感的折磨。然而，有些所谓的精神病人好像真的给我们展示了没有内疚感是什么样子：他们离经叛道、违法乱纪，他们不断地到处搞破坏，还自甘堕落。他们竟然不为自己的行为有半点愧疚感。他们诈骗抢劫、撒谎害人，却不为自己的行为有半点内疚。这些精神病人的恶行实在是罄竹难书，他们的行为使我们看到了没有内疚的存在，世界会是什么样子。

不过，我们也没必要像对待精神病人那样对待自己，没有必要让别人来代替自己的良知来惩罚自己，因为那会导致我们缺乏内疚感。当我们放弃自己的道德责任感并把它交给其他人时，我们可能就不再受核心道德观念的束缚。这种交出自己良知的行为，可能会把一个正常人变成一个滥用私刑的暴民或者火葬场的操作员，可能还会使我们中的某些人做出一些出乎我们自己意料的事。

在一次引起争议的实验中，实验心理学家斯坦利·米尔格拉姆检验了人们的良知和人们面对强权时的顺从行为。他把参与此次实验的人带入耶鲁大学的心理实验室，并没有告诉他们实验的真实目的，而是告诉他们要进行关于学习与记忆方面的研究。主持此实验的人解释说，实验要探讨的问题是：惩罚对学生学习效果的影响。为达到实验目的，各位"老师"，即实验的参与者，要对另一间屋里被绑在椅子上的"学生"进行学习实验：每当"学生"问题答错，就用电击他。电击装置一共由三十个开关控制，电压由轻微（15伏）到严重（450伏）不等。如果学生再次答错一个问题，就用电压更高的电击装置电击他，依次类推。在实验中，"学生"

先是抱怨，随后强烈抗议，最后痛苦地尖叫起来；"老师"也越来越焦躁不安，内心就产生对抗情绪，希望停止实验。但是，每次"老师"若是稍有犹豫，那位强势的主持者就会命令他继续实验直到实验完成为止。虽然很多"老师"都很担心电击给"学生"带来痛苦，但他们还是继续实验，按下开关，直到最高电压。

"老师"们并不知道那些"学生"都是演员，而且他们也不知道接受电击的"学生"都是在模仿痛苦的样子；而"老师"却以为电击是真实的。有些参与者在实验时努力使自己相信，他是在为了一个崇高的事业或追求真理才那么做的；而有些人在说服自己时，则告诉自己说："他太笨了，冥顽不灵，活该被电击。"还有些人虽然觉得自己做的事情是错的，但还是没有同实验室里的强势人物公开决裂或是挑战他的权威。

米尔格拉姆指出："通常的解释是，对受害者进行最严重电击的那些人都是魔鬼，是社会上为数不多的虐待狂。但在实验中有三分之二的参与者都'服从了命令'，而且他们都是从普通人中选出来的工人、管理者和职业人士，而非人们所指的虐待狂。由此来看，那些解释并不成立。"

看完实验报告，我们可能会想象着，自己在走出大门之后，就具有了明辨是非的能力，并会据此处理以后的事情；我们可能会试图去想，以后定要让自己的良知占主导地位；我们还可能想象着，如果自己参与了那次实验，一定会被纳入道德高尚之列。我们中确实有人会这么想，有人则不然。不管怎样，在我们一生中，从道德方面来看所有人都会做一些自己明知有错的事。但是，当我们这样做时，正常的反应就是内疚。

正常的内疚感，无论是从质量上还是数量上与我们的行为都是相称的。正常的内疚感，会使我们自责而非自恨。正常的内疚感，会阻止我们再次做那些使我们感到内疚的事，而不会使我们就此拒绝其余更多的情感和欢乐。

我们需要清楚地知道，我们要做的那些事是否有违道义。

我们需要清楚地了解自己的内疚感，也要承认自己是有内疚感的。

哲学家马丁·布贝尔很尊重这两点。他告诉我们"内疚感确实是存在的"，并且因此而产生的"痛苦和自责是有价值的"。他还告诉我们说，只有让我们的良知"检测我们内心深处的每一个想法"，我们才能在自我劝诫中实现补偿、和解和重生……

布贝尔说："人，就是能感到内疚并能正视内疚的生灵。"

***

现在，我们好像更加熟悉我们良知中限制我们的那部分了，就是那部分良知，限制了我们的意愿，冲淡了我们的欢乐；就是那部分良知，一直在监视我们，使我们判断、谴责和调动着自己的内疚感。除此之外，我们的良知还包括自我理想，即我们的价值观和更高的志向。这部分良知总是对我们说"应该做"什么，而不是"不许做"什么。实际上，我们良知的另一个任务就是，对我们说

"你真棒"和"干得不错"之类的话，通过鼓励、支持、赞扬、奖赏和喜爱，来促使我们实现或者努力实现自我理想。

我们最渴望、最期待的幻想，是自我理想的内容之一。此外，自我理想还包括我们那最崇高的目标。虽然这种理想是不现实的，我们永远也无法实现它，然而我们在为之不断努力的过程中深感幸福。对我们来说，我们的自我理想十分珍贵，因为它弥补了我们幼年的丧失之痛。在幼年，我们丧失了那个完美无瑕、完整无缺的自我意象，我们丧失了婴儿期那种无拘无束的感觉和大部分的自我崇拜之情——因为现实迫使我们不得不放弃这些。在我们修改、重新塑造了我们的伦理目标和道德标准之后，我们那些美好的幻想、完美无缺的理想和自我崇拜的情感都只能在自我理想中继续存在。

的确，当我们无法实现自我理想时，或者当我们跨越了我们的道德约束时，我们就会感到内疚。的确，我们会因为内疚而闷闷不乐，因为内疚而受到限制。如果我们能使自己相信"干什么都行"，我们就会兴高采烈地——毫不内疚地——让自己踏上行动之路。如果没有理想和约束，我们会是什么呢？一只吃了肉而又宽恕自己的狼，一只在交配中还自称纯洁的甲虫。我们就不能自称为人了。

如果我们不放弃那些"干什么都行"的想法，我们就不能成为一个完整的人。

如果我们从不感到内疚，我们也不能成为一个完整的人。

Chapter 10 做人，无论是男人还是女人，就是要负起责任

准确地说，做人就是要负责。

——安托万·德·圣埃克苏佩里

从一体走向分离，从分离的自我走向内疚的、分离的自我，我们发现自己既不安全也不自由，而且我们越来越清楚地发现：对我们负责的人是……我们自己，并且我们可能会对这种责任感到愤怒。例如，一个七岁的孩子因为不听话，遭到父母严厉惩罚。因此他气愤地对父母抱怨道："我受够了，无论我做什么你们都责怪我。"

现在，有人可能会认为这个孩子就是早期的精神分析学家，他代表了典型的弗洛伊德观点：不为人知的无意识力量决定着我们的行为，在我们意识之外存在的那些强烈的愿望、需求和恐惧感迫使我们去争取我们所渴望之物和我们想做之事。

当我们的本我——也就是现在的魔鬼——迫使我们这么做时，那我们该如何负起责任呢？

圣埃克苏佩里（著有《小王子》）的答案是：做人，无论是男人还是女人，就是要负起责任。从良知出现到青春期结束这段岁月中，通过慢慢地扩大自己所要负起责任的领域，我们长大成人了。

对于我们心中那些混乱的渴望、愤怒和冲突，我们必须开始把它们当作我们的一部分。我们还必须开始学习自己系鞋带。随着我们扩大自己的意识领域和扩展自己的控制能力，我们会发现自己离家越来越远了。在弗洛伊德所指的潜伏期中——通常都是从七岁到十岁——我们离开了那个充满慈爱的家庭堡垒。在潜伏期的小孩，需要习得社交技能和心理知识；如果没有学会这些，他可能会无法应付这一时期的新的分离和新的必要丧失。

目前的研究表明，我们的潜伏期可能与我们的生物钟有关联，因为在我们七岁的时候，更加稳定的心理和新的重要认知能力汇聚到一起，从而增强了我们的控制力。因此，从理论上来说，我们便更有能力推迟和调整我们内心中那纠缠不休的冲动，而且我们也能在社会交往中泰然自若。然而，如果我们不能在潜伏期到来之前建立起分离的自我，也就是说，如果我们不能放弃自己在恋母情结中的主角地位，我们就会在完成潜伏期的那些任务时遇到麻烦。

如果小女孩不跟母亲在一起就感到很危险、很难过，那她怎么能离开母亲去上学呢？如果小男孩满脑子都是杀父娶母之类的想法，那他又怎能专心学习呢？我们大多数人都是以刚刚转变的罪人身份进入潜伏期，而且我们此时的良知既刻板又过分严厉。即便如此，我们步入潜伏期时，也必须对别人和自己有足够的信任，这样才能使过分严厉的良知得到缓和。如果我们的良知把我们所犯的每一个错误都定为死罪，那我们又怎么敢去碰运气、去冒险、去大胆尝试呢？如果我们把自己的每条路都堵死了，那我们又怎么能走出去探索我们的潜伏期世界呢？

虽然我们只有七岁，但已经是时候走出去了。

我们在潜伏期会发现父母也是会犯错的，这令我们大为震惊，但也使我们感到轻松了很多。"我爸爸说应该这样，但我的老师玛奇小姐说那样不对。"在潜伏期，我们发现自己会仰慕、模仿、喜爱一批新的人。虽然我们经历了恋母情结，但是青春期的风暴还没有来临，我们会把我们的激情和精力集中到学习上。通过学习，通过阅读和游历，我们对这个世界有了一点了解，而且我们还会产生一种主宰感。

在华盛顿，我有一个名叫艾米的小邻居。在她九岁时，我同她聊天，她提到了自己最近都学会了哪些本领："如何穿过没有交通指示灯的繁忙的街道；给自己做法式烤面包和不同种类的三明治；拉小提琴；侧翻筋斗；从跳板上跳水不弯膝盖；理解难词的含义，如'田园诗'；知道有共和党和民主党，还有希腊，知道世界很大，不仅仅是左邻右舍。"

精神分析学家爱利克·埃里克森的经典作品《人格发展的八个阶段》，讲述了生命周期的各个阶段和每个周期所面临的各种挑战。他把潜伏期称为养成"勤奋感"的阶段。他认为，在这一阶段，我们希望做一些完整的工作；我们希望自己具备应付我们领域之内的各种任务、掌握各种工具的能力。在这一阶段，当我们掌握了二轮车的平衡，理解了"田园诗"这类词语后，自我的含义也扩大了，我们把那些令自己欣喜万分的新能力也囊括其中。埃里克森说道，"如果孩子感觉自己不能做事、不能做好，甚至是不能做得出彩……他们迟早都会心生不满、闷闷不乐。所有孩子都是如此。"正如约瑟夫·康拉德所说，工作，甚至是小孩子的工作，都能给我们提供发现自我的机会。

除了具有把事情做好的能力，我们还会让自己置身于一个群体中，看清自己分属哪类人，"男孩"还是"女孩"，"九岁的人"还是"五年级的一员"，通过这些方式来加深自我的定义。通过辨清自己的性别、看清同龄孩子所具备的能力，我们便能确定自己属于哪类集体；同时，这也会强化我们的认同感，使我们认识到"这就是我"。这样一来，我们无论从身体上还是情感上，都与我们的家产生了距离。

此外，我们中有人还会遇到能发现我们潜力的成年人——我就遇到了这样的人。他是我们童子军的领袖，他是第一个相信我有写作天赋的成年人。这样的人能发现我们身上独特的潜力，赋予我们的自我以特殊含义，而我们的父母却做不到这一点。他们所说的无非就是"自己铺床、别欺负妹妹、对妈妈讲话不许没礼貌"，等等。

另一种扩展自己世界的方式就是：树立更为清晰的现实感，更加明确现实与幻想的区别。如此，我们就可以在制定现实的计划的同时，还能毫不畏惧地幻想我们的理想终能实现。

潜伏期是向前走和走出去的另一步。这一阶段最理想的状态是，我们能产生强烈的自我陶醉感，觉得我们终于把一切联系在一起了。虽然正如我们所看到的那样，这只是一种瞬间的感觉。

我们中有些人认为，他们的童年是一个艰苦、孤独并且令人感到困惑的时期。他们在玩游戏时总是一败涂地；他们胆小；他们遭到冷落。然而多数成年人在回忆自己的童年时，都认为那是一段充满友谊、胜利和欢声笑语的岁月。迪伦·托马斯在他那首关于青春岁月和安逸生活的精美小诗《蕨山》中，把童年描述为镀金年代：

我一身青绿，我无忧无虑，那个穿梭在谷仓间的我，人人皆喻，
农场是温暖的家，我在欢乐的庭院唱歌，
只有在青春的光辉里，我才能尽情恣意，
只有在这金色的岁月里，我才体味到时间的仁慈。
我一身青绿，我一片金黄，我是猎手，我是牧民，
小牛和着我的号角低声哞叫，狐狸在山包上清冷地噪叫，
在圣河卵石间潺潺的水声里，安息日的钟声缓缓地响起。
……
我在狐狸和孔雀中享有盛誉，
几朵新云下的房子使我欢乐，安逸的日子使我幸福，
在日复一日的阳光下，我悠然自得，
我心愿徘徊在齐房高的干草间，
我什么都不在意，即使天空散布了几片愁云，
时间在和谐的转动中，只允许唱几首晨歌，

但它却赋予了那青绿色的孩子们，那金黄色的孩子们，

无限的恩泽⋯⋯

在同艾米聊天的过程中，我问她，九岁半的孩子的生活真的是青绿色、金黄色吗？她回答道："绝对是！"她这么回答仿佛她读过或是写过关于儿童潜伏期的书。然后，她告诉了我原因。

艾米解释说，她觉得"轻松自在，感觉自己长大了，但是不老，感觉自己自立了，但又不需要谋生"，周围的大人不再把自己当"小孩"看。之后她补充说，"当我自己一个人走出家门去其他什么地方的时候，我知道我还可以回家，而且我的爸爸妈妈也一直在等着我。"

艾米参加了一个由五岁女孩组成的俱乐部——彩虹舰队，因为俱乐部成员都喜欢彩虹而得名。艾米最好的朋友是安妮，艾米觉得自己永远不会把安妮的秘密告诉别人。艾米喜欢下棋、滑旱冰，她讨厌专横跋扈的人。她目前的社交观点是："恋爱似乎是很愚蠢的事；男孩应该跟男孩玩，女孩应该与女孩玩。"

现在，有什么东西与她所想的不同吗？几乎没有。她很健谈，而且她觉得自己说得太多，应该少说点。她想对弟弟友好些。她很渴望戴耳环，但她得等到十三岁才能打耳洞。尽管如此，她一点也不着急长大。

她解释说："我觉得上高中以后，日子应该很难过。"她停了一会儿，然后冷静地说道："我在六岁时，认为四年级的日子会比较

难熬，但是就在我快升入四年级之前，我发现自己已经准备好了。"

然而，很多潜伏期的孩子并没有觉得自己已经准备好了。

十岁的南对母亲说："我永远都不会抹口红的——永远不会。你也没必要给我买长筒袜，就算活到一百岁我也不会穿那种袜子的。"

小说中的人物彼得·潘，决定永远也不要长大成人，他希望自己永远都是一个小男孩。

六年级的乔伊总是在做白日梦，幻想着自己是一群绿林好汉的领袖，骑马穿越丛林。但她最先幻想的事情却是，无限制地推迟自己的月经初潮。她对自己说，来月经的小女孩率领一群绿林好汉将会很不舒服。但是她也担心进入青春期，很担心自己会失去美丽与优雅。这一点她却没有对自己说。

＊＊＊

在把人的成长分成各有特点的不同阶段时，精神分析学家们的划分方法虽然都有些许不同，但是他们都一致认为：每个阶段的年龄都不能十分准确地确定下来。然而，还有很多人认为：潜伏期在十岁左右结束；接下来的发展阶段是前青春期，即"从无生育能力到有生育能力的过渡"阶段；然后成长到青春期，女孩是以首次月经来潮（叫作月经初潮）为标志，而男孩则是以初次射精为标志。在青春期，我们那狂热的、不顾一切的、入迷的、轻率的心理都会让步于我们新发育的身体和反常的冲动。

与彼得·潘、十岁的南和绿林好汉乔伊不同，还是有很多人很喜欢自己新出现的成年特征。然而，即使是最想长大的孩子也会在心里秘密地希望自己不要长大，希望自己可以继续待在那青绿色的金色童年世界里。

朱迪·布卢姆刻画的女主人公——年近十二岁的玛格丽特时，就表现出了她对长大成人所产生的矛盾心理：

一方面，"妈妈总是对我说长大以后会变成什么样。她总是对我说：站直了，玛格丽特！站姿端正有利于以后发育成好身材；用肥皂洗脸，玛格丽特！这样你以后不会长粉刺。如果你问我的话，我会告诉你，当一个青少年简直太糟糕了，既会长粉刺又会有体味。"

另一方面，"上帝，你在那里吗？我是玛格丽特。我刚才告诉母亲我想要胸罩。上帝啊，把我那个部位变得丰满些吧！你知道我指的是哪个部位。我想跟别人一样"。

* * *

走出去的第一步是脱离母亲的怀抱，第二步是下地走路，然后是自己单独住在另一个房间里。我们依然继续成长着，我们的目光从家庭生活的所见、所闻、所感转移到潜伏期的学习、任务、游戏和规则上。而后进入青春期，我们把自己置于波浪翻滚的大海边，在那里，我们清楚地看到，离开就意味着淹死。

或者，也许是谋杀。

亚历山大·波特诺伊在追忆过去时写道："那个长期愤怒的时期叫作青春期。父亲可能如我所预料的那样，一时间发泄出他对我的不满，对我施以暴行，但这并不会引起我的恐惧。最令我担心的，是我在每天晚上吃饭的时候的那个念头：我很渴望对父亲那无知、野蛮的身体施加的暴行……而这个念头的最恐怖之处，是如果我做了，那有可能就成功了。"

他还回忆道，当他饭没吃完就跑出去，然后砰的一声关上门时，母亲提醒他说："亚历克斯，你若是再顶嘴……再这么没礼貌，会把你爸爸气出心脏病的！"

许多子女在成长的过程中，都很担心自己会把父母气得心脏病发作。

即使他们没有做出什么无礼的行为时，也这样担心着。

的确有人认为，我们维护自己独自生存的权利时，会在无意识中觉得，我们似乎是在杀害我们的父母。所以大多数人，或许是所有人，尤其是那些离不开父母的人，都在某种程度上有分离内疚感。还有人认为，分离内疚感是正常的，因为从某种方面来看，长大成人就意味着一种谋杀罪，同时在心理现实中，我们对自己的生活和行为肩负起责任，就意味着杀死了父母……我们通过自主而非继续依赖父母，通过建立内心的约束而不是让父母来做我们的外部良知，通过斩断情感联结而不是只在家庭范围内寻求满足，通过自己照顾自己而非让我们的父母照顾自己，我们实现了自己主宰一切，此时我们父母的作用就不再重要了。

从这种意义上来讲，我们确实杀死了自己的父母。

＊＊＊

但是，这种理论意义上的谋杀，只是我们青春期要面临的众多问题中的一个。在青春期，我们的身体和心理开始分离；在这一时期，我们的正常状态，有时同精神错乱没有分别；在这一时期，我们的发育——正常的发育——要求我们丧失、离开并放弃……一切。

我们的身体在荷尔蒙的刺激下，发生了巨大转变——我们的性器官变大，毛发增多；月经和射精表明我们加入了生育者的队伍；我们的身高、体重、身形、皮肤、声音和气味都发生了变化，我们几乎难以想象第二天早晨起来自己会变成什么样。

我记得有一个处于青春期的小男孩，他因身材矮小而有些郁闷，但最终也不得不接受现实。不过他却形成了一种有趣的"矮人"性格。例如，他列举一串美女的名字，据他所说，这些美女都嫁给了矮个子男人。他提到的人有杰姬、亚里士多德·奥纳西斯、索菲亚·洛伦、卡洛·庞蒂……然而这可能吗？有一天早晨起来他发现自己一夜之间居然长了几英寸，于是，他不得不修改形成的"矮人"性格。

不错，在青春期我们的身体意象，即我们的外貌在我们内心中的反应，发生了显著的变化，因为美貌没有了还是得到了，或是失而复得，因为身高、臀围、耳轮的尺寸或是鼻子的长短发生了变化，哪怕是最微小的变化，似乎都能使我们的心情一落千丈或是欢喜不已。身体的发育或是容貌的变化会给我们带来影响，女孩在发育过程中十分关心自己是否拥有布鲁克·希尔德那样的蓝眼睛和头发，她们认为这样的因素会带给自己力量。通常女孩对男孩提出的问题都是，"他聪明吗？他人好吗？"相较而言，男孩对女孩提出的问题却是不留情面："她长得漂亮吗？"

迪莉娅·埃夫龙在自己那本颇受欢迎的著作《少年浪漫史》中，描述了青春期的焦虑。她列出了在身体发育时期，一些令人担忧的因素：

如果你是女孩，你会担心自己的乳房是不是太圆，担心自己的乳房是不是太尖，担心你的乳头颜色是否不对，担心你的乳房朝向是否出了偏差。

如果你是男孩，你会担心自己会长出乳房来。

此外，还会担心你的鼻头是不是太大，担心你的鼻子是不是太长，担心你的脖子是不是太粗，担心你的嘴唇是否太厚；担心你的臀部是否太大，担心你的耳朵是否太突出，担心你的眼眉是不是距离太近。

如果你是男孩，你会担心自己长不出胡子来。

如果你是女孩，你会担心自己长出胡子来。

有人说，对于青少年而言，"与众不同就意味着低人一等"。对于青少年而言，与人相同才是正常的。如果我们的身体偏离了正常的标准，过早或过晚发育都会使我们感到尴尬、害羞和懊恼，还会造成某些意象长期存于我们心里，即使我们身体的实际情况早已发生了变化。例如我们过去形销骨立，即使我们现在已经身强力壮，但还是担心我们会变成以前的模样。

然而，即使我们的身体变化如期而至，既没有过早也没有过晚，即使这些变化也都符合正常的发育标准，我们若是在青春期一意孤行，强行节食或是减肥，也可能会造成严重的后果。这可能会使我们在心中形成扭曲的、受到抑制的身体意象，这些意象最突出的表现（主要是表现在女孩中）就是引起我们身体上或心理上的疾病——神经性厌食症。这种疾病严重地限制进食，从而使患者形容憔悴、忍饥挨饿、月经停止，极为严重的话还会造成死亡，虽然造成死亡的案例并不多见。虽然早期的情感困惑会在这种疾病中起主要作用，但主要是因青春期的冲击而产生。希尔德·布鲁赫博士专门就厌食症写了一篇文章，他把患上厌食症的女孩描绘成恐怖的、十五岁的睡美人，她们逃避青春期，不敢积极面对身体的变化。

* * *

然而，对于我们中的大多数人来说，青春期的变化是无法阻止的，无论是身体变化还是思维变化，都是这样。当我们从青春期的早期步入中期，再从中期到晚期，不和谐的状态属正常现象。不和谐的状态不一定会持续存在，而且有的不和谐之处甚至不一定会显现出来，有时它是隐蔽的、不起眼的。但是青少年的内心冲突和情绪总是摇摆不定，还会有过激行为，这些太容易被父母察觉到，足以使他们为此而列一个表：

正常的青少年烦躁不安、行为笨拙，他们可能会膝盖受伤，你会以为他们是踢足球或是玩橄榄球时受的伤，但实际上，却是因为上法语课时从椅子上掉下来而伤到了自己；

正常的青少年已经有了性欲——他们常常手淫；

正常的青少年有两大生活目标：第一个是结束核武器带给人类的威胁；第二就是有五件拉尔夫·劳伦牌的针织衫；

正常的青少年会在短短三十秒内由闷闷不乐变为欢呼雀跃，随后又郁郁寡欢；

正常的青少年已经有了抽象的逻辑思维，所以他们会用这种新掌握的认知方式去思考深奥的哲学问题，但是他们却不会想着去倒垃圾；

正常的青少年起初会认识到父母也会犯错，但后来却认为父母做的事几乎都是错的；

正常的青少年若是行为举止都很正常的话，那他们就不是正常的青少年了。

虽然最后一点未免有些尖酸刻薄，但安娜·弗洛伊德却完全赞同，而且她还写道："青少年的举止在很长一段时间里都会前后不一致，还会出人意料。例如，他们忽而压制自己的冲动，忽而又冲动起来；他们总想避开自己的父母，但也接受他们的管束；他们爱自己的父母，但是也恨他们；他们与父母对抗，但是还依赖父母；他们在别人面前羞于认可自己的母亲，但私下里又渴望与她交心；他们通过模仿、认同别人来发展自己，但又不断寻找自己的个性；与今后的日子相比，他们此时更理想化、更慷慨、更无私，更具有艺术家的气质，但同时他们也很现实、很吝啬、很自私，以自我为中心。如果这种在两极之间摇摆不定的举止，出现在人生中的其他任何阶段，都是不正常的。而在青春期，他们这样处事可能表明了一个成熟的人格需要很长时间才能形成……"

在青春期结束的时候，我们终于学会了如何平衡约束与满足，即如何既不当禁欲主义者也不当享乐主义者。这样一来，我们便从心理混乱中梳理出了新的秩序。童年时的感官快感，成了男女性交的调剂品和装饰品。在选择爱的对象时，我们可能会首选自己，因为我们还陷在少年自恋的极度欢喜中；然后我们可能会为与我们性别相同的人而着迷，因此我们可能会问自己"我是同性恋吗"，从而陷入同性恋的焦虑中；最后我们才会把目光转移到异性身上，而此前我们首先要放弃对父亲或母亲的俄狄浦斯情结，因为在青春期的性焦虑中，对父亲或母亲的欲望会再次出现。

我们可能还会开始为一个普遍的青春期问题——"我是谁"——寻找答案。

在潜伏期那几年中，我们自觉自己掌控一切，而且还认为自己已经搞清楚了"我是谁"。但青春期来袭，我们的自我意识、自我认同意识和自己究竟是谁的身份意识都变得混乱不清、难以捉摸。我们在青春期似乎面临着无数的任务，其中之一就是获得坚定却灵活的自我意识。埃里克森认为，我们直到青春期才具备了**"生理成长、心理成熟和社会责任方面的必要前提，我们在这一阶段要经历身份意识的危机，并最终战胜这种危机"**。

埃里克森把这种危机视为一种斗争，即我们以自己的能力，为成为一个完整的人而进行的斗争。我们通过统一来实现自己的完整性。这种统一指的是我们在内心中把自己的所知所感统一起来：我们把过去的经历和对未来的期望统一起来；我们统一自己在性方面的身份（此处指的性比性别更有深意）；我们把伦理观念、种族意识、职业以及私人的和社会生活的方方面面都统一起来；我们把自己对家庭以外的同龄人的认同和自己对家庭以外的特殊成年人的认同统一起来；我们统一自己的梦想和选择。虽然认同和身份意识的形成并不因青春期的终止而结束，但我们是以"我是谁"这个问题的答案为基础继续成长和发展的。

现在，有一点很关键，即我们的自我并不是产生于青春期，它在此前已经存在很长时间了，青春期不过是赋予了自我一种新的品性，使其变得更加明确了而已，而且我们还在这个阶段形成了划分我与非我界线的原则。如果我们不能在此阶段战胜身份意识的危机，我们可能会陷入埃里克森所指的"身份混乱"状态，会在工作中或是与人亲密交往中出现问题，会让自己过分认同当代的伟大人物，会选择做一个消极的人（"我宁愿自己是个十恶不赦的人，也不愿做一个又好又坏的人"），会感到孤独，还会变得精神麻木或精神崩溃。

在青春期，我们在身份意识转变的同时，还会缓和良知的严厉程度，我们的自我理想也发生变化，从无法实现的宏伟抱负转变成……几乎是现实……可行的理想。这是因为我们的自我理想，也就是我们所期望的美好前景，已经同身体其他部分一起成熟起来。在童年，我们形成的是一种自恋式的梦想，是从一个幼年儿童的角度来看待完整的人。如果我们执意坚持那些毫不现实的自恋式梦想，我们肯定会永远都有一种不满足感，无论我们做什么，我们都会觉得自己干不好，我们肯定还会觉得自己总是失败的。

如果我们一定要当最聪明的人，那对于我们来说，历史课得了B+就意味着失败。

如果我们一定要当美丽的人，那么对于我们来说，在竞争舞会皇后时得了第二名就意味着失败。

如果一定要当最棒的运动员，那么对于我们来说，失掉一场网球比赛也就意味着失败。

长大成人意味着我们要缩小理想与现实之间的距离。成年人有成熟的自我理想。

十三岁的安尼塔说："小时候，我所期望的和我所拥有的之间差距不大，而且我觉得自己长大以后，这个差距会越来越小。然而现在我所期望的和我所拥有的之间差距怎么这么大啊！"说这句话的时候，还用两只手比画了一个很大的距离，然后她叹息道：

"一切都有点糟。"

安尼塔说，近来情况"有点糟"，还有另一个原因："妈妈让我干的事，大部分都是我不想做的。"在与妈妈进行拉锯战的时候，安尼塔的目的十分明确："我想从中得到更多的自由。"

＊＊＊

青春期是从我们发育开始，到十八岁左右结束，其间大致有以下几点需要重点强调：

在青春期的初期，我们关注的是发育给我们带来的身体变化。

在青春期的中期，我们把精力集中在解决"我是谁"这个问题上，而且还会在家庭以外寻找性爱。

在青春期的末期，我们进一步缓和良知的严厉程度，并且把外部世界那些与我们的地位有关联的价值观和责任，纳入我们的自我理想，并使它们成为自我理想的一部分。

这一时期的每一阶段，我们都要经历、吞咽、咀嚼、消化一连串新的必要丧失，同时，我们还要与父母分离——这次是真正的分离。

我们因这一分离丧失了生命中最亲密的联结。这种丧失时常使我们感到恐惧和忧愁。伊甸园的大门就这样永远地关上了。我们也丧失了童年的自我，失去了我们以前熟悉的身体。当我们打开电视，从晚间新闻中看到了残酷的现实时，我们又丧失了一份朦胧的单纯。我们需要为童年的终结进行哀悼，就像我们哀悼每一个重要的丧失那样，然后我们才能在情感上得到解放，去自由地爱，自由地在人类社会中工作。

据说青少年在这个放弃的阶段，"体味到了以往任何阶段都未曾有过的巨大伤痛……"而且，只有在这个阶段，我们才能领会到"易逝"这个词的含义。所以我们很怀念那段过去的岁月，那个一去不返的镀金年代。当我们为日暮西山、夏日结束、爱情迷茫而叹息时，当我们诵读那些描写"失去乐土"的诗歌时，我们根本没有意识到，我们也为放弃那个美好的阶段——童年，而分外痛心。**童年的结束是一个令人更加心痛的丧失。**

因此，为我们失去的童年哀悼，是青春期的另一个中心任务。回避或是完成这项任务有很多方式。

例如，就要上大学的罗杰在离家之前的几个月里，总是不断地找碴儿，与父母对抗。他想留在家里，但是他又无法面对自己的这个愿望。所以，他就设法在离家前发火而不是伤心，这样一来，他就感觉不到分离带给自己的痛苦。

布伦达的乱交行为从表面上看，似乎是一种独立的表现。她认为："我是一个性感的女人，不是女孩。"然而，她的兴奋点却不是出现在做爱过程中，而是出现在做爱前后的拥抱中。或许她并不知道，她其实是在设法不离开母亲。

莎莉和基特都是大学一年级的学生，她俩经常去外面大吃大喝，吃很多蛋糕、小点心、半加仑冰激凌之类的东西。她们通过吃很多东西来缓解自己内心的孤独感，她们觉得吃东西时的感觉就像妈妈在爱抚自己一样。她们就是两个很想待在家里的小孩。

一个耶鲁大学的一年级学生说："在高中阶段，我总是觉得自己正站在峭壁边缘，拼命地向后摇晃两只胳膊以免自己会坠入悬崖。现在，我觉得自己很像漫画中的人物，正在飞跃峡谷，我很想知道自己会掉下去还是会到达彼岸……"

刚刚进入大学的时候，很多不稳定的自我都会摇摇晃晃。没有了家人和朋友的支持，男孩和女孩只能依靠自己，他们发现……没有人可以帮自己。大学咨询服务处挤满了学生，他们的内心深处都埋藏着分离的焦虑，每一个人都在努力地摆脱痛苦。尽管他们中的多数人都能坚强地战胜分离所带来的焦虑，但有一些学生却选择伤害性的，有时甚至是致命的方法来抚平心中的伤痛。

毒品可以缓解我们心中的痛苦——与其痛苦地哭喊，还不如让自己飘飘欲仙；狂热的崇拜会给我们一种家庭般的安全感。依赖关系或是通过闪婚把配偶变成自己的妈妈，可以使男孩和女孩一生都感觉自己是个青少年。如果这些办法都未能让我们如愿，分离的痛苦就依然还在折磨着我们，这样我们可能就会变得郁郁寡欢、精神崩溃，还有可能会自杀。

与十岁到十四岁年龄段的孩子相比，十五岁到十九岁这一年龄段的孩子的自杀率于1982年上升了约百分之八百。

还有成千上万的小孩像J.D.塞林格笔下的青少年——霍尔登·考尔菲尔德一样，无法在现实生活中生存，总是为过去的事情所牵绊。十七岁的时候，他在精神病院写道："别告诉别人任何事。

如果你告诉了一个人什么事情，你从此就会思念那个人。"

　　当然，不思念父母的方法之一就是待在家里，不离开他们。不过，你不需要承认自己不想离开。虽然有些人可能会公开承认自己离不开家，但也存在这样一些人，从表面上看他们似乎很独立，可实际上他们一直在设法使自己不离开父母。

　　例如，伟大的文学家和心理学家里昂·伊德尔在一篇研究报告中指出，当亨利·梭罗即将从哈佛大学毕业时，他的母亲告诉他：毕业后你可以背上行囊四处闯荡，为成功而努力。亨利听到这些，泪流满面，他认为母亲是要把他赶出家门。后来，当梭罗成为一名超验主义者时，他的确离开了家——他在瓦尔登湖畔的树林中为自己搭建了一个小屋，并过上了离群索居的、自立的生活。但是伊德尔指出，梭罗的小屋离他母亲位于康拉德的房子只有一里之遥，而且他每天都去拜访自己的母亲。

　　梭罗曾这样说道："我认为自己应该满足于坐在康拉德家中的后门处，坐在那棵白杨树下，永远，永远。"伊德尔说，他确实也是这样做的，而且一生都是如此。虽然梭罗创造了一个远离俗世、顽强自立的神话，但若是他"永远牢牢抓住自己的童年，不承认童年的逝去，他永远也离不开家"。

　　有时，青春期被称作第二个分离个性化阶段（还记得玛格丽特·马勒的童年阶段论吗？）。这一阶段以我们以前确立的分离自我为基础。若以前那个分离的自我太过脆弱，若觉得分离与死亡十分相像，我们可能就会不愿意或是不能够进行再次尝试了。

精神分析学家彼得·布洛斯写道:"伴随青春期个性化的出现,我们还会产生孤独、寂寞和困惑的感觉……因为意识到童年的逝去,意识到承诺的制约性,意识到那些对个人生存的明确限制,所以我们就产生了紧迫感和恐慌。如此一来,许多青少年就会试图使自己无限期地停留在这成长的过渡阶段。这种情况被称为延长的青春期。"

小说中的霍尔登·考尔菲尔德,渴望延长自己的青春期,于是他便采取了一些方法,可以让自己活下去但又可以不长大。童年的结束似乎是纯真这一天性的末日。他坚决不想成为那些只为赚钱而活的虚伪的成年人队伍中的一员。所以他一直编织着一个梦想,幻想着世间存在一个万能的救世主……

我一直在勾画这样一个画面:所有的小孩都在一大片麦地里嬉戏。那里除了成千上万的小孩,没有别人,我说的别人是指除我以外的大人。我站在陡峭的悬崖边,我要做的事情就是,若是有人快要掉下悬崖,我会拉住他——我是说,如果他们只是一味地跑,没有留意自己跑到了什么地方,我就会突然出现并伸手抓住他们。这就是我整天要做的事。我就是麦田里的守望者……

对许多青少年来说,长大成人就意味着放弃和背叛,意味着放弃纯真与幻想。二十一岁的约翰在1983年从大学毕业,那时正值就业市场紧缩,他最终接受了一位保守的参议员给自己提供的职位。虽然约翰与那个参议员的政见大不相同，但是为保险起见，他认为应该接受这份工作。此外，青春期还意味着放弃那种可以无限选择的感觉——不要觉得自己可以当苏联问题专家、海洋生物学家、记者，不要认为自己想当什么都可以。约翰说（说这番话时，约翰还没有实施自己的想法）："长大成人就意味着成家立业，自己养活自己，拥有人寿保险。"

＊＊＊

不管我们是否觉得，拥有人寿保险才意味着自己有资格做一名合格的成年人，但正如圣埃克苏佩里所说，做人就要负责任。负责就意味着我们要做出承诺并信守承诺。当然，负责还意味着我们要学会自己解决问题，就像我们童年学会给自己系鞋带那样，虽然我们在童年发生过一些可怕之事，但长大成人还意味着我们不可以指责自己的童年，也就是说，我们不要指责童年的情感、诱惑、无知和纯真，而是要为我们做过的承担起责任。如果我们确实有过那样的行为，那我们就应该负起责任。

有人认为，俄狄浦斯不需要为自己那杀父娶母的行为负责，因为他事前并不知情——他是一个无辜的可怜虫。但是精神分析学家布鲁诺·贝特尔海姆认为，俄狄浦斯恰恰是因为自己没能事先了解真相而感到内疚。他还指出，这个神话告诫我们："**在不明就里的情况下就采取行动会带来毁灭性的后果。**"

总有一天，我们会知道事实的真相。

诗人阿齐博尔德·麦克利什在他的剧作《约伯记》中，再次给我们讲述了约伯的故事。在戏剧中，饱受折磨的主人公得到了令人寒心的安慰：

你没有罪，我的孩子。

我们都没有罪，我们都只是内疚的受害者，

我们在全不知情的状况下杀死了国王，

我们只是蒙蔽了自己的双眼。

约伯无法接受这种开脱之词。

我宁愿受折磨，

宁愿接受上帝给我的每一种无以言表的痛苦，

我知道自己会受尽折磨，

我理应受罚，

因为我做过，因为我选择过，

我不愿与你一起在纯洁的圣水中

洗掉我双手沾满的罪恶，

难道毫不知情，就认为自己无辜，

就可以不负责任吗？

对于这个问题，成年人的答案是：不可以。这也不得不是成年

人的唯一答案。

因此，大约在我们结束人生第二个十年的时候，我们走到了一个重要的里程碑前——童年的终结。我们已经离开那个安全的港湾，不能再回家了。我们已经走入一个不公平的世界，一个与我们的想象相去甚远的世界。或许，我们还买了人寿保险。

但是，它不能保证我们不与别人分享爱，不能保证我们不输给对手，不能保证我们不受性别和内疚的制约，也不能确保我们不遭受很多必要的丧失。不许做和做不到的事情总是存在，正如彼得·布洛斯所写的那样："希腊女神堤喀和阿南刻掌握命运与必然的哲学法则，取代了父母的地位，拥有着人们所敬畏的力量。"长大成人是很艰难的。

然而，一个负责任的成年人就要承认这一切，同时还能找到自由，做出选择，认识到自己现在是什么，可能会成为什么。由于要顺应生命的必然，我们必须做出抉择。当我们挥手告别童年时，这种选择的自由就成了我们的负担，但也是我们的礼物；它也是我们告别童年时必须担在身上的责任和礼物。

PART III

—

情感的挣扎：
爱与哀伤

我们一直都在向分离我们的无数鸿沟对
面，呼唤着，呼唤着……

——大卫·格雷森

Chapter 11 现实是在接受必要丧失的基础上建立起来的

……醒着的生活是受到约束的梦。

—— 乔治·桑塔亚纳

长大成人意味着放下自己童年珍视的狂妄梦想，长大成人意味着自己认识到这些梦想不会实现。长大成人意味着拥有智慧和技能，凭借这些我们可以在现实允许的范围内去争取我们想要的东西。所谓的现实，既包括被削减的权力、有限的自由，还包括与我们所爱的人之间那不完美的联系。

在某种程度上，**现实是在接受必要丧失的基础上建立起来的。**

虽然我们否认自己还有未实现的愿望，但是这些愿望还是会悄无声息地影响着我们。它们会通过一些症状、错误、意外和部分记忆的丧失表现出来，会从我们的口误或是笔误中表现出来，例如我们在写信时，不经意间把"Dad"写成"Dead"；会从意外事件中表现出来，例如我们不小心把菜汤溅到了对手的白裙子上——太糟糕了；还会从我们那白天和夜间所做的梦中出现。

虽然我们已经成年，但是童年那些被禁止的、无法实现的愿望仍然存在，而且还一直要求得到满足。

＊＊＊

的确，我们的白日梦或幻想是满足这些愿望的途径之一。我们常常在幻想中如愿以偿。这些有意识的幻想体现了我们日常生活中不断变化的焦虑，但也常常与那些我们不承认而且也察觉不到的早年渴望有关。

幻想能为我们提供奇妙的解决方案，能给我们以童话般的结局。我们可以在幻想中做任何自己想做的事。当我们的脑海中幻想着好莱坞G级影片（大众影片）般的欢乐结局，我们欣喜若狂。但我们不仅在脑海中幻想着这些，还幻想各种殊荣、X级影片（成人影片）中的性行为和血腥的谋杀。我们中很多人对这些有伤大雅的欲望，都是有所避讳，而且有时还会为此感到内疚、羞愧和害怕。

精神分析学家认为那是一些常见的幻想，然而伊芙琳在谈到所谓的正常幻想时，感到局促不安：

她死了，而且人们正在为她举行葬礼。教堂里坐满了人，"我所帮助过的成千上万的男男女女，一个个走上祭坛遍数我曾为他们做过的一切。"

多好的一个人啊！

多么慷慨的一个人啊！

我们很感激她！

如今伊芙琳在现实生活中帮助了很多人，她已经在实际生活中实现了自己的幻想。但她为自己那所谓的正常幻想感到羞愧。她说："因为那个幻想揭示了我心中那种渴望别人关注、赞美和认可的想法。"

对于性的幻想同样也揭示了人们心中的渴望，而且这种渴望可能会使人觉得内疚，也会使人因此而觉得自己可耻。

例如，海伦是一个十分快乐的已婚妇女，她写了一部由泰德领衔主演的完整电影剧本。剧本以一次约会开始。丈夫在外地的时候她和别人一起去看电影。起初这只是一个单纯的活动，结果却不那么单纯，他们的活动最后结束在他的水床上。她很想知道：这是精神通奸吗？不管怎么说，对于一个年轻的已婚妇女来讲，这种情景是她该想的吗？她很想知道自己的这种想法很变态吗？她想象着泰德和他的室友躺在水床上，或者是泰德和他的妹妹，或是泰德和三个……这样的想法算是变态吗？准确地说，她很想知道，人们在幻想中都会允许自己做些什么？

有些人能接受自己那些尺度很大的性幻想，而且他们可能还会因为自己那怀有敌意的幻想而浑身颤抖。他们在幻想中，想着那些自己所妒忌的美丽女子考不上法学院；想着自己那不可一世的姐夫或妹夫破产；想着隔壁那位可爱而又风骚的女人患上天花；同时那些所有令自己感到恐惧、嫉妒、愤怒、危险的人或是比自己能力强的人……遭到报复。

一位妻子发现丈夫对自己不忠，于是在心里幻想自己的丈夫患上肺结核，长期卧床不起。她说道："让他患上疾病，只是行动不便，不至于致命。"我们那些怀有敌意的幻想通常都是致命的，虽然这一点很难得到别人和我们自己的认同。

以阿曼达为例。她性格温顺，但是很自卑，而且害怕与人竞争。当有人令她忐忑不安时，她就会在心里幻想那个人当场暴毙。虽然她从不抱怨，也从不与人争辩，但她在精神上的确是一个谋杀者，她心中的那些与报复相关的意象，总是惨无人性、迅速出现而且长期存在。

再来看看巴里，每当妻子让他难以忍受、无可奈何的时候，他就在心里得意地幻想着妻子在下次坐飞机时，飞机引擎发生故障……那样的话，他的生活该多么美好啊！

就像我这样一个心地善良的女人也会进行幻想。有一年，一个十二岁的小混混欺负我的一个孩子，我在接孩子回家的时候十分难过。所以坦白地说，我就曾用幻想作为一个解决问题的方式，我偶尔会想象着把那个小混混推到卡车前。

如果野心勃勃的幻想令人羞愧，那么关于性的幻想会使人既羞愧又内疚，然而那些有关暴力和杀人的幻想则会使我们既羞愧、内疚，又胆战心惊。

这种恐惧与精神分析学家所说的"魔术思维"有关。这种思维其实是我们心中的一种信念：相信自己可以用头脑控制事情。这种信念在原始部落中表现为钉刺偶人，但在现代社会则是通过心中的恶念表现出来。很多见多识广的人也惊奇地发现，他们竟然也相信意念确实能伤人，而且还能杀人。

我认识一位思维敏捷、心智健全的女人。她曾与自己的母亲一起度过了一段可怕的时光。每天她都和母亲吵架，她感到痛苦，同时也很气愤。一天晚上，她在开车去看望母亲的途中，幻想着母亲患上了致命的心脏病。当她到了母亲所住的那条街的时候，发现一辆救护车呼啸而过，停在了母亲所住房子的前门附近。然后她看见一队医务人员抬着担架冲进屋去。见此情景，她被吓呆了。

当他们出来时，她发现担架上抬着的是住在母亲隔壁的女人，而且那个女人已经死了。

她说："当我看到救护车时，我完全相信母亲真的得了心脏病。而且坦白地说，我当时还愚蠢地认为，是我的'魔力'用错了对象，才导致隔壁的女人成了替死鬼。"（对我朋友这种愚蠢的迷信想法，你若是感到有趣或是可笑，或许你该问自己这样一个问题：当你用自己孩子的名义发誓，来证明自己所说的是事实，而实际上你所说的是谎言时，你还会继续发誓吗？我知道我是不会那么做的。）

我们相信，幻想能满足我们的愿望，它无所不能，还具有暗中伤人的威力，产生这种信念的阶段我们所有人都经历过，但很少有人能超越它。如果我们因那些可怕的愿望而备感自责，还因自己希望在现实中能实现它们而内疚，那我们会发现自己总能找到一些理由不去实现那些想法。西格蒙德·弗洛伊德写道："这就好像我们最终做出了这样的判断：'不管怎么说，一个人仅仅用自己的愿望就可以杀人，这一点毋庸置疑。'"

这种判断或许会使我们对那些幻想形成恐惧感。

　　即便我们不担心幻想所能做到的事，我们可能也会害怕幻想的内容，我们还会因为那些转瞬即逝的愤怒、性冲动和妄想而惊骇不已。这些幻想代表我们的实际吗？这些幻想道出我们的真实状况了吗？关于我的这两个问题，一位精神分析学家提到了一个有趣的故事：

　　在一个古老的国度里，曾经有一位尽人皆知的圣人，他因为慷慨大方、济世助人而声名远播。国王十分敬重这位圣人，于是让一位伟大的艺术家给这位圣人画像。在一个庄严的宴会上，艺术家把画像献给了国王。在欢快的乐曲声中，画像揭开了帷幕。令国王大吃一惊的是，画像中那位圣人的脸看起来如此狰狞、冷酷、邪恶。

　　"太令人匪夷所思了，真是岂有此理！"国王勃然大怒，要将那位倒霉的艺术家砍头。

　　圣人却说道："不，陛下，这个画像是真实的。"

　　然后，他解释道："我一生都在努力奋斗，为的是不让自己成为画像里的那个人。"

　　这位精神分析学家认为，包括圣人在内，我们所有人每天都有一种对抗的冲动。虽然这种对抗一直是在我们意识不到的状态下进行的，但是当它发生时，就会出现一些其他的冲动和愿望，有时这些愿望是以幻想的形式出现的。这些冲动和愿望能使我们痛苦地意识到，我们努力想避免成为的那个人的存在。那个人幼稚、野蛮、苛求，没有任何道德准则，有时我们发现他被囿于我们的幻想中。

精神分析学家们指出，上一句话提到一个至关重要的词——
"囿于"。幻想就是被囿于我们头脑中的，它们不是行动。承认原
始自我的存在，不代表我们会变成原始的自我。因为幻想倾向于
表达那些在现实生活中被我们教化、束缚、转变和驯服了的东西。

他们还指出，不管我们赞同与否，实际生活中的任何事情都能
进入我们的幻想。但这并不意味着我们对这些幻想永远都不关心。

例如，他们说如果我们的幻想总是残忍、暴力的，如果我们的
性幻想与我的实际性生活完全不同，我们或许会试图对我们的愤
怒之情和性冲突进行深入了解。分析学家们说，如果我们的幻想
完全占据了我们的生活，也就是说，在我们的实际生活中，已经
没有了工作和爱，只剩下了幻想的存在，那我们可能就要搞清楚，
为什么我们会生活在幻想的世界里而非真实的生活中？

然而他们还认为，如果我们不因自己的幻想而感到过分内疚、
羞愧和恐惧，那我们便会在幻想中得到释放和宽慰。我们会意识
到，幻想基本上不构成伤害，我们还会意识到，我们会在幻想中
找到自己在现实生活中必须丧失的东西。我们还可以通过幻想表
达和享受我们在日常生活中不能或是不敢奢求的东西。

我们能意识到那些白日梦的存在，而且它们总是不期而至，还
会忽然之间闪过我们的脑海，它们向我们暗示了一个隐秘的邪恶
世界的存在。在现实生活中，我们总会让自己的行为符合那些正

常的限制，然而在睡梦中，当我们部分地摆脱了那些限制的时候，我们便通过梦境靠近了那个邪恶的世界。在梦中，我们从内容和形式上都回到了原始的状态——我们敞开原始愿望之门，进入头脑中的原始进程。当我们组建梦境的时候，会使用自己潜意识中存在的那些令人振奋而又神秘的言语。

在梦中，我们进入一个精神的国度，那里充满了矛盾，现实世界的许多法则都已不再适用；在那里，各种意象不断地闪现与融合，因果关系也不复存在，而且时间无论是过去、现在还是将来——都混为一体。

在梦中，多种感觉汇于或凝聚到一个意象之中，而这唯一的意象又蕴含着多种含义："我妈妈正在说话，但那并不是她的声音，听起来就像我姐姐的声音；而且妈妈还长着和我另外一个姐姐一样的红头发……"

与那些强烈而又被禁止的欲望相对应的炽烈情感，被转化为或是被替代为无害而又安全的行为："我梦见自己正站在一座房子里……就是我弟弟出生的时候我们居住的那所房子……我看到一个球躺在我面前，我还用力地踢了它一脚——那个球就代表我的弟弟。"

基本上，我们所关注的生、死、性、身体、家庭成员会通过一些常见的符号表示出来，或是通过那些代表着无耻的、毫不适宜的双关语以暗喻的形式表现出来：一个女人梦见一个穿着纳粹卫军（SS）制服的德国军官。在现实生活中，她把梦境中的人物与自己专横傲慢的母亲联系在一起，所以在她醒来的时候还用意第绪语"Ess，Ess"催促母亲吃饭。

凝聚、替代和一些可见的符号，我们把这些方式的使用称为"睡梦行为"。

我们在睡梦中，思维逻辑与编辑修改一篇晦涩文章时的思维逻辑一样，对于梦境的形成，它发挥着作用。它试图将梦中的一片混沌理出一些条理；它将我们在梦中发生的各种行为片段整理成一个连贯的框架。这是一种我们在醒来时还能回忆起来的框架。

弗洛伊德把这些我们能记得起来的梦称为"显在内容"，而梦的含义则是"潜在内容"。解梦需要做梦者去联想，也就是需要做梦者联想出潜在梦境所唤起的意念和感觉，而且迟早有一天，这些联想会把我们从记得住的梦境引至产生梦境的无意识思想。

我们以雨果的梦境为例。

"我正和朋友走在路上。我们来到了一个肉铺。当我们走到那儿的时候，我的朋友离开了。我看到屠夫在铺子里面，他是一个瞎子。铺子被一片棕色的阴影掩盖着。屠夫喊我的名字，他是波士顿东部地区的口音。我要给我的猫买肉。虽然屠夫是个瞎子，但他用一把锋利的刀砍下了一只腰子。"

通过精神分析，雨果的婚姻出现了不幸。他问道，为什么他以前没有感到这不幸？为什么他会让自己成为一只把头埋在沙子里的鸵鸟？确切地说，他是想问，他自己究竟是不敢正视什么？

梦中的失明使雨果联想到自己是拒绝看清某些东西。他说：

"不看，不听，不知道，这就是我。"他还说，"屠夫剁碎了所有切下来的东西"。于是，他的联想把他带到了他不敢面对的东西面前，他回忆说："屠夫的口音很像一个演员，他的名字是……克布莱德（Killbride，其实雨果想到的是杀死新娘）。"

并不是我们所有的梦都会如此清晰；它们会用多种方法伪装自己。然而弗洛伊德认为，每一个梦都包含着一种愿望，不论我们的梦多么可怕，多么令人伤心，它们都是在寻求愿望得到满足。他还认为，我们的梦总是与我们童年那些被禁止与无法实现的愿望有着千丝万缕的联系。

* * *

我们都能在白日梦或夜晚做的梦中实现自己无法实现的愿望。实际上，这些梦与我们的感觉有很大的联系。如果我们梦见喝啤酒，可能因为自己感到口渴，但又不想为了一杯水而弄醒自己。所以，无论是我们的幻想还是我们的梦，都能满足我们那些未能实现的欲望，从而使我们不会十分迫切地想要实现那些欲望。

从某种程度上来说，幻想确实能满足我们的欲望，而且我们的幻想有时看起来确实就像真的一样。然而，不论幻想看起来多么真实，多么有说服力，或是使我们感到多么满足，我们都要活在成年人的世界中，都必须生活在现实中。

现实并没有那么糟糕。

因为长大成人并不代表所有激情和美好事物都会终结，而且长大成人也不是什么令人毛骨悚然的事。当我们成了一名正常的成年人（可能我们对这样称呼自己还感到有些不习惯），拥有成年人的智慧、力量和技巧的时候，我们中很少有人还会想再做回孩子。

作为一个正常的成年人，我们既会离弃别人也会被别人离弃；我们能够安全地独立生活，也能与人保持密切的联系；我们能有所担当，既能接受融合也能忍受分离，既能与人亲近也能独处。我们在不同程度上与其他人发生联系，从而形成了爱的联结，而且这些爱的联系会让我体会到各种各样的快乐，既有相互依存之乐，也有鱼水之欢。

作为一个正常的成年人，我们感觉自己可爱、有价值，觉得自己真诚。我们能感到自我的同一性。我们感觉自己独一无二。我们认为自己是主动的行为者和我们生活的决定性力量，并不认为自己是内心世界与外部世界的受害者，我们不觉得自己被动、无助和软弱无能。

作为一个正常的成年人，我们可以把人生经历的方方面面融为一体，放弃自己早年那些稚嫩的想法。我们能容忍矛盾心理；我们会从多个角度审视生活；我们会发现，一些重要事实的对立面，可能也是一个极为重要的事实。我们通过探索统一的主题把一些分离的碎片组为一个整体。

作为一个正常的成年人，我们除了具有良知和内疚感之外，我们还有自省和自我宽恕的能力。道德只会使我们的行为受到限制，但绝不会把我们变得畏首畏尾。由此，我们可以自由地维护自己，可以建功立业，可以放心地与人竞争，还可以体味到成熟的性生活的快乐。

作为一个正常的成年人，我们能追求和享受快乐，也能够正视我们的痛苦、经受住痛苦的折磨。我们有随遇而安的适应能力，也有灵活的防御能力，我们可以凭借这些能力去实现自己人生的重要目标。我们已经认识到如何才能得到自己想要的东西，而且我们也能放弃那些不被允许的与不现实的渴望，尽管我们在自己的幻想中还能听到它们的呼唤。

我们知道如何区分现实与幻想。

我们有能力，而且是有足够的能力接受现实。

对于大多数人来说，我们愿意在现实世界中寻求最大的满足。

＊＊＊

所谓的"现实检验"始于幼年，它是以挫折的形式进行的。当我们发现我们的愿望无法实现的时候，当我们发现自己不能通过幻想长期拥有温暖、安慰和满足感的时候，我们便拥有了现实感。这意味着我们能判断某些东西是否真的在那儿，这意味着无论我们在心中唤起的那个自己得到满足的意象多么生动，我们都能认识到，那种意象只是我们头脑中的一个画面，而不是一个活生生的人存在于我们的卧室中。

此外，现实感能让我们准确地评价我们自己和世界。接受现实意味着我们对这个世界和我们自身的限制和缺陷作出让步。接受现实还意味着我们给自己树立可行的目标，意味着我们要适当作出让步，意味着为我们幼年的渴望寻找合适的替代物。

因为，作为一个正常的成年人，我们知道现实不会给我们提供绝对的安全，也不会给我们提供无条件的爱。

因为，作为一个正常的成年人，我们知道现实不会给我们提供特殊的待遇，也不会赋予我们绝对的控制力。

因为，作为一个正常的成年人，我们知道现实不会因为我们过去的失望、痛苦和丧失就补偿我们。

因为，作为一个正常的成年人，当我们在扮演朋友、配偶和父母等不同角色的时候，我们最终会懂得每一种人类关系都是受到限制的。

正常成年人在成年期都会面临这样一个问题：很少有人能保证自己自始至终都是一个成年人。此外，我们有意识的目标常常会在无意中被破坏。有时，幼年的愿望还会闪现在我们的梦里或是幻想中，而且这些愿望还会在不知不觉中影响着我们。我们可能还会因为这些愿望而对我们的工作和爱情提出过高的期望，从而使我们承受更多的负担。

我们常常问自己所爱的人，我们也常常扪心自问：如果我们不是想象中的那个正常的、成年的自己，那谁是呢？长大成人是需要时间的，我们或许需要很长时间才能自己学会平衡梦想与现实。

也许我们需要很长时间才能认识到，生活充其量也只是一个约束的梦，而现实是由不完美的联系构成的。

Chapter 12 即便是最要好的朋友，也只是某一点上的朋友

友谊几乎总是一个人的心灵与另一个人的心灵进行部分交汇；所以人们只是在某一点上是朋友。

—— 乔治·桑塔亚纳

我们进入这个世界，就会试图区分虚构与现实，尽力把幻想和梦境与实际发生的事情区分开来。我们进入这个世界，就试着接受童年的结束给我们带来的损害。我们进入这个世界，便尝试在血缘关系之外与人建立起纯洁的友谊。然而，和我们的其他关系一样，这些自愿的关系既会给我们带来欢乐，也会使我们失望。

我们一度认为，只有当我们建立起绝对的爱与信任的时候，只有当我们拥有共同的品位、情感和目标的时候，只有当我们流露出灵魂中最黑暗的秘密而没有受到丝毫指责的时候，只有当我们在危难之中刻不容缓地跑去帮助彼此的时候，我们的朋友才是朋友。我们一度认为，只有当他们符合那虚构的模式的时候，我们的朋友才是朋友。然而，长大成人意味着放弃这些观点。即便我们有幸拥有两三个挚友，我们与他们之间的友谊最多也只不过是一种不完美的关系。

因为，友谊和我们的其他关系一样，受到我们那种矛盾心理的

束缚——我们既相互爱护又彼此嫉妒，既相互爱护也彼此竞争。

因为，同性友谊是一种折中方案，人们在通常情况下，总是不自觉地把它同两性倾向相提并论。

因为，异性之间的友谊必须调整并缓和两性之间的欲望。

因为，即使是最好的朋友，也只在某一点上是朋友。

* * *

通常人们认为，友谊是通过朋友危难时我们帮助与否来判断的。但是还有一种相反的观点，而且这种观点比较微妙，它认为朋友在危难时对他伸出援手，相对来说是比较容易做到的，而对于友谊来说，比较严峻的考验则是在朋友快乐时，我们是否能够全心全意地祝贺他。因为，我们在为朋友感到自豪，在朋友身边支持他的时候，情感中混杂了竞争与嫉妒的成分。我们祝愿朋友一切顺利，而且我们自己也只能意识到这些美好的祝愿。然而有时，我们也在某种程度上希望他们不好，这种想法就像雷达屏幕上的光点，从我们的脑海中一闪而过。就在那一瞬间，我们看清了真相：虽然我们在言行上不会做出一些伤害朋友的事，但是当朋友郁郁寡欢时，例如当他们没能升职，没得到奖金或是好评时，我们心中绝对没有像自己所表达出来的那样替他们惋惜。

我们心中那种既爱又恨的矛盾情感，始于我们的幼年，最早是用在我们生命中最主要的人物身上。之后，我们部分地把这种情感从我们的父母和兄弟姐妹身上转移到我们的配偶、孩子和朋友身上。虽然那些不甚友好的情感绝大部分我们都没有意识到，虽然在我们的友谊中，爱多于恨，但我们人类注定要或多或少地遭到矛盾情感的折磨。

黛娜是一位妻子和母亲，她儿时的好友伊莎贝拉要来拜访她。伊莎贝拉十分漂亮，她是黛娜小时候最要好的朋友。黛娜爱伊莎贝拉，但是她也想打击伊莎贝拉。她要应付"伊莎贝拉带给自己的微妙的威胁，还希望自己不要被伊莎贝拉所取得的成就威胁到"。"虽然她现在的生活只是局限于厨房和家务事"，但希望自己的"生活也能令她的好友垂涎"。她被"旧有的本能——那种小时候曾在姐妹之间出现过的冲动所吞没，我要保护伊莎贝拉不受……除我以外任何人的指责"。

黛娜知道，在好朋友之间，爱与竞争、爱与嫉妒是共同存在的。

马西告诉我说："在我心中有一种复杂的情感，我觉得谁都不应该拥有一切——否则那不公平。"为了不让人感到嫉妒，"即使是我最好的朋友，我也觉得他们不应该把好事占全"。

因为这种秘密的竞争情感，马西感到局促不安。她指出，"我也只是想寻得心理平衡而已，并不想超越别人"。所以，当她的朋友奥德丽，一位既漂亮、富有又事业有成的女人，抱怨丈夫对自己不好时，马西就很同情她，但马西心中却在想："她的丈夫对她不好——这很公平啊。"（我自己的一位朋友，就像奥德丽一样，似乎把世间所有的好事都占全了，当我看到她变成了肥婆时，心中窃喜。）

只要一想到自己对朋友怀有这样的情感，我们就会心中不安。然而即便如此，我们还是不自觉地坚持着这种情感。有人可能会说："你也许感觉到了这些情感的存在，而我却没有。"但是，在我与人们——既包括男人也包括女人——就友谊中存在的这种矛盾情感进行讨论时，他们中的大多数人在思虑过后，都会发现自己身上确实有些黛娜和马西的影子。

＊＊＊

如果矛盾心理会使自己感到惶恐，那我们应该如何应付心中那些对朋友怀有性爱情感般的可耻想法呢？如果我们认为这种想法是对纯粹的异性恋的攻击，那我们在提出驳论前，先来看看这种观点：

弗洛伊德认为，所有与爱有关的关系，不仅包括恋人之间的爱，也包括我们对父母、子女、朋友和整个人类的爱，这些关系在我们心中，都是以某种程度上的性关系为目的的性爱。除了恋人之间的爱以外，那种性爱目的在其他所有爱的关系中，通常都发生了转移，但是相应的冲动却仍然是以另外一种形式默默地存在。因为在不同程度上，我们都是两性的人，也就是对男性和女性都有欲望。正如弗洛伊德所说："人们的反应方式都不会只限于某一性别，也会为异性留有一定空间。那种以其他形式默默存在的性愿望，在同性关系中也有体现。"

这意味着同性之间的友谊也暗含着无意识的性欲因素。

但是，这并不意味着我们渴望和所有的朋友上床。

的确，对大多数人来说，如果与性有关的情感不被封闭在外，那么同性之间的友谊确实是不大可能。这种封闭就是抑制与性有关的一部分，将另外一部分转而以爱的关心、关注、爱护等形式加以表达。但是，男人间的友爱很少表现为亲密的身体接触，女人之间却可以彼此亲吻、拥抱而不必有同性恋的担忧。大部分男人能够放心去做的只是在肩膀上打一拳，或者在脊背上友善地拍一拍（虽说现今有转向不太具有男人味的倾向）。

与朋友一起外出野营旅行的异性恋者罗伯特，在宿营的第一个晚上，涌起了拥抱朋友的冲动。但担心这一热拥会将两人置身于不知接下来该如何办的恐慌境地，于是他有意识地限制了这种情感的表达，把拥抱朋友的行为留到旅行结束，彼此分别的时候进行。罗伯特将这一冲动视为对朋友的爱的表达，而不是一种发生性关系的愿望。但他的担忧（也是通常情况下男人们都会有的担心）是，"如果我们拥抱了，接下来会发生什么……"

罗伯特的冲动是一种对同性的性冲动吗？告诉我这个故事的精神科医生认为这是。他说，在所有的这些身体冲动中经常有被打入无意识中的性欲因素，在这个意义上，这种冲动才能被视作同性恋冲动。罗伯特意识不到这种因素，而且即便意识到了，这种由性引起的感受也不会使他成为一个同性恋者。

即使他的内心存在一些有意识的性欲，也不能证明他就有此方面的性倾向。在一本很有实用价值的著作——《大学时代的朋友和恋人》一书中，一些精神科医生指出，对同性存有性欲，甚至还有同性恋经历，"并不一定意味着他们就必须把自己定义为同性恋者"。这些情感可能只是占主要地位的异性恋的附属品。

此外，有人认为压抑自己的性欲是一种虚伪的表现，依据"诚实"和"开放"的要求，我们应该把心中所有的性冲动都表现出来。但那本书中的精神科医生并不赞同这种观点。还有一种观点认为，限制同性别的人进行性活动，既不可取也无必要，而且这种限制会对我们的性满足构成束缚。那本书中提到的精神科医生也不赞同这种观点。

我们为什么要压抑而不是享受正常的双性恋呢？我们为什么不可以友好地向我们的朋友一求鱼水之欢呢？研究员雪儿·海蒂在《海蒂性学报告》一书中指出："我们没有必要把性接触和友谊加以区分。"但实际上，当我们在扮演子女、恋人、朋友或是父母这些角色的时候，性区分就已经显现出来了，而且这种区分还为我们提供了丰富、成熟和多层面的情感。如果我们把所有的人际关系都性欲化，会感到自己受到极为不快的限制。

友谊要求我们对一些性欲加以限制，从这个角度来看，友谊是一种既不完美也不完善的关系。然而，若是把友谊视为爱情的淡化物，就如同把粉色看成红色的淡化物一样，那我们的友谊一定会因此而受到极大的伤害。通过比较朋友间与恋人间的亲密程度，詹姆斯·麦克马洪发现，"友谊之所以与其他主要的人际关系不同，是因为我们在与朋友相处时，通常都不会像我们幼年那样，以一种原始的方式表露自己的性格和大多数的基本需求。"然而，当我们与恋人相处时，我相信所有人都会不加拘束地放任自己，也不会注重什么体面或是礼仪。例如，我们回想一下自己和配偶在一起时的情景：我们会懒散地穿着睡袍与她（或他）共进早餐；我们会在自己得了重感冒的时候，在家里到处找碴儿；我们会在与配偶一起进餐时，毫不客气地把食物从对方盘子里叉走；在吵架时，我们会厉声厉色地跟对方针锋相对。此外，我们和配偶相处时，除了有性爱的喜悦，还有其他原始的回归行为。然而在与朋友相处时，不管我们的情谊多么绵长，我们都不会在他们面前暴露这种原始的回归状态。

不管我们在恋人面前如何暴露与展示，我们都无法满足彼此的所有需要。麦克马洪指出了一个所有人都很明晰的事实："任何人都不要指望自己能够满足恋人的一切需求。"即便爱情是红色的，友情只是粉色的，这粉色的友情也能把我们从单调的生活中解救出来。有时，友情可以作为一种至关重要的核心方式，弥补爱情所欠缺的东西。

费思虽然觉得自己的婚姻很幸福，但她并不觉得生活因此就是完美的："如果没有我那些女性朋友，我会感到孤独而又冷清。她们是我生活不可缺少的一部分。我可以与她们一起畅谈心中的郁结、人生的恐惧、人性的弱点和荒诞的想法，还能与她们交流思想。我跟丈夫却不谈这些。"

法国电影《进入我们》是一部深得人心的感人影片。在电影中，关于女性朋友在自己心中的地位，莱娜向自己那位嫉妒心强的丈夫解释说："玛德蕾娜能让我正常地生活，没有她，我会感到生活令人窒息。"

再来听听她的丈夫是怎么说的："如果我告诉妻子，我在飞靶射击中打了986环，她会说：'你真棒！'她支持我所做的，也赞同我做自己喜欢的事，但她并不知道打出986环意味着什么。但是一个男人就能知道这意味着什么，而女人却不行，至少一个不会玩飞靶的女人不行。"

＊＊＊

虽然我们都知道同性朋友的特殊重要性，但男人间的友谊与女人间的友谊相去甚远。研究结果显示，男人之间的友谊会比较保守，而且彼此间总有一种距离感。因为我们已经知道，女人更喜欢与人建立亲密的关系，所以考虑到这一点，我们就不会对上文的研究结果感到吃惊。下面这个例子就是一典型的男人间的友谊，它讲述了一个男人与他的三个"挚友"之间的关系：

有些事我不会告诉他们，例如，我不会跟他们过多谈论我的工作，因为我们之间总是高度竞争关系。对于生活中那些没有定数的事，我当然不会告诉他们我的感受，我也不会告诉他们我对其他任何事情的感受。我不会与他们说我与自己妻子间的问题，实际上，关于我的婚姻和性生活的状况，我绝口不提。除了这些，其他的事情我都跟他们说（说到这里，他稍停了一下）。这样一来，是不是也就没剩下什么可以谈的内容了？

这已经清晰地描绘出了男人之间的友谊。接下来，我们把这一画面与希尔达的观察结果进行对比。希尔达说："我的灵魂深处隐藏着一种情感，当我与女性朋友在一起时，这种情感就会毫不保留地从我心底浮出水面；就像是我在与自己进行对话一样。"现在，我们再把希尔达描绘的画面与下文中叙述的友谊进行对比：

因为她们热情而又富有同情心，所以我爱她们。我会与她们分享我生活中发生的任何事情，她们从不会对我所说的事情横加指责……我觉得袒露心扉并不存在局限性。女性情谊的特点是开放，但我从来都没有以这种方式，与一个男性谈及或是分享过我的情感和经历。

我听很多女性，而且还是不同年龄段的女性有过类似的表述，但我从未听到哪个男人这样说过。很具讽刺意味的是，在很多神话传说或是民间故事中，那些为人们所称道的友谊都是发生在男人之间：达蒙和皮西厄斯，阿喀琉斯和普特洛克勒斯，大卫和乔纳森，罗兰和奥利弗，以及离我们不太久远的布奇·卡西迪和桑德斯·基德。然而，正如社会学家罗伯特·贝尔所指出的，这些友谊所反映的都是英勇无畏和为友牺牲的行为。在这些寓言故事中，没有一个是赞美男性友谊的亲密情感。

承认自己是男性同性恋与承认自己的弱点，承认自己是男同性恋与承认孤独、恐惧及性的危险之间的有意识或无意识的关联，有助于解释为什么同性友谊中，男人比女人保持更远的距离。温柔的身体接触和情感吐露若是发生在女人之间，人们通常不会认为这是一种性的暧昧。因此，女性之间的亲密行为不会造成心理恐慌，而相比之下，男性之间若是有亲密行为，就不是这样了。

＊＊＊

在同性友谊中，性欲会变弱；但在异性友谊中，性欲的弱化幅度则相对较小。所以，男女之间形成没有性欲倾向的友谊是很困难的。不过近年来，随着越来越多的竞争场所的出现，男女共同工作和娱乐的机会也与日俱增，所以，不带性欲倾向的异性友谊也逐渐增多。当然还有另外一种观点，用一个男人的粗言秽语来说就是："与男人相交，与女人性交。"然而很多同学、室友、同事和一些已婚的男男女女正在为异性友谊寻找社会支持。

在一项研究中，很多参与调查的男人表示，相较于男性朋友而言，他们感觉自己在情感上，距离女性朋友更近一些。一位男性心理学家写道："对于这一点我深有体会，我觉得女人总体上比男人更关心自己的朋友。"还有一位男律师也发表了类似言论："我渐渐觉得，男人身上的那股'男子汉气概'对男性朋友之间的友谊构成了威胁，却威胁不到自己与女性朋友之间的友谊。出于对女人的信任，这种威胁会降到最低限度，但是与男性朋友在一起时，这种威胁永远也不会降到那种限度。"

露西是一位育有四个孩子的已婚妇女，她讲述了自己与一位已婚男人的友谊："我们发现，我们之间总是有话可谈。他与我丈夫之间不会这样说话，而我与他的太太之间也不会谈论这样的内容。所以，我们有时打电话，有时共进午餐。我们的知识领域较为相似，我们经常赠送给对方自己喜欢的书籍。我们之间也存在某种温柔和关心。"

露西说："在我遇到困难时，他与我分忧并施以援手；当他家中有人去世的时候，他渴望得到我的安慰。我们的友谊几乎不带有性欲色彩，而且也很少调情——即使有一些这样的言行，也只是为了开玩笑或是调整话题而已。"

她说，不管怎样，他们都是设法把两人之间的关系限定到严格意义上的友谊层面。

然而，因为男女之间存在性吸引力，再加上人们认为男女之间产生爱意是天经地义之事，所以，相对于同性友谊来说，异性友谊更为少见。精神分析学家里昂·兰热尔指出，当男女之间建立了友谊之后，他们的关系通常都会发展成下列模式：

他们的友谊实际上成了同性关系——"我把她看成自己或是像我一样的男人。"

他们的友谊实际上成了一种家庭关系——"我把他看成我的父亲、兄弟或者我的儿子。"

他们从柏拉图式的友谊，发展成有所掩饰的——或是毫不掩饰的——性爱。

兰热尔认为，虽然婚姻中的男女关系更为亲密，但它限于两性的温存和情爱，所以不能称其为友谊。许多夫妻不以为然，他们坚持认为夫妻既是恋人也是朋友。我也认为夫妻间的情义不同于友谊，因为麦克马洪在前文所讨论的亲密回归，还因为爱情具有强烈的排他性。同时，虽然很多男女之间的友谊都像露西那样，并不带有性欲色彩，但他们承认，他们的友谊都微微地掺杂着"一点点性"的味道。

毫无疑问，我们与人建立的所有关系都带有"一点点性"的味道，但是我们学会了服从自己的良知和社会禁忌。因为我们在无意间（有时是有意识地）放弃了友谊中的性爱目的，所以我们必定丧失，但同时也获得。兰热尔说，友谊，就像人类的文明一样，是以限制我们的性生活为代价的。然而友谊却为我们的各种欢乐和个人成长提供了土壤，这些或许在情爱的字典中是找不到的。

＊＊＊

在青春期的友谊中，我就像利用恋人一样利用朋友去发现、确认和巩固我们对自我的认识。我们在一定程度上总是以这种方式利用他们。身为家庭主妇和母亲的梅说："我自己从来没有发现或认识到自己个性的力量和其他方面的潜力，而我的朋友们却能在我身上发现它们。他们还鼓励我去追求人生的其他目标。"

朋友能帮助我们开阔视野，而且他们还能成为我们心目中的榜样，所以我们会在言谈举止上与之趋同。与朋友相处时，我们在获得他们的认可的同时，还能保持自己的个性。与他们相处，能增强我们的自尊心，因为他们认可我们，还因为他们很看重我们。此外，我们也看重他们，因为他们出于各种原因，从不同强度上丰富了我们的情感生活。

虽然我们与大多数朋友建立的都是不完美的关系，虽然我们的大多数朋友都是"某一点上的朋友"，但我们还是很看重与他们的情谊。

就朋友这一话题，我同几个人进行了一番讨论，最终我们认为朋友应该分为以下几种类型：

一、便利之交。这样的朋友包括邻居、同事和与我们合伙使用汽车的人。他们与我们的日常生活通常都有交叉的部分。此外，这样的朋友还包括那些与我们互相施以小恩小惠的人。若我们在家中举行聚会，他们会把他们的杯子和银器借给我们；若是我们病了，他们会开车替我们把孩子送去踢足球；若是我们去外地度假，他们会替我们照看一个星期猫；若是我们想搭便车，他们会开车送我们去车库取我们的本田车。我们也会为他们做这样的事。

但对于这类朋友，我们从不过于接近，也不会与他们谈论过多的事。与他们相处时，我们总是摆出一副公众面孔，而且还会与之保持情感距离。伊莱恩说："这意味着我们会与他们谈论如何减肥，而不会谈及我们内心深处的抑郁情感。这意味着我们会承认自己丧失了理智，但不会承认自己是因为愤怒而丧失理智。这意味着我们可能会说自己这个月手头有点紧，但不会说自己的经济状况一直堪忧。"

但这并不意味着这种相互帮助和这种类型的友谊没有价值。

二、同趣之交。这种交情是因为所参加的活动相同或是彼此关注点相同而建立起来的。例如，那些与我们一起参加体育运动、一起工作、一起上瑜伽课的人，还有那些和我们一起支持核冻结计划的人。为了共同把球击过网或是一起拯救世界，我们遇见了彼此。

在谈到那些周二与自己一起打球的朋友时，苏珊娜说："我所说的我们在一起是指我们一起打球，仅此而已，并不是指我们生活在一起。我们主要是因为一起打网球才建立了关系。不过，我们配合得很好。"同趣之交与便利之交一样，彼此间没有亲密感可言。

三、总角之交。我们应该庆幸这世界上还有了解我们的朋友。格蕾丝和她的朋友邦尼就是这种交情。多年前，当格蕾丝一家还住在布鲁克林那个三室的公寓内的时候，当格蕾丝的弟弟阿里打架闹事，最后弄得警察都出动的时候，当她的姐姐嫁给扬克斯市的牙科医师的时候，当一天早晨她跑去告诉邦尼她失去贞洁的时候，他们就已经是朋友了。

时光飞逝，他们现在都各自过着自己的生活，而且他们现在也没有多少共同点了，但即便如此，他们仍然是彼此回忆中那个与自己有着亲密关系的人。所以，每当格蕾丝去底特律的时候，她都会去拜访她的这位故友，因为只有他知道自己在做牙矫正前是什么样子，只有他知道自己以前是怎样带着布鲁克林口音讲话的，只有他知道自己在吃洋蓟之前都吃些什么，也只有他了解她。

四、共度之谊。与总角之交一样，共度之谊对我们来说也很重要。我们早年曾经与他们一起做过某些事，所以彼此间便有了些交情。总之，在我们生命中我们曾一起度过一段重要的时日：也许是大学期间我们住在同一宿舍；或许是在美国空军服役时，我们一起去完成上级分配的任务；或许是曾在曼哈顿一起共度热情洋溢的单身岁月；或许是我们都曾经历过怀孕、生产和初为人母时那艰难的几年。

不论是总角之交还是共度之谊，我们都是因为一起经历了一段人生岁月而建立了相当稳固的关系。所以我们只需要在每年圣诞节时给这样的朋友发送信件，就能维持我们之间的关系，就能保持那份特殊的亲密感。即使这种亲密感一直都没有被唤醒，但在我们相逢时，它随时都能复苏。

五、忘年之交。这是另一种亲密的关系，虽然亲密却不对等，因为双方的年辈并不相当。一位妇女把这种友谊称为母女之谊。在这种跨越年龄和辈分的友谊中，年轻人会使老年人感到愉快而又活跃，而老年人则会对年轻人加以指导。无论是作为指导者的长辈还是作为问询者的小辈，每个角色都在交往中实现了自身的满足。因为没有血缘关系，所以长辈的教诲会被视为明智的建议，并不会让人觉得那是横加干涉，而且那些幼稚的行为也不会招致严厉的警告和无休止的唠叨。没有风险，也不需付出残忍的代价，所以我们会充分享受这种年龄或辈分的差异带给我们的快乐。忘年之交中的这种既没风险也不残暴的关系，也常常被视为父子关系的一部分。

六、莫逆之交。通过彼此探望、写信或是打电话，我们与这种朋友在情感上和实际生活中保持一种极为亲密的关系。虽然我们对每一个挚友袒露的事情不一样多，也就是我们并不是对每一挚友都吐露自己所有的事，但密切的联系总是涉及展露私我的各个方面——情感、思想、愿望、恐慌、幻想和梦想。

我们通过表达、行为举止表现自己，我们既向对方展示自己美好的一面，也不惮于向挚友展现自己丑陋的一面。因为关系亲密意味着我们彼此信任，虽然他们并不认为，也不应该认为我们是完美的，但我们相信，朋友从整体上还是认可我们的，至于我们的缺点，他们也只会认为那是美玉上的微小瑕疵。政治活动家和作家詹妮·摩尔现已故去，她的一个朋友这样说道："做她的朋友，就是在短短的一瞬，变成你所期望自己能成为的那个人。"有时，通过朋友的一点点帮助，例如劝告我们不要做什么事，我们能使自己达到一种高度，而且还会因此永远停留在那个高度。

* * *

精神分析学家麦克马洪写道，"成长需要人际关系"，而且在我们的一生中，亲密关系会持续促进我们的成长，因为我们能在亲密关系中确认和强化自我。他引用了哲学家马丁·布贝尔的话。布贝尔说，真实生活的全部就是你和我的相遇，"通过你"，通过毫无保留的亲密接触——"有一个人就成了我"。

对于个人的成长和欢乐，与我们有莫逆之交的挚友贡献很大。因为他们的存在，音乐变得更加优美，酒味更加甘醇，我们也更显欢颜。此外，朋友还要在困难的时候互相照应——如果我们凌晨两点钟打电话给他们，他们也会立即赶来；他们会把自己的车借给我们用，会借钱给我们，会腾出房间来给我们住，他们还会听我们诉苦。亲密的友谊就意味着重要的权利和义务，虽然我们并没有写下什么约定，但这一点毋庸置疑。为了树立信心，为了寻得帮助和安慰，我们常常不去找自己的亲人，而是去找自己的朋友，那些与我们关系亲密的朋友……就像萝西和麦克那样：

萝西是我的朋友。

不管我聪明与否，她都喜欢我。

我害怕蟒蛇，她知道。

我走路内八字，肩膀向下塌，

头发已经垂过了耳朵。

但萝西说我好看。

她是我的朋友。

麦克是我的朋友。

不管我性情乖张还是温婉柔和，他都喜欢我。

我害怕故事中所讲的狼人，他知道。

除了牙齿和眼球，我满脸到处都是雀斑，

但麦克说我好看。

他是我的朋友。

我的长嘴小鹦鹉死了，我去找萝西。

我的自行车被撞坏了，我去找萝西。

我的头摔破了，鲜血喷涌而出，

一旦不流血了，我就去找萝西。

她是我的朋友。

我的狗跑丢了，我去找麦克。

我的自行车撞坏了，我去找麦克。

我的手腕骨折了，骨头凸了出来，

一旦手腕接上了，我就去找麦克。

他是我的朋友。

如果我被大浪卷走了，萝西会设法救我。

如果我被人拐走了，萝西会来找我。

如果我就此失踪了，我的相机就归她了。

她是我的朋友。

必要的丧失　　**229**

如果有狮子扑向我，麦克会设法救我。

如果我从烈火熊熊的屋子里跳出来，麦克会接住我。

如果他没接住，我的邮票就归他了。

他是我的朋友。

　　除了帮助我们成长、带给我们欢乐、帮助我们、宽慰我们，与我们关系亲密的朋友还会使我们不受孤独的困扰。虽然人们教导我们要努力争取和重视自我满足，虽然在所有人心里，无疑都有一个从不向人展示的自我核心，但对于我们来说，有两点至关重要：第一，有人看重我们；第二，我们不感到孤独。基姆说："我需要知道，除了我自己，还有人真心在乎我的死活。"一个古老的谚语以另一种方式道出了这层意思："即使在天堂，人也不会孤单。"

　　然而，每个人形成亲密友情的能力却大不相同。有的人天生就拥有这样的能力，而有的人就很不幸，至死都无法掌握与人亲近的能力。每当他们与人亲近，他们就会感到不舒服和恐惧，因为他们觉得与人亲近会遭到拒绝，他们相信与人亲近会使自己深陷泥潭。若想与别人建立亲密的关系，需要我们有自我观念、真诚、能承担义务、对他人感兴趣；需要我们能够善解人意，在情感上与别人产生共鸣；还需要我们放弃对理想友情的幻想，这种放弃也是一种必要的丧失。

　　古罗马著名的人物西塞罗，在那篇被人广为引用的《论友谊》一文中，提出了一个问题："如果生活中缺少了信任，那种对朋友间良好意愿的信任……这样的生活还值得我们过下去吗？"西塞罗的这一观点还说得过去，但是接下来，他把一个重担压在了友谊之上，一个任何友情都无法承担的重担。他将友谊定义为两个"完美无瑕"的人之间产生的一种关系，而且严格的西塞罗还宣称，这两个人"在对于人和神的所有问题上都观点一致……他们的兴趣、目的和目标无一例外，都要完全和谐"。

现在，社会学家通过对成年人友谊的研究，发现相似性是人们的择友标准，即人们会选择那些年龄、性别、婚姻状况、宗教信仰、生活态度、兴趣爱好和智商与自己相似的人做朋友。更有甚者认为，由于友谊没有性爱的扰攘，所以它"可能比爱情更能把两个完整的人联系起来"。也许古代人或西塞罗时代的人会赞同这种观点，而我们现代人都过于强调个人主义。两个人，两个成年人，永远都不会彼此完全相配。即便是最要好的朋友，也只是某一点上的朋友。

在与我们关系亲密的朋友之中，或许会有一些你永远都不能找他们借钱的人——虽然他们很有智慧而又十分迷人，但极为吝啬；有一些人，我们无法与他们讨论小说，还有一些人，他们教育子女的方式会令我们哭笑不得。或许，我们还会有这样的挚友，他们的良知对他们的行为过度放纵，这一点使我们印象深刻；有的人做起事来拖拖拉拉，这使我们大为不满；有些人吃东西的口味、着装品位，以及对狗的喜爱和对政治家的评价，令我们难以理解；而且他们对自己配偶的观点则更令我们难以置信。我们渴望那些与我们关系亲密的朋友，可以与我们一起分享我们的情感和价值观，分享我们的爱和我们的恨，我们崇拜相同的英雄人物，唾弃相同的恶棍。然而实际上，我们不得不任由我们的朋友推崇克林特·伊斯特伍德，也不得不原谅他们对叶芝的不屑，即便是这样，我们也依然和他们保持着亲密的友谊。有时，有些朋友确实使我们失望，但我们还会跟他们做朋友。

如果萝西告诉我一个秘密，无论人们打我还是用斧头劈我，
我都不会说出萝西的秘密。
无论人们扭我的胳膊还是踢我的小腿，
我都不会说出萝西的秘密。
如果人们说："说吧，否则把你扔进流沙中！"
我说出了萝西的秘密，我觉得她会原谅我的。

如果麦克告诉我一个秘密，无论人们打我还是用重物砸我，
我都不会说出麦克的秘密。
无论人们捶打我还是向后扳我的手指，
我都不会说出麦克的秘密。
如果人们说："说吧，否则把你扔进流沙中！"
我说出了麦克的秘密，我觉得他会原谅我的。

虽然人们盛赞西塞罗对于友谊的定义，但实际上，亲密的友

谊需要放任和谅解，需要被放任和被谅解。因为我们都不是完美的人。对于友谊，我们存有矛盾心理，我们要克制自己的性欲，同时还要接受人们都只在某一点是朋友的事实，但即便如此，与那些我们通过血缘和法律建立起来的关系相比，我们通过友谊建立起的关系和它们一样稳固有力，而且有时还会比它们更加稳固——因为友谊令人鼓舞，使人愉悦，它是一种"神圣而又神奇"的关系。

Chapter 13 婚姻幻象：不要让期待变成失态

婚姻状态……是我们这一生能获得的最好的天堂与地狱的图景。

——理查德·斯蒂尔

我们的朋友并非完美，我们接受了这种不完美，并为自己的现实感而自豪。但是，当牵扯到"爱"这个问题的时候，我们会固执地抓紧自己的幻想——有意识或者无意识地想事情该怎样。牵涉到爱的时候——浪漫的爱、性爱、结婚后的爱——我们必须再度艰难地学习如何让各式各样的期待离开我们的心头。

当柔情和性欲的冲动结合在一起，当我们爱上（与爱的盲目性有一点关联）那个让我们完美地实现了所有人类欲望的人，这些期望之花便在烟雨葱茏的青春期气候中绽放开来。精神分析学家奥托·科恩伯格认为，青春期浪漫的爱情是成人的爱的"正常而关键的开始"。但很多人的青春期在青春期爱情结束前就已经结束了。

很多人都能回忆起那种感受："你是我的全部，没了你我便无法存活。"很多人都能回忆起漫步于星光下、向着月亮奔驰的情景。无论我们能不能将这种爱长久留存，它都会对我们后来的生活产生影响：

昨天晚上，啊，就是那个夜晚，在她和我的双唇间，

投下了你的身影。啊，西娜拉！在亲吻之时，在美酒之间，

你的气息，拨动了我的心弦。

我是这么孤独冷清，无法走出昔日的恋情，

是的，我孤独，我冷清，深深地埋下我的头：

西娜拉！我一直忠于你，用我的方式。

弗洛伊德在讨论爱的时候，区分了基于身体愉悦的肉体之爱和温情的爱。浪漫的性爱中包含这两种爱。弗洛伊德还提到，我们会高估所爱之爱，将他们理想化，这也是浪漫的性爱的一部分。弗洛伊德还进一步提醒我们，即便是最深切的爱恋关系也含有矛盾情感，即便是最美满的婚姻中也会蕴含着一些有敌意的情感。

这就是恨意。

威廉·迪安·豪威尔斯写道："丝织的婚姻纽带，忍受着日常的错误和侮辱施加的压力。如果换成了其他人际关系，难免会在这一过程中受损。"对此，另外一位当代社会学家补充道："一个人，即便不带有任何敌意、侵犯和伤害的意图，仅仅因为表现出了他的存在，也会给另外一个人带来伤害。"

好的一面是，有时夫妻间的纽带是任何伤害都不能扯断的。

不好的一面是，成人对彼此的伤害不如夫妻深。

我对丈夫了解得很清楚，我知道触及哪个按钮他会暴跳如雷。我也知道怎样缓和两人的关系，使这种关系变得更好。你可能会觉得有了这么些了解我就不会触碰那个按钮了，如此我就能建造

婚姻的天堂了，但我以及大多数人的婚姻都不是这样运转的。

心理学家伊斯瑞尔·查尼在其一个有争议的婚姻研究中，质疑了上述说法：**"婚姻的困难源于大量的'不健康'的人，或没有真正成熟的人。"** 他认为："从经验的角度讲，不可否认大多数婚姻都或隐或显地充斥着深度的、毁灭性的紧张感。" 他提议，重新定义常规的日常婚姻，把它界定为一种内在紧张的、包含争端的关系，其成功需要明智地平衡爱与恨的关系。

婚姻的紧张与冲突始于对浪漫不再有期待。这种期待在《仙女们》一诗中有十分完美的描述。在这首诗中，两个情人梦想着鲜花、汩汩的小河、光滑的绸缎和旋转的树木，并步入了婚姻。

于是他们结婚了 —— 为了更多地在一起 ——
接着发现他们不再像往常那样亲密：
早茶、晚餐、孩子、商人的账本，
都会让他们分离。

午夜梦回，她发现了保证，
在他那均匀的呼吸声里。
然而她不知，现在这样是否值得：
小河要流向何方？
哪里有白色的花朵开放？

另外一个浪漫爱情的受挫者是一个医生的妻子爱玛。她喜欢读伤感的小说，这些小说使她渴望一个"世间罕有的地方，那里只有激情、狂欢和铭心之喜"。她对自己的婚姻十分不满，幸福也因此弃她而去，她为自己那"太过崇高的梦想和太过狭小的屋子"而悲叹。她把自己那善良却又极度呆板、俗不可耐的丈夫当作"由她的挫折而来的复杂恨意的唯一对象"。

　　爱玛是福楼拜小说中与人通奸的女主人公包法利夫人。她的内心狂野而又浪漫，希望从婚姻中获得"奇妙的情感。直到婚后，这种情感还像一只长着玫瑰色翅膀的大鸟，翱翔在霞光万道的充满诗意的天空里"。爱玛没有在婚姻中找到这种情感，可她并没有放弃这种追求，她也没有试图调和浪漫和现实。相反地，她从日常生活中退了出来，学会了恨自己的丈夫，并在别处寻找浪漫经历。

　　但是，不一定成了通奸者才可以对福楼拜说："包法利夫人就是我。"我们也同样衡量过与现实相反的梦想，我们也曾努力使自己化作那长着玫瑰色翅膀的大鸟，翱翔在霞光万道充满诗意的天空里，并发现自己最终蜷缩在银泉郊区的家中，与一只关在笼中的长尾鹦鹉待在一起。

　　人类学家布罗尼斯拉夫·马林诺夫斯基写道："婚姻将人生中最困难的个人问题之一摆在了人们面前，它是最脆弱的也是最浪漫的人类梦想，必须把它固化成一种按常规方式运转的关系……"虽说我们不是命途多舛的爱玛，我们调整、适应、妥协并设法应对，但有时我们也会对自己的婚姻状态心生怨恨，因为它使我们那浪漫的爱情梦想变得庸俗。

＊＊＊

带着无数个浪漫的期望，我们步入了婚姻。我们还带着对强烈的性兴奋的幻想。我们给自己的性生活注入了诸多的期许和"应该"，而我们日常的爱的行为却无法胜任。地球应该转动，我们的骨骼应该歌唱，烟花应该绽放，我们应该在热烈的爱情中燃烧。我们应当步入乐园或达到一个相似的境界。但我们会感到失望。

凯瑟琳·布鲁斯在其《婚姻即地狱》一书中描述了人们如何给婚床加上性期许的重负，她写道：

> 真正的男人或女人必须沉浸在性欲之中；人们唯一真实的交合是性交；不同层次的快乐几乎变成善良码头上的缺口：多变的性交技巧对婚姻是必需的，就像以前，社会地位对婚姻是必需的一样……我们一定要有爱，或者说一定要有性生活，每周必须达到一定的次数，否则人就会变得不体面，没有竞争力。

这种性的必要性把性行为变成了性功能的实验和精神处于健康状态的证明，这令人恐怖也让人感到羞耻——对于那些没有这么强大的性功能的夫妇而言尤其如此。但即使是性生活十分狂热，并且所有系统都能正常运转，维持这种兴奋的巅峰状态也是困难的。许多夫妻都会发现，过了一段时间后，性生活就不再诱人了。

我又给孩子拿了一杯水。

我把激素晚霜轻轻地抹在脸上。

完成肌肉均衡体操后，

我用温暖的拥抱迎接我的丈夫。

在我的长袖法兰绒睡衣中，

在我的袜子里（因为我总是感到双脚冰冷），

隐藏着一个幻想。

为我的神经末梢吞下了镇静剂，

还有三胺片，为了我的喘息。

我们的蓝色电热毯已经温热宜人，

红色的闹钟也拨到了七点半。

我告诉他，我们欠了杂货商很多钱，

他告诉我，最好的两套衣服已经脏兮兮。

去年生日时，我给他买了半人半马雕塑

（它们暗示着他会变得半人半兽），

去年他给我买了黑色镶边的内衣

（它们暗示着我定会为淫欲而疯狂）。

我在枕上扭动着，吱吱作响，
他那硕大的脚指甲盖，将我的皮肤划伤。
借助那带口的小棍棍，他起来了，
我让他拿回两片百服宁。

哦，在某个地方，那里有可爱的小闺房，
有波索特床单、罩篷和鞭子。
周末他在非洲捕猎狮子，
她量了臀围，整整三十三寸。

透过白兰地酒杯，他们的眼神相遇了。
他的手指在她那肯尼斯式的头发上抚摸。
孩子们在别的房间与保姆在一起，
提琴声飘落到每一个角落。

房中响起了滴水的声音，
外面下起了雨，他从没有补过漏缝。
他抓起拖把，我拿出水桶，
我们一致同意：下周试着再来一次。

提这些并不为了否认我们也有如同幻想家的梦一样的欢畅的性爱时光，在这些时光中，我们来到了一起，其中包含着性欲与爱意的相互结合，且不论其中是否包含完美的、同步到达的性高潮。小说里缺少性的生活并不意味着我们不能实现精神分析学家科恩伯格所说的"多种形式的超越"。在这种通过性爱实现的超越中，我们穿过并清除了将自我与他人，男人与女人，爱和侵犯，现在、未来、过往分离开来的界限。

并非只有弗洛伊德学派或者虚构的故事才能证明这种辉煌时刻的确存在过。让我们看看哲学家伯特兰·罗素自传中的这段诗意描述：

我一直在寻求爱。首先因为它能给我带来大欢乐——如此强烈的欢乐，以至于我愿以余生为代价，换来这样的几个小时。我一直在寻求爱，还因为它可以排遣孤独。在那种可怕的孤独感中，一个颤抖着的眼神穿过了世界的边缘，看到了寒冷难测、没有生气的深渊。我一直在寻求爱。也因为在爱的结合中，在这张神秘小巧的图画里，我看到了圣人与诗人想象中才有的天堂幻象。

是的，的确如此。但是对许多夫妇（也许是大多数）而言，这种时光是非常的，罕见的。他们或许还得向习俗屈服。因为，虽然在性爱中我们会努力保持业已建立的身体与心灵、精神的联结，但有时仍然不能从爱跨越到大欢乐。很多时候，我们还不得不适应那种并不完美的联系。

＊ ＊ ＊

然而，理想婚姻与事实婚姻之间的差距超过了浪漫的爱和对性爱的失望之间的距离。因为即便在结婚时，对于美满的婚姻应该是怎样的，我们抱有一种比较现实的看法，婚姻状态——以及那个与我们共享这种状态的人——与我们对婚姻的期许仍不完全相符，乃至于完全不相符。这些期许包括：我们一直在为对方而存在；我们将互相忠于对方；我们将接受对方的不尽如人意的地方；我们永远都不会故意伤害对方；虽然在许多琐细的事情上我们不能达成一致，但在大事上彼此的看法是相同的；我们彼此都敞开心扉；我们经常为了对方的健康而去打羽毛球；我们的婚姻是我们的圣殿，是我们的避难所，是我们"炎凉世界中的避风港"。

婚姻不一定非得如此，当然，也不必每时每刻都如此。

带着这些期待，我搜集到了很多婚姻故事：山盟崩塌，故意伤害，不忠、私通以及对彼此的局限、缺点绝少宽容，以及在财产、生子、宗教、性等一些较为重要的事情上多有龃龉。梅格说："如果让我评价自己的丈夫，想到我受过的痛和他对我的信任的背叛，我想我得称其为最坏的仇敌。"作为她的感觉的回响，一个心理学家提出夫妻是彼此的"亲密的敌人"。

敌意的缘起是我们的期待没有得到满足，它暗示了我们的婚姻所缺少的一切。当他和弟弟大打出手之际，妻子没有站在他的那一边。她流产的那一天，丈夫远在洛杉矶忙公事，不愿意回来。日常婚姻生活中不可避免的伤害和过失也会对丝织的婚姻纽带造成损害。这一切会使丈夫认为："她永远都不会理解我。"或者使妻子认为："我嫁错了人。"

听听米丽的说法：

有时，在我和他谈论问题时——我的或是孩子们的——或者我说一些需要探索的深奥的事情时，或者说一些绝望的事情时，从他回答我的方式中我发现，他根本就没有在听，甚至他昨天就没有在听。如果我在别处感到一种被理解、被羡慕或者别的一些特殊需求，我就会用他现在没有满足我的需求这一事实，来证明他永远不会真的在听我讲话，永远都不会看见我，或者知道我是谁，他也不想知道我是谁。接下来恶性循环就开始了。他说的所有事情我都反对他，并进一步用以上那些话来证明是他把我推到了一边，是他完全无视我的需求。

上述文字基本上就是米丽给我说的原话，她不只是近来这么说，几年来一直如此。虽然她说她有一个牢固的婚姻，但她认为她会等到所有的爱都凋零的时刻。因为她发现，在她一定要有的与他被迫提供的之间，永远缺少一座桥梁。剩下的只有什么呢？当她看到这个沉稳、快乐、和善的男人，这个可以灵活操持家务、对她很忠诚的男人时，留给她的只有一种感觉，那是一种想"长叹一声"的感觉，是一种"哦，上帝啊，我在这儿干什么"的感觉，是"我找错了人——一定有一个更能满足我需求的人"的感觉。正如她自己所言，这种感觉就是"恨"。

＊＊＊

早期我们从爱中得到的教训和我们成长的历史，塑造了我们带进婚姻的期望。我们经常感受到那令人失望的愿望。但我们同时带进婚姻的还有童年未意识到的渴望和没有办到的事情。在过往的推动下，我们把这种要求带进了婚姻，却又对"带进"毫无察觉。

因为在婚后的爱中，我们将寻求再度获得早期渴望的爱，并尝试着在现在所爱的人身上找到过往的影子：有着俄狄浦斯情结的遥不可及的母亲，无条件地爱着自己孩子的母亲，自己与他人的共生结合——一如我们以前曾做过的。在我们真正爱着的人的怀抱里，我们试图将过往欲望的目标和对象结合起来。有时我们会恨自己的伴侣，他们无法满足这些悠远的、无法实现的愿望。

我们恨他，因为他没有结束我们的分离。

我们恨他，因为他没有填补我们的空虚。

我们恨他，因为他不能满足我们的如下渴望：拯救我们，完善我们，反映我们，培育我们。

我们恨他，因为等待了这么多年，我们的目的是嫁给爸爸，可他不是。

当然，我们并未意识到自己是带着嫁父或娶母的想法步入婚姻的。这种愿望隐蔽到不为己知。但这种隐秘的愿望仍会给我们带来极大的影响。精神分析学家库比认为："除非人们能区分自己有意识的、可以实现的目标，和……无意识的、无法实现的目标，否则人类的幸福问题，不管是婚姻中的还是别的方面的，就不会得到解决。"

＊＊＊

当然，婚姻也的确实现了一些我们在无意识中形成的目标——正常的目标，还有高度神经质的目标。世界上的确存在"互补式婚姻"，在这种婚姻中，丈夫和妻子的需求能够很好地结合在一起，甚至在外人看来，他们的婚姻即地狱，他们仍然能满足对方的精神需求。

受虐者—施虐者关系、崇拜者—受崇者关系、无助者—助人者关系、婴儿—母亲关系都是典型的神经质互补关系。虽然这种两极关系很容易成为夫妻间发生激烈冲突的根源，但夫妻双方也借以实现了他们充分分享婚姻的设想。

受虐者和施虐者一致认为爱与权力、约束、限制有关。

崇拜者与受崇者一致认为婚后的爱与自我确认有关。

无助者与助人者一致认为婚后的爱与由依赖而来的安全感有关。

婴儿和母亲一致认为婚后的爱与无条件的关爱、哺育有关。

这些能达成一致的想法解释了维系夫妻间情感的契约何以存在，解释了甚至在婚姻显现出危机时，这种契约依然牢不可破的原因。他们都得到了想要的婚姻，是"能商量到一起的夫妻"。但任何内在或外在的变化都可能威胁到这种脆弱的平衡，使他们不再能商量到一起。

例如，一个需要母亲的男人和一个被教养成母亲的女人喜结良缘，作为对男人的无助与温顺的回应，女人提供了母亲般的关爱和怜惜。这种安排能给婴儿般的丈夫和大地母亲般的妻子提供一些双方共同需要的东西，直到她也需要一些照看，直到她对无休止地提供关爱已经厌烦透顶，直到——在某些情况下——她厌倦了他的不忠。但是，她的丈夫会发现她对他并没有全身心投入，感到她已令人无法忍受。他会抱怨，我的妻子自私、缺少爱心、对我不公平。他会继续哭着喊着要妈妈，但是他需要的完美的妈妈已经不在了，存在的只是更紧张的婚姻。

更加复杂的互补式婚姻被称为投射性认同婚姻，这种婚姻中包含一种无意识的微妙的双向交换。在投射性认同婚姻中，一方利用另一方包容、经历自己的某一方面。

比如凯文，一个强壮的男人，他下意识地憎恨、拒绝他所有的焦虑，并将这些焦虑置于妻子丽妮身上。通过将这些焦虑归因于妻子，通过将这些焦虑投射给妻子，他自己从中摆脱了出来。之后，他从心理上迫使妻子真正地体验被他扔到一边的、不负责任的情感。如此，当他们的儿子迟到两小时的时候，丽妮便揪乱了自己的头发，而凯文却轻蔑地说道："你焦虑过度了。"他自己一点儿也不焦虑，因为他让丽妮替他焦虑——并且看不起她的焦虑，而不是自己的焦虑。

有一位妻子，她讨厌进取心强的人，却让自己丈夫叫喊着，往前努力。有个女人，她有一个挥霍的丈夫，但对她而言，这种挥霍体现了她放纵的那一面。投射同一性总是被在相关方面有近似倾向的人所接受，但所投射之物是被配偶"放置"在那里的，投射者需要它被自己的配偶表现出来。

心理学家海瑞特·勒纳说："如果一个女人受到的教育是她不能在争强好胜和控制欲方面表现出野心，不能显得自己有往这方面努力的倾向，那么她有可能会找一个能在这些方面体现她的愿望的人。如果她要投射的愿望对她而言是一个难以启齿的弱点或体现出了她的依赖性，那么她会找一个配偶，让他扮演那个既没有竞争力又无助的角色——那是一个她唯恐自己会成为的角色。如果她学会了愉悦别人，保护别人，她会发现自己恰好找了一个笨头笨脑、令人恼火的男人。女人经常会选择这样的配偶：他们身上具有的某种特点和品质是她们竭力否认自己也具有的，或者他们具有了自己很想拥有却又无法拥有的品质。女人经常会对自己的配偶大发雷霆，因为他表现出了她希望他表现出的品质。"

找一个具有我们自己某些特征的配偶，我们的婚姻可能会有麻烦，但最终会完好无损。但投射同一性崩溃时，真正的损害可能就发生了。

一个三十五岁左右的女人开始接受治疗，因为她无法料理家务、照顾孩子。婚后她一直感到无助、焦虑。她丈夫每天既要忙工作，还得照顾家庭。他郑重其事地表态，将"不遗余力、不惜代价地帮助妻子"。

但当妻子接受治疗并开始出现好转的迹象时，丈夫却变得越来越不满。开始是污蔑治疗，接着拒绝支付医疗费用，然后在暴怒中打了妻子。最终这位"善于交际的、平易近人的、灵活成熟的、真诚地关注妻子幸福的男人变得神经错乱，自己登记住进了医院。因为他的妻子不再表现出她的焦虑、无助，这个'健康的'男人实际上变成了他那'病态的'妻子"。

有些婚姻中的投射同一性和互补性很有建设意义。但一旦主要的需求不再一致，婚姻便会出现危机。颇为反讽的是，夫妻双方被禁锢在病态的婚姻中，却又能永远地神经质地相互依存。与此同时，原本是可以变得更加健全、健康的夫妻，却可能毁掉将他们结合在一起的安排。

颇为讽刺的是，人类的迅速发展也会增加婚姻中的紧张感。

***

无法实现的期待，不能满足和不能契合的需要是婚姻持续冲突、紧张的根源，它们使婚后生活状态的某些方面像是噩梦。但也有人认为，婚姻包括一个丈夫和一个妻子就足以解释恨意产生的原因。男人和女人都各自是他们自己—— 他们是两个不同的物种吗？—— 是产生婚姻冲突的根本原因。

有些人进一步认为，源于性别差异的婚姻，之所以会发生冲突，原因远远不只是人们需要调整自己的性别角色。关于性别冲突的根源，多萝西·蒂娜斯坦，一位有胆色、有才华的心理学家，作出了这样的解释：

作为我们最初的照料者，女人"把我们带进了人类情景，并且……对我们而言，女人似乎对那一情景的每一个缺憾都负有责任……"，因此，她们成了我们初始情感和期望的感受者。男人或者父亲则不是这样。我们对无所不给的母亲提出养育的要求，早期对令人失望的母亲的愤怒，对控制一切的母亲的叛离，扭曲了我们成年后对女人和男人的幻想。她认为，这些早期的扭曲不仅损害了我们的个人成长，而且损害了我们与他人相亲相爱的能力。

蒂娜斯坦认为，我们的性别安排，即机会和权力的划分，来自照料孩子这一女人的核心角色。她发现，"我们生活中的很多乐趣被编织进了这些安排中，但这些安排并未使任何一种性别感受到完全的安慰或者完全有益。的确，性别安排常常成为人类痛苦、恐惧和怨恨的一大主要来源：男女间的那种深切的紧张感已经渗透到人们的生活中，这种紧张感最早可以上溯到神话和仪式研究中能够发现的人类情感中"。

蒂娜斯坦认为，直到女人从替罪羊、偶像、提供者、贪婪者的角色中解脱出来，那种痛苦、恐惧和怨恨才会消失。她还指出，除非男人和女人一起抚养他们的孩子，否则那种痛苦、恐惧、恨意就会渗透到男女关系中。

只要第一个至亲是女人，那么，女人就不可避免地成为一个双重角色：一半是人类自身必不可少的支持者角色，另外一半是势不两立的敌人角色。人们认为，女人天生适于培养他人的个性，而且女人是天生的观众，女人的意识可以反映其他人的主观存在。人们尤其需要女人来证明他们的价值、力量和非同寻常之处。如果女人不能提供这种服务，她就被视为异常且无用的怪物。与此同时，女人还被视为不让他人个性存在的人，被视为把所爱之人从自我个性中召唤回来的人，这种召唤吞没、融化、埋藏、窒息了他人的特性。

对成人而言……我们往往尽力安排对异性的爱以消除这种原始的威胁。我们不得不通过某种方式坚持这么做，直到有一天，我们重新安排照顾孩子的方式，把早期的那种不掺和这类事情改变成双方共同照看孩子。

性别冲突起因于女人抚养孩子吗？在一定程度上，心理学家们支持这种观点。因为男孩女孩有不同的成长道路——但是我认为，其中也有一些与生俱来的差别——这引起了不同的经验、设想，在人际关系领域里更是这样。要记住，在形成自我性别认同的过程中，小男孩必须比女孩更加激烈地挣脱母亲的纽带。因为，小女孩可以与母亲保持亲密的认同关系，与此同时成为女孩，而小男孩要想成为男孩就不能这么做。因此，对女人而言，亲密的认同是一种既舒适又有价值的境况；但对男人而言，太多的亲密就成为一种威胁。治疗师丽莲·鲁宾写道，这种性别上的不同至终形成一条巨大的鸿沟，使丈夫和妻子经常像"熟悉的陌生人"那样生活在一起。

"我想让他跟我说两句话。""我想让他告诉我,他对我,到底是一种什么样的感觉?""我希望他能拿掉'我很好'的面具,把脆弱的一面真实地展现出来。"妻子们常常抱怨她们在用双拳擂那扇紧闭的门。像鲁宾博士的病人们表现出来的那样,丈夫们经常感到疑惑、无奈:

你们口口声声说的那些很有意思的破事儿让我厌烦透顶。你们女人讲话的时候我不知道你们在说什么。凯恩抱怨我不跟她说话,事实上她并不是让我和她说话,她要的是别的倒霉的东西,只是我不知道那是什么。她一直在要求感情,但她认为应该聊一聊感情的时候,我没有这方面的话说,那我该怎么办?能教教我怎么办吗?如果能的话彼时我们就能获得一些安宁。

女人需要有人和她分享情感——听到有关他的情感的谈话或者谈她自己的情感——这与男人不愿意卷入情感相反。在沃利和南的病例中,两个人关于交流的分歧是如此之大,以至于几乎毁掉了他们的婚姻。

南说:"沃利从来都不是一个健谈的人,也不是一个善于倾听的人。"但他们之间还有足够的沟通,两人的关系还能保持正常状态。后来他们搬到了华盛顿,沃利在白宫有了一份很重要的工作。

南说:"刚开始的三个月诸事顺利,我也很开心。"后来,沃利的工作无情地取代了这一切。"我们之间彻底没法儿交流了，他压根儿不跟我说话。"早上，她还没有起床他就离开了家。晚上他进门时两部电话会同时响起来。每次她想跟他说点儿什么的时候，他就用指头敲着桌子，非常不耐烦地问："你到底想干什么？"

南说："他根本没心思听我的感受，因此我也不再试图将自己的感受告诉他。"

在这段寂寞的时光里，他们的儿子因一件意外事故身亡。沃利则更加努力工作，意图消解痛苦。南则通过"呼喊、尖叫、咆哮、说胡话"来表达她的痛苦、愤怒。沃利不再关注她时，她转而求助巴比土酸盐。经过几年的药物治疗，她最终没有死于巴比土。

后来，一位精神分析学家问沃利他是怎么看待那种药物的。当他回答它挽救了自己的婚姻时，南又差点儿喊起来。南说："他的意思是，吃了那种药，我就不再歇斯底里、不再挑三拣四、不再是个人了。我变成了一架机器，他于我而言也是这样。"

她说自己一度憎恨他。

"当我摆脱那种药的时候，我就变得非常地愤怒。"南说，"我不想要这段婚姻了，它已经死了。"她找了一个情人，跟他一起搬到欧洲去了，撇下了丈夫和另外一个儿子。九个月后，两人跨过了人生中的这座废墟，回到了彼此的身边。

这些事发生在多年以前。他们很快就要为结婚25周年而庆祝了。是什么东西帮助他们渡过了婚姻危机？在别人的帮助下，他比以前有进步了——不是改头换面，而是好了一些——能协调和她的关系了。在别人的帮助下，她也变得更有耐心了。南还说："我知道，如果现在我需要他，他会因此而出现在我面前。"她说，他们有很多可以共同分享的快乐，而且性生活一直很和谐。

坏的一面是，成人之间对彼此的伤害没有甚于夫妻之间的了。

好的一面是，经过恨意之劫难，爱可以存活下来。

* * *

男人追求自主，女人渴求亲密。这一性别差异导致了婚姻的紧张。虽然这种差异没有发展成致使南和沃利分开的尖锐冲突，但它可以解释对于婚姻，为什么女人的抱怨总比男人多。

很多研究都表明，"主要是妻子而非丈夫对婚姻感到受挫和不满；通常是妻子感受到了消极情感；更多的妻子而非丈夫感受到了婚姻中的问题；更多的妻子而非丈夫认为他们的婚姻是不幸的，想到过分开、离婚，乃至于为自己的婚姻感到后悔；研究表明很少有妻子述说自己遇到了积极的伴侣关系。"

针对上述研究，还可以补充一些发现：妻子"更能符合丈夫的期望，而不是丈夫符合妻子的期望"；妻子往往做出更多的让步，更能适应丈夫；妻子往往经受更多的沮丧、恐惧以及由其他情感问题而来的痛苦。

社会学家杰西·伯纳德得出的结论是：在婚姻中，妻子往往比丈夫付出更高的代价。她说，在同一婚姻中，男人与女人的表现和感受存在很大的差异。她写道："如此，在每一对婚姻组合中，都存在着男人的婚姻和女人的婚姻。"就精神健康度和心理健康度而言，所有的研究都表明男人的婚姻更加美满。

然而，如果抛开心理问题和消极反应不谈的话，相比于男人，更多的女人把婚姻视作幸福的来源。较之于男人，在一种固定、持久的关系中，女人更需要爱和伴侣关系。杰西·伯纳德说："通过不计代价地依附于婚姻，她们证明了这种需要的必要性。"

杰西·伯纳德在展望婚姻的未来方面曾预言："虽然男人和女人永远都不能完全满足对方对婚姻提出的要求，这些要求也不可能成为现实……，但婚姻仍将以这样那样的形式存在。"她说："不管男人和女人以什么样的形式组合婚姻，他们都会继续失望，同时，又会继续令对方满意……"她说："婚姻将一直是一种'内在的悲剧'关系——在矛盾无法获得解决的意义上是一种悲剧……在男人女人的欲望无法兼容的意义上也是一种悲剧……"

在所有婚姻状态中，那无法兼容的人类欲望、矛盾冲突与失望注定了都会有恨意产生。"恨意"是一个残忍的词语，与爱无涉，一点也不可爱，这个词语会使我们退缩。如果我们为人和蔼，性格温和，我们便难以相信内心中居然涌起如此激烈的情感，尤其是它产生于婚姻中，产生于与所爱之人的关系中。

然而恨意既可以是有意识的，又可以是无意识的。它不仅可以牢固且持久，也可以是短暂的。恨意不仅能够传递出愤怒、痛苦，像连绵的鼓声，也可以是清脆、短暂的声音。恨意不总是猛然的一击，有时也是一种低声的啜泣。

有某种婚姻关系被称为"猫和狗"的关系中，恨意是很容易被发现的。在这种婚姻状态中，丈夫和妻子虽然紧紧地绑在一起，但也会陷入昼夜不断的冲突中。也有一种看起来"阳光"的婚姻，这种婚姻展现给外界的是幸福，双方会"否认内在的冲突现实，并持续忽视这种内在现实"。邻居、朋友会羡慕他们的婚姻状态，但为了否认所有存在的冲突，夫妻双方又会在精神健康方面付出代价。他们会长时间地遭受身体病症的痛苦。或者他们倒是能很好地接受这种状态，但他们的孩子却要付出代价，孩子们要担负这种隐而不显的冲突带来的焦虑。

上述是两种极端的婚姻状态，大部分夫妻的状态介于二者之间。他们的婚姻都要经历这么一个时期，即两人之间所有的联结都破裂了，黑暗笼罩了一切。当他们都失去了耐心，不再能接受未被满足的期待时，如果他们能正视现实的话，他们就会感受到恨意。有时他们通过身体上的虐待来表达恨意，有时通过类似《谁害怕弗吉尼亚·伍尔夫》的语言暴力来表达恨意。但有时他们也会用相对间接的方式巧妙伪装过、表达"我恨你"这一信息。

比如温蒂和爱德华家的家庭里没有吵闹。二十多年来，他们采用的方式一直是比较隐蔽的。比如：两人之间的关系紧张了，爱德华就给温蒂买很大的一束玫瑰以示歉意。温蒂把它插在花瓶里，然后两人一起到外边消夜。当他们回来时，发现玫瑰花已经枯萎了。爱德华说："她忘了往瓶里倒水，害死了玫瑰，我觉得她是想借机告诉我点什么。"

温蒂甚至会不知道自己什么时候开始恨自己的丈夫，恨意占据了她的内心。温蒂承认："我发现在网球场上打球时，我希望和另外一位妻子组合，和他做对手。"每当她恨丈夫时，她就说："我和另外一个搭档打，我不想让他赢。"

幻想是另外一种表现婚后的恨意的方式，这种方式不需要和配偶交流心中的敌意。康妮允许自己幻想丈夫乘坐的飞机坠入大海，她其实是一个柔弱的女人。她还喜欢做这样一个梦：借助黑手党职业杀手除掉自己的丈夫。

她说："我不是真的想这样，但也不是完全没有这种意图。简而言之，这样想让我很高兴。"

当我向结了婚的男人和女人们提到康妮的幻想时，他们中的许多人着实被吓坏了。他们说："没有，我从来没有那样的想法。"不过，也许在处理婚姻中的恨意这一问题上，那毕竟还算不上一种很可怕的方式。精神分析学家利昂·奥特曼说："**如果我们能更加快乐地恨，那么我们就能爱得更深。**"

动物研究中有一个很有意思的发现：没有侵犯就没有关联。如果我们能牢存此念，也许我们就能更加快乐地去恨了。没有了侵犯，动物之间只能组成一个松散的群体，只能随意婚配。获得过诺贝尔奖的科学家康拉德·劳伦兹明确地得出结论：没有侵犯就没有爱。奥托·科恩伯格认为，我们常常不能承认自己的侵犯，这使我们"把一种深具爱意的关系……转换成一种缺乏爱意的关系"。

***

埃里克森这样称呼青春期的爱：在别人身上验证我们的自我意象，来确定我们的自我同一性。他说，青春期的性生活仍然主要是一种"寻找自我同一性"的行为。换言之，这种性爱属于同一性危机。埃里克森认为，这是正常的生活循环的一部分。当我们感受到的那种爱是自我包含的，这种爱便和爱我们的情人关联较少，而更多的是让我们从中寻找到自我。

在青春期，我们会将自己所爱之人理想化。从这种意义上讲，青春期的爱同样是自我包含的，是自恋的。或许真的像萧伯纳曾经说过的那样，陷入爱河需要我们夸大人与人之间的区别，青春期的爱往往会走极端。这些极度理想化有时是一种手段：我们通过让所爱之人具有某种特点而具有了这种特点。转换是这样完成的：**我不完美，因此我希望使你完美，通过爱你，我将拥有这种完美。**

在通往成人之爱的正常发展过程中，自恋因素逐渐消失了。我们开始看到那个真实存在的人。在处理成人之间的爱的时候，我们具备了这样的能力：既能把理想投射到他人身上，也能照顾到他人的情感；如果给别人带来了痛苦，会感到有愧于人，会产生修补伤害和进行抚慰的愿望。只要所爱之人的身上具有某些我们看重的特点，我们就会继续视之为理想中的那个人，但我们的理想化与对所爱之人的现实理解是同时存在的。如果我们的爱要成长为永恒的爱、成人的爱，成长为成熟持久、包含爱意的婚姻，那种对现实的认知就会让我们面对失望，面对一种苦涩的情感，一种恨意。但那种对现实的认知同样会使我们心存感恩。

在当前的爱的关系中，我们因为发现了一些以前渴望过的、爱过的东西而心存感恩。

在当前的爱的关系中，我们因为获得了一些过去没有的东西而心存感恩。

通过含有爱意的性行为，我们因为找回了一些过去的共生欢乐而心存感恩。

我们因所爱之人理解自己而心存感恩。

然而，从爱的盲目中走出来后，我们必须面对现实，即其他的配偶也能激发这种感恩，另外一种婚姻关系也许能更好地满足我们的需求。确实如此，我们会常常渴望别的关系。如果想要我们的爱延续下去，就必须放弃这种渴望。事实上，渴望和放弃会给我们成熟的爱增光添彩。

在讨论成熟的爱的特征时，科恩伯格警告我们："所有的人类关系都会走向终结。对于深切的爱而言，丧失、放弃以及作为最终的死亡都是很大的威胁。"科恩伯格认为："对这种威胁的认识不仅使我们认识到了现实的残酷的一面，也同样加深了爱。"

在一首关于理想和现实的诗歌里，奥登描绘了两种爱的画面。在对浪漫的爱的描述中，他带着讥讽捕捉到了关于爱的幼稚的幻想：

顺着涨水的河流，我泛舟而下，
在铁路的拱桥下边，

我听到一个情人在歌唱：
爱情没有终点。

啊，亲爱的，我将永远爱你，永远！
直到中国和非洲交汇，
河水越过了山巅，
鲑鱼在大街上欢唱。

我将永远爱你！
直到大海被折叠，被挂起来晒干，
直到北斗七星，一如天际之飞鸿，
发出嘎嘎的叫声。

时光像兔子一样穿梭而去，
我的臂弯，
永抱着远古的花朵，
和原初的爱恋。

与这种快乐到顶点的画面相对应，奥登无情地总结了时间对爱情的令人沮丧却又无法避免的侵蚀：时间"从阴影中看着你，在你亲吻时咳着"。完美、幸福、拯救、超越、情爱，时间会消磨这些青春的梦想，时间最终会教我们认识到自己当初的选择的本质是什么。他的诗歌以这样的句子结束：

> 哦，不要走，就站立在窗口，
> 滚烫的眼泪在往下流；
> 你应当用你那扭曲的心，
> 爱你那变形的邻居。

奥登的诗歌讽刺了完美的爱、没有终点的爱，讽刺了那种可以永恒直至中国和非洲交汇的爱，应该说是准确地揭示出了浪漫主义的危险。毫无疑问，我们这些终身相依的爱人将会理解那种悲哀和心灵的扭曲。毫无疑问，终有一日，我们将开始面对那种双方难以互相理解的局面，将开始面对爱情带给我们的痛苦。我们将面对这样一种认知：**我们永远，永远都不能对另一方有所期望。**

这些失去的期望就是必要的丧失。

但是我们可以在这些没有希望的期望中建立起成人的爱。我们可以尽全力带着矛盾的心理去爱对方。虽然爱是有局限性的，是脆弱的，但我们依然可以漫步在星空下，飞到月宫中，虽说我们不能经常如此。通过爱与恨，我们可以保持那种高度不完美的，被称为婚姻的联系。**在婚姻中，相爱的伴侣也是相爱的敌人。**

一定要牢记，情感中没有矛盾，就没有爱。

我们需要知道，对于那"永远相爱、永不憎恨"的梦想，必要的处置方式是：让它们远离。

Chapter 14 焦虑的家长，时刻要去挽救孩子

如果戈普有一个天真而又巨大的心愿的话，要是他的愿望实现了，那对于大人和孩子来说，世界任何地方都会是安全的港湾。戈普觉得这个世界给成人和孩子带来了不必要的危险。

—— 约翰·欧文

家长总是觉得，
孩子的生活是危险的；
水、火、空气，
还有一些意想不到的事情，
都威胁着孩子。
有些家长预感到会有劫难发生，
他们为了孩子，会在厄运到来之前，
清空这个世界，
让它变得像一间屋子一样安全。

—— 路易斯·辛普森

当我们有了孩子，就会萌生新的梦想——希望我们的孩子不受到任何伤害。然而，不管大人们为孩子的幸福和福祉制定了多么崇高的计划，对于孩子来说，那些计划都有可能不是他们想要

的。虽然所有的父母都希望孩子在生活中，既不遇到危害也不遭受痛苦，虽然父母都期望为孩子做很多事，但是我们所能做的和应该做的都十分有限。所以我们不得不放弃自己的那些期望，当然我们也将不得不放弃自己的孩子。

因为孩子会一步一步地与父母分离，而且父母也不得不与他们分离。到那时，我们可能也会和大多数的父母一样，在某种程度上遭受分离之苦。

因为分离结束了甜美的共生状态，因为分离削弱了父母的权力和控制力；因为分离会使我们感到孩子不再像以前那样需要和看重我们了；因为分离也会使我们的孩子面临危险。

* * *

身为八个孩子的母亲，拉姆齐夫人承认她"感到生活危机四伏，十分可怕，只要稍不留神，就会受到它的伤害……"然而，她却告诉孩子，这一切也是他们所必须经历的……她知道出现在孩子们面前的是怎样的一条路——一条布满了爱与野心的路，在这条路上，他们也会万分沮丧地独自生活在忧郁之地。她经常在想：孩子们为什么要长大，为什么要失去一切呢？然后她又挥剑指向生活，把思绪又拉回到现实并在心中暗忖：干吗要想这些无聊的事呢？他们一定会非常幸福的。

然而，不管《到灯塔去》中的女主人公多么强大，多么想保护自己的孩子，她那舞动的剑都无法抵挡得住生活的冲击力。她的女儿普鲁，温婉美丽，长大后嫁为人妇，但最终却凄惨地死于一种与分娩有关的疾病；她的儿子安德鲁，数学的天分极高，但最终却死于战争，在法国被炮弹炸得粉身碎骨。在约翰·欧文的长篇小说《戈普的世界》中，一个小孩把"回头浪"（undertow）听成了"海底的蟾蜍"（under toad），于是在他的脑海中便浮现出了一只"海底的蟾蜍"——一只浑身黏滑、身体肿胀的蛤蟆；一只令人作呕、透着邪气的蟾蜍；一只需要提防的动物，它潜在海底，正等着舔舐我们，并把我们拖入大海。作为父母，看着孩子离开我们的臂弯，走进那海底蟾蜍般的危险世界，我们心存不忍，同时还感到恐惧。

很多母亲都坚持认为，在出现危险时，她的身体永远会挡在孩子们的身前。我以前也是这样认为的。我一度相信，只要有我在，我的儿子就永远不会被肉噎死，这听起来可能有些荒诞。为什么我会有这样的想法呢？因为我知道我会一直提醒他细嚼慢咽；我还知道，如果他真的不幸被肉噎住而且马上他就快断气了，我会立刻抄起一把刀给他进行气管切开手术。我和很多母亲一样，都一度认为自己是孩子们的守护神，永远都是他们坚不可摧的盾牌——在某些方面，我现在还依然这样认为。虽然我不得不让自己的儿子独自到危险的世界中不断探索，但是我一直被一种念头所困扰：没有我，他们会面临更大的危险。

不仅仅是母亲会因为分离造成的危险而心中焦虑，父亲也与分离和危险有着千丝万缕的联系。一位父亲说道，当儿子刚刚学会爬的时候，他常常俯下身趴在地板上，跟在儿子身后爬。他解释说："一旦房顶上的灯架掉下来的话，我就能在它砸到儿子之前抓住它。"

在本章开头的那首诗中，一位父亲在与女儿晚安道别后，陷入沉思。他想知道女儿在这房间以外，会遇到怎样的危险，而且他还想知道，若是把女儿留在那儿，她又会面临什么样的威胁：

> 那个男人无法容忍，
> 孩子们的危险游戏，
> 他提高嗓门，
> 轰走了孩子们。
> 孩子们连滚带爬地跑开了，
> 逃离了他的视线。
> 他坐在空空的海滩上，
> 握着一个空空的杯子。

最后，他总结道：不管危险与否，我们都必须放手，让孩子们离开。

身为父母，我们害怕分离，因为分离不仅对孩子们的生活产生威胁，还会对孩子们的身体构成威胁。此外，分离会威胁到孩子们那脆弱的心灵，至少在我们看来是这样的。有几位母亲曾经对我说，每当孩子离开她们，不论是去野营、去朋友家还是去上学，她们总会花很长时间向"代理家长"细致入微地描述孩子的需要和性格特点。她们这么做，是要让"代理家长"了解自己的孩子：他很文静但思想深邃，他会因自己的狼吞虎咽而心中不安；他看上去很坚强，实际上很脆弱。她们还会叮嘱"代理家长"，即使是在孩子吃饭或洗澡的时候，也不要让他摘掉棒球帽。

一位母亲对我说："直到最近我才明白，我一直都没有放手，一直都没有让孩子离开我。不管我的孩子去什么地方，我都会先到那个地方，尽全力为他安排一切。"

有时候，我们可能没有意识到自己很难和孩子分开，或许我们也没意识到自己把孩子束缚得太紧了。因为没有认识到这些，我们有时会把自己的分离问题变成孩子的分离问题。例如，有一位母亲，她送四岁的儿子去托儿所。到了那里之后，孩子很快就沉浸到钉木钉的游戏中。

"再见，我要走了。"他的母亲说道。

孩子抬起头，欢快地和她道别。

"但我很快就会回来。"母亲告诉他说。

"再见。"孩子这次没有抬头。

"我十二点就会回来接你。"母亲向儿子保证道。母亲说完这句话，儿子还是不为所动。于是，她又补充说："不用担心。"这时，孩子才意识到母亲的离去是令人忧虑的事。于是他放声大哭起来。

如果我们作为孩子，在幼年中曾因分离而感到痛苦，那么我们身为父母，与自己的孩子分离的时候，也会渲染出这样的情感色彩。通过子女，我们重新上演了自己幼年的经历，而且我们试图在这再现的经历中，弥补过往的伤痛。例如塞莱娜，她在幼年曾经体味过被人遗弃的痛苦，并且那段经历给她留下了心灵的创伤。所以她认为，分离就意味着下地狱，她的儿子们怎能承受得住这样的痛苦。每当她和丈夫去外地度假之前，她都要给孩子们制作一本旅行相册，而且她坚信这样做十分必要。

塞莱娜解释说："相册里面装着我和丈夫的照片、我们要去的地方的照片和几幅画，还有我留给他们的字条，上面写着：'爸爸、妈妈爱你们，不要担心，我们很快就会回来。'"

但是，与塞莱娜相比，她的小儿子却没有她那么脆弱。有一次，当塞莱娜谈到将要去旅行时，比利祝愿她和父亲旅行愉快，同时还说道："你不用给我做那种无聊的相册了。"

我们所谈的分离问题，不仅是身体上的分离所引起的问题，还包括我们与孩子在情感上分离所产生的问题。我们可能会极度渴望冲到他们身边，给他们提供帮助或是提一些建议，我们也许会说"你应该这样做"，或者说"等一下，我替你做"之类的话。当孩子说自己想成为什么样的人或是想做什么样的事的时候，即使他们的愿望是合情合理的，我们可能也不愿意放手让他们去做。此外，我们甚至还会过分地体谅他们。

不管你信不信，世间的确有这样一位母亲，她对自己的孩子太好了，"好得令人难以置信"。正所谓过犹不及，显然，这位母亲给予子女的太多了。她过分地保护孩子，不让他受到一丁点儿挫折，从而限制了孩子的发展。这位母亲能够迅速地移情——能够完全体谅孩子的感受，时刻都能与孩子在情感上产生共鸣——以至于她的孩子们都很难分清他们的情感是否真的属于自己。有一位少女，她觉得自己在情感上很难与母亲分离，在一番感慨之后她说道："虽然我说了那么多，但我真的不确定，那些想法是我的还是我妈妈的，或者说，我只想我妈妈让我想的东西。"

她的母亲到现在还紧紧地抓着她，她的母亲到现在都不能放手。

精神分析学家海因兹·科胡特描述了一些这样的孩子：他们的父母通情达理，孩子却在心理上存在问题，或者在情感上觉得压抑。这些父母"在孩子很小的时候，就经常细致入微地告诉他们要想什么、希望什么和感受什么"。这些孩子的父母大多都不是冷漠的人，也不是飞扬跋扈之人。与孩子相比，他们觉得自己更了解孩子的情感。的确，从很大程度上来说，他们的这种想法是对的。但从孩子的角度来看，他们认为父母过分热衷于他们（孩子）的想法，他们认为父母的洞察力就是一种侵犯，一种对他们自我的威胁。所以孩子们会从情感上封闭自己，以此方式来保护自己的自我核心不受到威胁，即孩子不希望父母了解自己的内心想法。

父母常常不愿意看到孩子在心理上与他们产生距离。我听过这样一件事：有一天，一位母亲送女儿上学的路上，遇到另外一位母亲，于是她们交谈了几句："我们这是去上学，我们很喜欢那所学校，我们在那儿过得很愉快，我们有一位很不错的老师……"这位母亲一直这样与另一位母亲谈话，直到自己的女儿生气地打断了她：“不，妈妈，现在去上学的不是我们——是我。”

＊＊＊

我们放开手让孩子离去，从某种程度上也意味着我们要放弃自己心中对孩子的那份期望。我们总是有意无意地梦想着孩子能成为我们所期望的样子，甚至从孩子还没出生，我们就已经编织这样的梦想了。一些专家说，我们的确会在头脑中想象着新生儿的形象，希望孩子将来就变成我们想象的样子。尽管这种愿望十分强烈，“一位母亲也必须放弃她幻想中的那个孩子，那个与她的孩子迥然不同的形象。此外，她还会在头脑中赋予那个理想化的孩子各种能力和素质，在她把想象中的能力和素质施加给自己的孩子之前，就应该放弃那个幻想中的孩子”。

在孩子出生之前和之后，父母心中都会产生很多幻想和期望。

我们把孩子看成自己生命的延伸，所以我们期望我们的延伸部分，也就是我们的孩子，能给外界留下好印象。我们希望他们有吸引力、有才华、有礼貌，还希望他们头脑健全。戴尔在瓮声斥责自己那九岁的孩子时说道：“别咬你的指甲了，你会毁了我的名声。”他说这句话的时候虽然多少带了些开玩笑的意味，但他是认真的。

作为我们生命的延伸部分，我们希望我们的孩子要比自己有所长进，所以我们很不愿意看到我们的孩子拥有我们身上那些不具吸引力的品质。罗达说：“当我像她这么大的时候，是个爱哭鬼，经常咧着嘴哇哇大叫，而且还傻头傻脑的。但是，我不希望她这样。"

作为我们生命的延伸，我们觉得孩子就是我们人生的第二次机会，所以我们期望孩子能心怀感激地利用我们提供给他们的机会。司各特说："戏剧、音乐、旅行、大学和对爱的理解，都见鬼去吧。把这些钱用在我身上，简直就是浪费。"

我们相信自己强于父辈，所以我们希望自己培养出来的孩子也超过父辈培养出来的孩子。

在孩子成长的每一个阶段中，在几乎所有我们能想到的事情上，我们都对孩子怀有期望——他们出生时耳朵的形状，顺利学会自己上厕所，在十一岁时投球的速度和距离，他们在学术能力评估测试（SAT）中的分数，他们在首次参加选举投票时的选择，他们在二十七岁时选谁睡在他们身边，他们在三十岁时穿什么样的衣服、开什么样的车……

我们对子女的期待，有些会实现，但也会有很多失望——她不喜欢阅读，他没有进入篮球队，她喜欢罗纳德·里根，他只喜欢男子。在我们的庇护下，孩子们渐渐长大，因为我们与孩子生活在同一屋檐下，所以孩子们总会直接或间接地受到我们的人生观、价值观、行事风格的影响。然而，我们最终放开手让孩子离去，意味着我们尊重孩子选择自己生活方式的权利。

放开手让孩子离去，放下那些我们对孩子的期许，这些都是我们人生中必要的丧失。

＊＊＊

艾瑞克·弗洛姆通过观察研究，准确地指出了性爱和母爱的区别："在性爱中，两个分离的人合为一体；在母爱中，是两个曾经一体的人走向分离。"接着，他补充道，"母亲不仅要忍受孩子与自己的分离，还要发自内心地希望和支持孩子离开自己"。

一开始的时候，母亲和婴儿的关系就好比是两个翩翩共舞的舞伴。在他们的舞台上，谁都不能占据主导地位。在他们的舞台上，何时起舞何时休息，保持多远的距离、保持什么样的联系，都由他们共同掌控，而且那时缓时急的节奏也是由他们两人共同掌握。特别的母亲与特别的孩子彼此适应着对方的节奏和反应，从而达到"合拍"的状态。这种"合拍"或是"相互适应"，有利于幼儿内心世界的和谐，同时还有利于帮助孩子建立他与外部世界的初次联结。

精神分析学家唐纳德·温尼科特写道："通过给予孩子爱，通过亲密的认同，母亲能在一定程度上感受到婴儿的需要，所以母亲总能在合适的时间、合适的地点给予孩子想要的东西。"

然而，如果孩子需要成长，母亲也必须能够有选择地、渐渐地退出那个给予孩子一切的角色。

温尼科特曾在自己的文章中提出这样的观点，他很赞成"最初的母性专注"，也就是母亲对刚出生的孩子投入无限的关爱；同时他认为，在孩子需要分离的时候，母亲愿意放手也很重要。他承认，"对于一位母亲来说，放弃孩子是很困难的一件事，她很难以孩子需要的速度放弃他们——孩子可能迫切需要离开母亲，但母亲未必能立刻放手"。正如温尼科特在他的著作中常常指出的那样，一位过分关爱孩子的母亲，希望满足孩子所有的愿望，当她做不到这一点的时候，她就使孩子慢慢地……慢慢地学会了如何承受挫折，慢慢地获得了现实感，还学会了依靠自己去争取自己所需要的东西。

精神分析学家玛格丽特·马勒对潜在分离个性化进行研究，她发现："与父亲相比，母亲在情感上成熟有利于孩子的成长。她们若能在情感上放弃自己正在蹒跚学步的孩子，就像雏鸟的母亲那样，轻轻地把孩子向外一推，鼓励孩子去独立生存，对孩子来说是大有裨益的。"她写道："甚至，这有可能是正常的（健康的）个性化的一个必要条件。"

所有这些都在告诉我们：当需要放手的那一刻来临的时候，我们一定要放开孩子。

对于孩子，什么时候握紧，什么时候放手，每一位好母亲凭天性就能把握这一点。她们不需要把自己变成人类的圣母或是经过精神分析才知道如何做一位好母亲。温尼科特写道：**所谓好母亲，就是当孩子需要你的时候，你就在那里。**她会让孩子实实在在地感受到爱，时时刻刻都感受到爱。她随时准备回应孩子的每一个需求。她慢慢地把孩子引入世界。她相信，孩子从一开始，就是一个以其天赋的权利而存在的人。

后来，到了放手的那一刻，好母亲也要帮助孩子……

现在，让我们来看一看丹麦哲学家索伦·克尔凯郭尔在这一点上的深刻认识：

慈爱的母亲教孩子独立行走。她与孩子保持一段距离，她没有扶着孩子，但是她向他伸出了双臂。她学着他走路的样子，当他摇晃着快要摔倒的时候，她会迅速弯下腰仿佛要抓住他。所以孩子相信，他不是一个人行走……她做得更多。她点点头，仿佛是在鼓励和嘉奖他。所以孩子独自走着，眼睛紧紧地盯着母亲的脸，并没有注意自己行进中的困难。虽然母亲没有扶着他，但母亲的双臂一直在激励着他。他不断地努力，向那个安全的港湾——母亲的怀抱前进。孩子并没有意识到，当他拼命地走向母亲，强调自己需要母亲的同时，他也在证明，没有母亲他也不会有事，因为此刻他就是在独立行走。

然而，母亲和父亲在情感上放弃自己的孩子，并不是发生在婴儿期，而且也不是一蹴而就的。在定义自己和扩展自主领域的过程中，孩子们不停地挣脱母亲（父亲）对自己的束缚。分离需要经历很多阶段才能最终实现，但是在每一阶段，我们都要调整自己与孩子的关系。这意味着，我们把他们当男孩和女孩来看待，还意味着我们把他们当男人和女人来相处。

精神分析学家朱迪思·凯斯顿伯格写道："孩子从一个阶段发展到另一阶段，很多转变会随之而来。然而，其中的每一次转变都向父母和孩子提出了挑战，要求他们放弃过时的相处方式，采取新的方式彼此共处。父母能否成功应付每一个挑战有赖于父母的心理准备程度。因为每一个阶段，父母在孩子头脑中的形象都会发生转变，所以父母能否接受这一点便意味着我们是否有能力战胜挑战；同时父母能否在自己的头脑中形成孩子的新形象，也决定我们是否具备应付挑战的能力。"

有些孩子意志顽强，他们可能无须母亲的帮助，就能在头脑中形成分离的自我形象。

但是他，会吗？

下面记录的是发生在我家乡的事：

布罗姆菲尔德家有四个孩子，其中三个都染上了毒瘾。

布莱克家二十三岁的儿子自杀了。

奥莱利家十八岁的女儿因患抑郁症而被送了医院。

查普曼家十七岁的儿子自杀了。

罗森茨威格家十五岁的女儿得了厌食症。

米切尔家的大儿子被控贩毒。

卡恩家的小儿子因精神崩溃而被送进了医院。

达雷家十九岁的女儿神经错乱。

法恩斯沃思家十六岁的女儿曾试图自杀。

米勒家十七岁的儿子离家出走。

看完这些，有人可能要问：这些孩子的父母是否应该为孩子们所受的痛苦和伤害负责呢？

下面这封信是一位母亲写给自己的儿子的，而精神分析学家哈姆·吉诺特指出，很多母亲都像信中所说的那样看待自己：

我们中没有一个人会故意在精神上、道德上和情感上伤害自己的孩子，然而我们却造成了这样的结果。因为自己的所作所为和以前的胡言乱语，我常常感到内疚。我在心中祈祷，希望我以后再也不要这样了。也许同样的事再也没有发生，但是我所做的其他事也产生了不好的后果。最终我因为担心自己会毁了孩子的一生而诚惶诚恐。

很不幸，这位母亲所提到的恐惧感，几乎所有母亲都感受过，而且几乎所有的母亲都曾有过这种忧虑：作为一个人，作为一个母亲，我们自身的缺点可能会对孩子产生永久的伤害，甚至我们那些最美好的意愿也会使他们受到伤害。

现在来听听埃伦所说过的话：

我曾发誓，对待孩子我要做到通情达理、理智公平，就像我的母亲当初对我那样。然而我发现，自己不讲道理、处事不公的时候远远多于我深思熟虑的时候。我曾经愚蠢地希望孩子来讨好我，这是一个多么过分的想法啊！然而，我接下来发现自己竟然在讨好我的孩子。我记得自己在没有孩子之前，看到有些母亲在超市里大声呵斥自己的孩子，把孩子训斥得泪流满面，我觉得这些母亲简直是毫不讲理的悍妇，对她们的行为深恶痛绝。当时我便告诉自己，我永远都不会像她们那样做。然而，我也那么做了。

虽然我们曾下定决心一定不要做哪些事，但是我们有时还是会用自己以前受人虐待的方式去虐待子女。我们会利用各种伪装，让子女们去扮演我们当年那出戏剧中的角色，而我们则会在这出重新上演的戏剧中，扮演当年那个使我们受到伤害的人。正如我们在前面几章所了解到的那样，因为我们有一种重复过去的冲动，重复一种重要的联系，还会重复我们童年经历的伤害、痛苦以及深藏在我们心底的怨恨与愤怒。精神科医生告诉我们："成年人总是有一种让新人物扮演旧角色的倾向，由此他们便可以重复当年的恐惧与冲突。虽然人们常常意识不到这种倾向，但令人难以置信的是，它会频繁地在平静的家庭生活中掀起波澜。"有时候，我们会抛弃自己的孩子，因为我们把孩子看成了自己的母亲或是父亲，或者把他们当成了我们童年生活中善妒的姐妹，我们在孩子身上再次重复了我们当年所做的或是当年想做的事。

意识到自己在重复早年的联系，重复着早年的痛苦，我们便心生忧虑，担心自己会给孩子造成永远的伤痛。我们还因为自己有时会十分粗暴地对待孩子，而担心自己就是孩子心中那持久的情感伤痛的根源。

在《母亲的心结》一书中，作家简·拉扎尔观察到，虽然女人们彼此大不相同，但是"关于什么样的母亲才是好母亲，她们在心中所刻画的形象却是相同的。从最糟糕的方面来看，这位好母亲的形象是一个残暴的女神，带着令人骇然的爱，同时她也是一个凶残的受虐狂，一个任何母亲都不想也不能效仿的角色；从最好的方面来看，她……也只是一个胸怀和智商都平平的普通人：她喜怒无常，总是受情感左右；她全身心地爱自己的孩子，她的爱不带有任何矛盾情感"。

简·拉扎尔总结道："我们大多数人都不像这位好母亲。"

我们担心，我们不完美的爱会伤害孩子。

所以我们相信，不包含矛盾情感的爱和没有束缚的爱，会使孩子感到自己很幸福。虽然我们自己有无数的缺点，遭受过数不清的失败，但是我们希望我们的爱能把他们从毒品、抑郁症、恶劣的人际关系中解救出来，还能使他们受到伤害的自尊心重新树立起来。我们相信，不论我们还可能会做什么，母亲那完美的爱都能保护孩子在冷酷而又艰难的世界里不受伤害。因为我们的爱，孩子会茁壮成长。然而，要是我们感到愤怒……或是怨恨，孩子们还能渴望什么呢？

母亲为什么会恨婴儿？温尼科特列举了一些理由。我们从中能看出温尼科特对于母亲身份和矛盾情感的深刻理解：

婴儿干扰了她的私生活……

婴儿十分无情，使她沦为他的下人、无偿的仆人和奴隶。

他在想要东西的时候，招人喜爱，

一旦得到了想要的东西，就像扔掉橘子皮一样抛弃了她。

他多疑，拒绝她提供的好吃的东西，

这让她一头雾水；而他的姑姑给他的东西，他却吃得很香。

在和他度过一个糟糕的早晨之后，她出门了，

而他却对一个陌生人微笑，因为那个人对他说："多可爱的孩子！"

如果她起初辜负了他，她知道他会永远报复他。

对这位以前是儿科医生的精神分析学家而言，母亲爱婴儿也恨婴儿这种观点是合情合理的。但我们大多数人面对这种矛盾情感时，都会感到既焦虑又内疚，还会担心自己变成了那只"海底蟾蜍"。

简·拉扎尔承认，作为一个婴儿的母亲，劳碌了一整天之后，"一看到他就心中有气……我冲着这个哭个没完的婴儿大声吼叫，然后把他扔进了摇篮。但是我随后又立刻把他抱在了怀里，生怕他被眼前这个发疯的母亲吓到，我担心我会……把孩子弄疯。如果专家说的内容我没有理解错的话，婴儿是很容易发疯的"。

这样做不对。

正确的做法是，我们可以多学习一些抚养小孩的知识，我们应该让自己成熟起来，而且我们还要认识到，不管怎样，我们有

时都会不可避免地辜负我们的孩子。因为在认识与实践之间存在巨大的差距；因为在我们成熟起来之后就会认识到，任何人都不是完美的；因为在我们的生活中，总会有些事牵扯我们的精力，还会出现一些令我们十分懊恼的事，所以在孩子需要我们的时候，我们不能满足他们。例如，我们的母亲过世了，我们的丈夫出轨了，我们生病了，或是我们工作遇到了麻烦，这些时候并不是我们想逃避对子女的义务，而是因为我们被其他事情所牵绊而有心无力。

我们不要觉得自己竭尽所能，就可以做到一切有利于孩子的事；我们也不要认为，如果没有与孩子建立完美的联系，就会伤害到孩子。

身为父母，我们也会犯错。这也是我们一生中要面对的一种必要丧失。

然而，所有的父母都会犯错，而我们每个人都是由这样的父母抚养长大的。每一位母亲只要能成为上文提到的"好母亲"就已经足够了。在我们放手让孩子离开我们之后，还可以想当然地认为自己已经在情感上给予了孩子应有的一切。我们还要记得，我们可以做一个人所能想到的那种好父亲或好母亲——慈祥、耐心、体贴、值得信赖，能够保护和支持孩子，有奉献精神。即便如此，我们的孩子可能也会发展成布罗姆菲尔德、查普曼、米勒家等其他孩子那样，因为他们根本就不理解我们为他们做了什么。

＊＊＊

一些精神科医生提出了"父母真实困境理论"（True Dilemma Theory of Parenthood）：不管我们把多少生命献给子女，我们都不能完全控制结局。因为，孩子最终会变成什么样子，还取决于家庭以外的世界，还取决于他们的内心世界、他们的天性，以及从一开始就取决于母婴之间联系的紧密程度。

以前人们认为，婴儿就是一张白纸或是一块白板，或者是一块可以无限塑造的黏土，而近年来，人们开始认识到，婴儿天生就具有特定的性情和应对能力。随着婴儿研究领域的扩展，我们发现婴儿知道的东西比我们想象的要多，而且他们对外界的认知比我们想象的还要早。人们还发现，每一个婴儿从他们诞生那一刻起就彼此相异，就像世界上没有两片完全相同的雪花那样。

有些婴儿"精力充沛"、生命力强，已经准备最大限度地融入这个世界；而有些婴儿则比较被动，他们更倾向于对这个世界不理不睬；还有些婴儿十分敏感，甚至母亲的抚摸和声音都被他们视为一种攻击。弗洛伊德在很早以前就指出，婴儿"与生俱来的"特性是一种比较重要的因素。他通过观察发现，天生的资质和后天的机遇共同决定着"人的命运，它们很少或从来不是单独发挥作用的"。通过目前的研究，我们可以断定，婴儿生来就具有一些父母无法赋予和掌控的特性。在早期，婴儿的幸福感很大程度上或是主要取决于他们与母亲的相互适应。

正如前文所述，相互适应是母子间协调相处的一种方式，是通过各种暗示和反应进行的一种情感交流。在这种相互交流中，母子之间就逐渐培养出了感情，如果交流顺利的话，它还能促进感情的发展。然而有时，母子间无法相互适应——这并不是因为母亲不好或是婴儿不好，而是因为他们的风格不搭调，他们的节奏不合拍。有时，母子不能相互适应有多种体现，例如一个消极被动的婴儿和一个精力旺盛的母亲，他们相处时，这位母亲会使婴儿感到不断受到侵犯，而婴儿也会使母亲感到自己不断被拒绝。如果这样的相处继续下去，会使母亲和孩子都感到失望和不愉快，而且还会给以后的生活带来麻烦。

精神分析学家斯坦利·格林斯潘，是国家精神健康研究所临床婴儿发展计划的负责人，也是婴儿研究领域的权威人物之一。对于母子不能相互适应的问题，他举了一个例子：琼斯夫人生了一个精力旺盛的男婴，她发现孩子那种急于活动的行为"把她吓得要死"。格林斯潘说，或许琼斯夫人在自己出生的时候神经系统就非常脆弱，很容易被刺激摧毁。她很爱自己的孩子，也非常在乎自己的孩子，但她发现自己总会因为孩子那种攻击性的行为而连连后退。这种后退会给孩子的正常发展带来严重的伤害。琼斯夫人不是一个坏母亲，她的孩子也不是坏孩子，但他们不能很好地适应彼此。

此外，一个无微不至、倾尽全力照顾孩子的母亲也会很难适应一个喜怒无常的婴儿。母亲当然不希望孩子喜怒无常，而且这也绝对不是她的错——因为孩子天生就是这般性情。他腹痛般地号叫，他哭闹不停，他身体僵直、难以抚慰，他在出生的第一天就有这些反应，这会让一位很有能力的母亲（和她的朋友以及孩子的外婆）感到自己十分无能。她以前一直相信自己会生一个完美的婴儿，而孩子们的这些表现却毁掉母亲们当初的自信。母亲会因内疚和羞愧而备受折磨。直到得到帮助或是放弃心中的愧疚感之后，她们才能找到更好的方式与孩子相处。

母子适应是一个很微妙的问题，而且人们已经越来越认识到这个问题的重要性。一些研究母亲与婴儿的临床案例能够对这一问题提供解决方案。例如，格林斯潘医生会帮助琼斯夫人把孩子的行为看作活跃的而不是具有攻击性的。他说，她也许还会被孩子的行为吓到，但不至于会连连后退。有了这种改变，格林斯潘说，"我们就能使那个婴儿顺利度过早期的自我发展阶段"。然而他也承认："琼斯夫人和孩子之间的紧张感还是存在，而且我们也无法预期这个孩子在未来的日子会如何看待这种紧张感。"

我们已经探讨过父母们在进入父亲或母亲这一角色时，都是带着哪些愿望或心理走上舞台的。现在，问题的关键在于，新生儿在进入角色时也是带着某些元素登场的。一个男婴因为精力过分旺盛而感到母亲慈爱的拥抱就是一种束缚；一个女婴因为对声音过分敏感，所以一听到母亲说话就会放声大哭或是身体僵硬；一个婴儿从生下来就"不活跃"，所以当他精力旺盛的母亲靠近的时候，他会向后退缩。看到上述种种状况，我们不得不提醒自己，母亲所要塑造的那个婴儿并非一张白纸。所以我们必须接受一种现实：

父母的力量是受到局限的。这样想我们会有一种解脱感，或许我们也可以称之为"遗憾"。

＊＊＊

我们虽然不能对自己带到世上的孩子承担所有的责任，也不能担保他以后会如何，但我们是孩子出生后所处的生存环境的主要塑造者。即使我们与孩子性情不睦，也可以通过帮助和成长来更好地适应孩子的需要，或是通过观察找出我们为什么会与孩子不和，由此来改善我们与孩子的关系。因为我们十分相信童年对孩子来说意义重大，所以我们会力争让他们童年的每一件事都很完美。

然而，孩子童年的"每一件事"既包括外部事件，即孩子在家庭以外遇到的事，也包括内在事件，即在孩子内心深处发生的事。在这两种情形下，我们作为家长所能发挥的作用都是有限的。

因为我们无法避免自己的儿子成为班里最矮的男孩，我们也无法避免自己的女儿长得滑稽；我们无法避免他们因为不会击球而不被选中，我们也无法避免他们沦为班里的差等生。我们无法避免一些意外事故的发生，又怎能保护他们不受水灾、火灾，甚至是空气的侵害；又怎能确保他们不会痛失父母，又怎能知道他们不会因为父母离异而丧失一位至亲。因此，不管我们多爱他们，我们的爱都不足以使他们避免经历一些意外而产生缺失感和遗弃感。

现在，有些培养孩子的方式似乎就是治疗精神病患者的疗法，而且这些方式似乎是为了使孩子变得完美或是为了使孩子变得坚强。我们能提供给孩子积极的人生经历，在孩子受到外界潜在危险的威胁时，当然我们所有人都会挺身而出保护他们。同时，每个孩子从生下来就都会具有某些特定的脾性、风格、倾向和天赋，所以他的本性会与那些与生俱来的天性以一种独特的、有时是难以预测的方式相互作用。这种相互作用不仅发生在外部世界，也会发生在他两耳间的内在世界。因此，这种相互作用不仅是一个人的一种经历，而且还是一个孩子经历着他自己的某些经历的方式，一种能将经历所包含的心理意义传递给自己的方式。

现在让我们来关注一下谢利·沃恩斯沃思。她在十六岁的时候试图自杀。她的父母回忆往事并企图找到解释：

谢利出生的时候是一个身体很短而且还特别脆弱的婴儿。沃恩斯沃思夫人十分担心，唯恐这个孩子会死去。她把这种焦虑传递给了谢利吗？

当谢利只有一岁大的时候，沃恩斯沃思夫妇出外度了一个长假。当时谢利害怕父母再也不回家了。

谢利十八个月大的时候，沃恩斯沃思夫妇又生了第二个孩子。现在想来，这无疑是太快了。

谢利九岁的时候，他们搬了一次家。每个人都知道，搬家会给孩子带来很大伤害。

谢利十二岁时，沃恩斯沃思夫妇的婚姻出现了一次严重的危机。夫妻间那种紧张而又痛苦的斗争对谢利产生了怎样的影响呢？

谢利十三岁时开始抽烟，沃恩斯沃思夫妇虽然禁止她那么做，但也没有太在意这件事。

谢利上中学二年级时，沃恩斯沃思夫妇向她施加压力，希望她考个好分数，读一所好的大学。父母施加的压力会不会太大了呢？

谢利上中学三年级时，沃恩斯沃思家的这个美丽、活泼、可爱的女儿服用了过量的安眠药。

在沃恩斯沃思列举的一系列因素中，是其中某个因素还是全部因素，导致谢利产生了自杀的念头？是不是其中的某个因素或是全部因素，对于谢利那与生俱来的脆弱施加了太多的重负？对于有些事，无论父母做或是不做，我们都无从知晓最终的结局是否会有所不同。

我们确实无法知晓。

起初，弗洛伊德认为，一个使人痛苦而又难忘的外部事件，例如童年的性诱惑，是使一个人成年后患上神经性疾病的根源。但是后来，他渐渐发现，大多数与性欲有关的故事都只是幻想而已，在实际生活中并没有真的发生。基于这一发现，他总结道，存在于人们无意识中的幻想以及这些幻想所引起的内心冲突、内疚和焦虑，会对人们"现实"生活产生影响。

所以，有时有些孩子会出现这样的情况：从外部世界或是从实际生活看来，他生活在一个平和的环境中；但从他的内心世界来看，他却是在焦虑中挣扎。

例如，一个有恋母情结的男孩，对妈妈的欲望特别强烈，同时还残忍地幻想着干掉爸爸，虽然他的父亲慈祥而又和蔼，但小男孩还是把他想象成一个危险的侵犯者。在之后的岁月中，如果男孩还能清楚地记得自己的那种可怕的欲望和惩罚的幻想，那他可能会在长大后成为一个苦恼的人。他会畏惧爱情和事业的成功，并且还会因为二者的成功而备感痛苦——这并不是因为他幼年时的恋母冲动被残忍地抑制了，而是因为他的冲动太过强烈，因为他被那些幻想吓坏了。

此外，有些孩子还会出现这样的情况：从外部世界和实际生活来看，他面对着一个残酷的生活环境，然而他依然能健康成长，而且还具备了应有的能力。

研究显示，不是每一个在童年受过伤害的孩子，长大以后都会成为一个带着伤痛的人。**面对攻击与丧失，一些男孩和女孩具备了调整与生存的能力，并且他们还成功地证明了自己是多么坚不可摧。**有些孩子虽然经历了噩梦般的过往，经历了一些给心灵"留下伤痛"的事情，但他们在之后的岁月中却依然能有所建树。精神分析学家伦纳德·谢格尔德写道，这些人很值得敬佩，因为"他们的灵魂是那么神秘而又充满矛盾"。他讲述道：

人类具有神奇的生命力。有些人经历了痛苦的童年，但是他们的心灵却既没有被扭曲也没有留下疤痕，至少有些部分是完好无损的……为什么会是这样一直是一个谜；有人解释说，这是天性使然。我有一位病人，她的父母都是精神病患者，她从四岁起就已经成了一个家庭的家长——作为一个正常人，她帮助自己的兄弟姐妹，同时她还要照顾患精神病的父母。究竟是什么使她能做到这些？我给不出恰当的答案。

　　这些为数不多的人在不利的环境下长大，即便他们的心灵没有被扭曲，也不能说明不给予孩子良好的照顾能激发出孩子的潜能；即便孩子在有利的环境下成长，心灵中产生了创伤，也不能说明良好的幼年照顾就是浪费时间。弗洛伊德曾经指出，"就神经病而言，精神现实比物质现实重要得多。"然而，毫无疑问，在童年的现实生活中，那些损害、侵犯和残忍行为均会对大多数孩子的精神现实构成威胁；毫无疑问，**心理现实和物质现实不停地进行着相互作用，而且两种现实共同塑造了人的个性。**

　　事实上，情感伤害可以发生在任何年龄。事实上，一个人一生都在改变和修正自己过去的经验。事实上，幼年的经历和未来的情感健康之间的联系，现在已经受到了权威的儿童发展专家的质疑。很显然，本书赞同，童年对于一个孩子的发展来说意义重大，而且我也同意幼年是孩子人生中极为重要而且也是最为脆弱的时期，因为那是他们的心理形态（"灵魂"）刚刚形成的时期——我相信大多人都和我观点一致。**我们必须明白，在外部世界和内心世界中，都存在这样或那样的危险威胁着孩子，即便我们极度渴望或是迫切要求保护我们的孩子，我们对此也无法操控。**

＊＊＊

弗拉基米尔·纳博科夫在他那部精美的回忆录《追忆》（*Speak, Memory*）中写道："我凝视着刚刚出生的儿子，我从他的眼睛里看到古老的、神话中的森林的影子。在这片森林里，飞鸟多于猛虎，果实多于荆棘……"我们幻想着留住这片森林；我们幻想着自己是好父亲或好母亲，为孩子驱赶猛虎，扫平荆棘；我们幻想着我们能拯救自己的孩子。

夜深了，我们依然没有睡，因为孩子不在家——这就是现实。电话铃响起的时候，我们猛然一惊，我们在电话前心脏几乎停止了跳动——这就是现实。就在我们心脏停止跳动的那一瞬，现实还提醒我们，任何事情，任何可怕的事情都有可能发生。虽然父母总觉得这个世界十分凶险，虽然父母觉得孩子的生命随时都会受到威胁，但孩子们终究是要离开的，而我们也需要放开手，让他们离开。我们希望自己为孩子踏入这个世界做好了一切准备，我们希望下雪的时候他们穿上靴子，我们希望他们跌倒后能再爬起来，我们希望……

是谁说温柔，

会把心变成石头？

我能像忍受自己缺点那样，

忍受她的缺点吗？

虽然夜总是那么黑暗，

但最好道一声晚安，

然后去面对现实。

希望这夜温柔如水。

Chapter 15 角色分配：你会按照父母的意愿生活吗

在母亲的家中我是女儿，

但在自己的家中，我是主人。

——拉迪亚德·吉卜林

在我们二三十岁的时候，我们组建了第二个家庭。在这个家庭中，我们是肩负着责任的成年人。我们甚至会想象我们的家是凭空而起的。然而，即使我们把家搬到澳大利亚——就算是月球，我们也无法轻易地与我们的第一个家庭，也就是与我们的原始家庭脱离关系，我们都无法轻易地脱离那张错综复杂的关系网，那张不完美地联系着彼此的关系网。

在我们二三十岁的时候，我们是爱人、劳动者、朋友，我们是婚姻中的伴侣，我们是孩子的父母。同时，我们仍然是自己父母的孩子，可能继续以不再适合我们的方式扮演着这一角色。

我们在第一个家中成为分离的自我，同时那个家也是我们生活的第一个社会单位。当我们离开它的时候，带走了很多重要的、成形的启示。不论我们多么努力地去争取独立，我们的心都与那个家紧密地联系在一起。即使我们与那个家相隔万里，即使我们只是抱着负责任的态度简简单单地与之保持着联系，但从表面上看，大多数人也都是同那个家紧密地联系在一起的。

虽然从内在和外在来看，我们都与那个家保持着联系，但我们依然试图把自己从那个家分离出来。我们学着用自己的眼睛看世界，而不是通过父母的眼睛；我们重新审视父母有意识或无意识地分配给我们的角色；我们会研究我们的家庭神话——那种代表家庭整体特点的主题和信念。这些主题和信念有些是表达出来的，而有些是没有表达出来的。

虽然我们与第一个家保持着联系，但是为了成为自己家的女主人或男主人，我们必须放弃一些东西。

于是，我们又一次面临必要的丧失。

***

从外界来看，一个家庭的"整体特征"是显而易见的，它通常被视为家庭成员的"共同特征"。有时候，凭借这种特征很容易就能看出一个家庭所属的类别。巴赫一家是音乐世家。肯尼迪一家是雄心勃勃的活跃家庭。我们的家可能是一个书香门第，也可能是一个彬彬有礼、爱好野外活动的家庭。不管我们出身何处，家庭成员的"共同特征"都是一个家庭的公众面孔，而家庭神话就是家庭的内在意象。当外在面孔与内在意象结合在一起时，就会产生一些外界和家庭成员都意识不到的家庭神话。

家庭神话能起到稳固家庭组织结构的作用，它们能维持情感的和谐。所有的家庭成员都会满怀热情地维护家庭神话，以免它们遭到破坏。然而很多家庭神话有时会以荒诞和有害的方式歪曲现实。研究家庭动态的专家安东尼奥·费雷拉说，为了维护某一特定的神话，家庭成员需要"在一定程度上放弃自己的想法"。

例如，我们是伴随着哪种常见的家庭神话长大的？哪种家庭神话是我们现在还在维护的？我们的家是一个团结和睦的家庭，我们的家阴盛阳衰，我们的家厄运连连，我们的家是一个既特别又显赫的家庭。我们从不放弃，也不解体，我们从不作恶。我们必须彼此依赖，我们决不能依赖外人，因为外部世界十分危险，而且还充满敌意。

我的朋友杰拉尔丁说："我们的家是一个洞穴，而我们的母亲就是这个洞穴的守护神，不会让任何不相关的人进来。"她承认，她和弟弟直到结婚之后才发现，朋友也和亲人一样可信，不一定只有家庭成员才是值得信赖的。

在家庭神话或是家庭主题中，有一个神话令人格外苦恼，那就是团结和睦。因为维护这个神话意味着要否认家庭成员之间存在纠葛和距离。有一位母亲坚持认为她的家庭和谐幸福，而且她的丈夫也这样认为。现在就让我们来听听这位母亲的论调：

我们都很平和，我们的家庭很安宁，即便为了这份安宁让我杀掉某个人……很难找到比我的子女更正常、更幸福的孩子。我对我的子女很满意！我对我的丈夫也很满意！我对我的生活也很满意！我向来都很满意！我和丈夫幸福地度过了二十五年的婚姻生活，我们和子女幸福地度过了二十五年的家庭生活。

听完这些，你可能会很奇怪：为了家庭安宁，她要杀掉谁？

为了维护绝对完美的相处状态，为了维护"虚假的亲密"关系，家庭内部的任何不同声音都会被视为对完美家庭关系的威胁，所以这会使处于这种关系中的任何家庭成员都不能离开、改变或是成长。虽然有人认为精神病患者的家庭表现出一种强烈而又持久的"虚假的亲密"，但是与此差异不大的"绝对和谐"，却也出现在"正常"的家庭之中。

每当父母不同意自己的见解时，家庭神话便会发生作用，使家中的成年子女产生失落感和遗弃感。

或者使成年子女质疑自己的主张而不敢竞争。

或者使成年子女向自己的孩子灌输那羁缚生活的教训：异议是有害的，分离是致命的。

然而很明显，一个家庭神话不会对所有的家庭成员产生相同的影响。我们会分别以自己的方式对这些神话做出反应。如果这些神话有着持久而又强大的影响力，那么我们迟早有一天要对付它们。我们需要仔细研究它们，如果有必要，我们还需要逃避它们；如果我们愿意，还可以把它们真正地纳为己有。

* * *

在探究这些神话的同时，我们或许还要探究家庭神话施加给我们的角色，探索父亲、母亲或是父母共同在无意识之下为我们划定的角色，而且有时在我们出生之前，父母就已经给我们选好了角色。费雷拉博士曾谈及这样一名男子：他在小的时候，分配给他的角色就是要他"像母亲那样沉默寡言，愚笨迟钝"。他回忆说："我努力使自己成为所期待的样子，我会为自己不会拼写单词而自豪，为自己的愚钝感到骄傲……因为这样一来，她会在取笑我的同时，还会得意地说'这才是我的好儿子'。所以，像她一样，我在学校拿不到好成绩，而且在其他方面也都表现平平……即便是现在，当我在父母面前，我还会表现出一副很蠢的样子。"

父母施加给孩子的角色各有不同。例如，一位依赖性很强的母亲会调换角色，把自己的孩子当成母亲。一个婚姻不幸的父亲会把自己的女儿看作妻子的替身。一些父母会把理想的自我角色施加给子女，让孩子成为他们所希望的样子。还有的家长有时会通过对孩子大声吼叫，有时通过一些微妙的方式，把孩子当成家里的替罪羊。

精神分析学家彼得·洛马斯写道："通常人们认为，认同感正是来自……家庭内部明确的角色分配，然而，**家长把孩子看作独一无二的人，还是只把他看作自己的角色，这一点至关重要。**"家长一味地要求孩子去满足他们所希望的角色，是十分糟糕的做法。

以《推销员之死》中的比夫·洛曼为例，他的父亲威利尖酸刻薄，而且总是倒霉运。比夫说，他"无法把握某种生活"，因为他既不能逃避也无法成为父亲所说的那种了不起的人。终于，比夫在三十四岁时，再也抑制不住心中的怒火和苦闷："威利，我不是什么领袖，你也不是……威利，我每小时就挣一美元！我去过七个州，但是我还是只能挣这么多。一个小时就挣一个大子儿！你懂我的意思吗？我不会带奖金回家，你不要指望我带奖金回来了！"

听到这些，威利置若罔闻，于是比夫继续咆哮道："爸爸，我什么都不是，你也什么都不是。爸爸，你到底明不明白……我就是我，仅此而已。"

威利仍然不为所动。比夫发泄完心中的怒气，还寄望于与父亲进行沟通，他抽泣着说道："看在上帝的分儿上，放了我好吗？你能不能放弃那种自欺欺人的幻想？在没发生什么事情之前就烧了它吧！"

但威利宁愿毁掉自己的儿子，哪怕是去死，他也不想烧掉那个幻想。

然而角色分配并不是仅限于有问题的家庭，健全的家庭也会给孩子安排角色，而且这些角色有时还真的会实现，例如乔·肯尼迪希望和他同名的长子以后成为总统。有时不需要言明我们便知道父母的期望。虽然研究表明，孩子完全能感受到父母在无意之中分配给自己的角色，但是我们可以通过父母给予孩子自由，也就是允许孩子不接受他们的分配，来衡量一个家庭是否健康。

* * *

在建立我们自己的生活的过程中，我们向家庭神话和家庭施加给我们的角色挑战——毋庸置疑，我们也挑战童年那些刻板的规则。当我们不再用父母的眼睛看世界的时候，离开家才变成一种情感的现实。

精神分析学家罗杰·古尔德写道:"我们主观上的生活经历与我们实际生活中的各种行为,受到成千上万的信念或观点的支配,而且那些信念或观点构成了一幅阐释我们生命中各种事件以及各种精神活动的指示图。在我们成长的过程中,对于那些不必要的信念,我们会不断地进行修正以突破它们对我们的限制和束缚。例如,作为年轻人我们了解到,子女成为父母所期望的样子,根本就不是什么普遍规则。意识到这一点我们才放心大胆地探索和实践。而此时,那扇通向新的意识阶段的大门已经敞开了⋯⋯"

然而,打开这些大门的过程是令人恐惧的。

如果安全意味着与父母亲近(首先是靠近他们的身体,其次是贴近他们的生存原则与道德准则),那么当我们主动选择与他们拉开距离时,我们很可能会感到自己很危险:如果我们没能成为一名医生或是没能嫁给一位医生;如果我们的配偶来自其他种族,或是肤色、信仰不同;如果我们决定退出犹太教会、堂兄弟俱乐部或是民主党;如果我们拒绝接受父母的健康保险建议,即便他们比我们更了解各项保险。当这些与父母拉开距离的行为发生的时候,我们很有可能感到不安全。

会有一些令人万分痛苦的时刻:当父母发火、感到苦恼的时候;当我们顶撞他们的时候;当我们再次告诉他们,我们要按自己的方式做事的时候。当我们表现出那些自主行为时,我们很想知道父母的反应,我们很想知道父母是不是会说:"要是那样的话,你见鬼去吧！"这时，我们也会陷入痛苦。二十三岁的维基说："每当我维护自己想法的时候，都会泪水涟涟而且还会心中害怕，因为总是害怕自己会失去母亲。"她接着说道，虽然我很恐惧，虽然我深爱我的母亲，但"我觉得我还得做自己必须做的事"。

并非每个人都如此，也并非每个人都能如此。

卡特的父亲早在很多年前就已经去世，母亲一直一个人生活。他的律师事务所距离他母亲的公寓只有十五分钟到二十分钟的路程。卡特总是开车送母亲去玩牌，去看医生，去牙科诊所，而且每个周二和周四他都会和母亲一起吃饭。如果父亲还活着，这些都是父亲做的事情，而父亲已经不在人世，所以一个好儿子要替父亲做这些事。母亲和儿子都十分认可这一点。虽然有一点卡特与父亲不同，他会时不时地与其他女人睡觉，但是卡特从二十岁到五十岁一直没有结婚，因为他在情感上一直忠于他的母亲。

格斯一直希望自己能成为一名兽医，然而他却从事了食品供给的工作。再说说吉尔，他在离开美国后找到了一份工作，买了一所公寓，还发展了几个情人。但他的母亲以"父亲的身体真的很糟糕"为由，把他从国外骗回了波士顿，然后他和一个会计结了婚。罗达因为嫁"错"了人，而且还搬到了纽约居住，而伤透了父母的心。最终，她还是像以往那样遵从了父母的意愿，返回了新泽西，继续待在母亲身边，为她买衣服和冻肉。此外，她还听从了母亲的建议，做了当时法律还依然禁止的流产。

母亲心里很清楚，父亲心里也很清楚，而我们也许会在心中暗暗地担心他们真的会那样做。如果我们选择走自己的路，无论对错，我们都担心他们会不再爱我们，他们会反对我们，他们会不再尊重我们，他们会在我们危难时不再救我们。

罗杰·古尔德写道："当我们二十多岁时，父母还在监督着我们。如果我们按照他们所想的做时，我们会觉得自己是投降了；如果我们冲破他们的约束并最终取得了成功，我们会感到自由，胜利的喜悦油然而生，但同时我们还会感到有些内疚。如果我们失败了，我们便会怀疑，我们当初的行为是否错了。"

关键的一点是，并非我们激怒父母就意味着自由，如果我们的选择令他们欣然，也不代表我们就是出卖自己。我们并不一定非要在违抗和屈从之间做出选择。也许会出现这种情况；一个人真的希望自己能像父亲那样成为一名牙医，或是像自己的父母或祖父母那样住在威尔克斯—巴里；然而，也会出现这种情形：一个人或许娶了一个自己并不爱的人，因为她是黑人而自己家是白人、保守派、南方人。只要我们的选择并非父母所愿，我们就会受到父母的束缚。我们同他们分离并不需要放弃，而是需要自由的选择。

* * *

当我们到了二十多岁，我们会建立自己的生活，或者我们觉得自己建立的是一种独立于父母之外的生活。我们会产生一种幻觉，觉得自己做了合理的选择，我们并没有过他们所期望的那种生活。然而当我们到了三十多岁的时候，会发现自己在无意之中与父母产生了很多相似之处。正如一位妇女所说："那个怀有报复心理的人已经变得和母亲一模一样，因为现在的自己就像当年的母亲那样。"我们会发现自己也和这位妇女有同样的感受。

我们开始认识到我们的认同。

虽然我们不愿承认，但我们确实会意识到自己和父亲当年一样喜欢控制；我们会发现，即使我们单独去欧洲旅行，也会像母亲那样谨小慎微；我们还会意识到自己的某些讲话腔调、面目表情以及态度和冲动都属于自己的父亲或母亲。那种腔调、表情、态度都是我们曾经所憎恨的，但是现在它们都属于我们了。

我们心绪不宁，但我们承认存在这些与父母趋同的表现，在我们承认这些的时候，我们便开始从这些重复行为中解脱了出来。然而，我们还会发现自己会更加容忍那个"在我们之内"的父亲与母亲和"在我们之外"的父亲或母亲。如果我们在二十多岁时，关注自己与父母的不同之处，而我们在进入三十多岁后，便转而关注我们与父母有哪些共同之处。在我们总结这些父母的经历——婚姻经历，尤其是他们作为我们家长的经历——的时候，我们可能不会再像以前那样苛刻了。

* * *

人们常说，只有自己当了父母，才会理解父母的所作所为。虽然我们在以前对父母颇有微词，但当我们当了父母时，我们不会再因为自己曾在他们控制下遭受了痛苦而指责他们了。在我们当了父母之后，便进入了一个建设性的发展阶段。在这一阶段，我们会治愈自己在幼年所受的某些创伤。此时，我们再回忆起童年的各种感受时，会以一种比较温和的态度看待过去，也会拉近自己与父母的距离。

在我们进入父母期，也就是在我们成为父亲或母亲之后，我们的父母便通过扮演祖父或祖母的角色得到了解脱。作为我们子女的祖父母，他们比在他们做我们父母时更加慈爱、宽容、体贴、有耐心……这时随便你怎么评价，你总是会用这类词来形容他们。他们这时已经不再把心思放在灌输道德价值、责任纪律和做人准则上了，也不再致力于树立形象。他们此时成就了他们最好的自我，我们会因为他们为我们的孩子所做的一切而感到欣然。就这样，对于他们所施加给我们的痛苦，无论是真实的还是我们凭空想象出来的，我们都愿意既往不咎，原谅他们所做的一切。

这样的转变过程就发生在我母亲鲁思·斯塔尔和我之间：

我总是向母亲提出大量的要求，虽然不多于母亲对我的要求，但我总是会陷入失望、愤怒、沮丧之中，还会与她那炽烈的爱纠缠不清，我们——母亲和我——一起成长，并肩奋斗，共同享受某种程度的幸福。然而，直到我有了孩子，我们才最终找到了彼此完全适应的角色：我，是她那些活蹦乱跳的外孙的母亲；她，和天下所有的外祖母一样了不起。

在这种特殊的关系中，我发觉自己第一次开始懂了母亲的心；我开始了解母亲的过往；我开始注意到，她也很勇敢、很幽默；我发现她能一字不差地背诵《安娜贝尔·李》。我爱她，因为在她的指导下，我从丁香、书籍和女性朋友中寻得了快乐；我爱她，因为她比我还爱她的外孙们。

也许她没有我爱得深沉，没有我爱得多，但是她一定……比我还爱他们。

在我心目中，母亲一直是最迷人的女人，同时也是最让我伤脑筋的女人。对我来说，母亲为了爱我付出的代价太高了。但是母亲对我的孩子却一直是和颜悦色，对于我的孩子，她一直都给予自由的爱，直到她去世那天都是如此。我的大儿子对我说："姥姥说我最棒了。"他在评价自己外婆的时候不带有任何的矛盾情感，但这种情感多年来一直存在于我与母亲之间。

我觉得大多数的女儿和我一样，带着愤怒和爱与母亲生活在一起，而我的孩子也只了解他们外婆的某个侧面：她认为他们比阿尔伯特·爱因斯坦还有智慧；她认为他们的写作水平比威廉·莎士比亚还要高；她认为他们所画的每一幅画都可以与伦勃朗相媲美。无论我的孩子现在如何，也不论他们将来想成为什么，她都认为他们……是最棒的。

我的母亲对他们唯一的要求就是，希望他们能陪伴左右。而我的母亲对我的要求曾是那么苛刻：

她说："表现得再好点，更加努力一些。"她说："按我说的方法做事，否则你会受到伤害，你会生病，你会深陷泥潭。"她说："不要做任何坏事，否则你会伤透妈妈的心，一定要做个好姑娘。"

我渴望自己能得到她的爱与认同，我也渴望自己成为她所期望的好姑娘，但我也渴望自由和自主。然而成长中所遭受的痛苦使我认识到，我无法获得自己所渴望的一切。当我的母亲责怪我说："你为什么不听我的话啊？我都是为你好。"而身为女儿的我却是那么叛逆。我摇摇头，仿佛要划清界限似的回答道："让我来决定什么对我有好处。"

然而，我的母亲却没有对我的孩子寄托任何希望。她曾在我和我的妹妹身上尝试过……成功过……也失败过，但一切都结束了。因为她的外孙们不能打败她，不会使她失望，而且无论是好事是坏事，他们都不用向她证明什么。我发现她已经没有了野心，也没有了控制欲，她已经摆脱了焦虑的状态。正如她自己所说，摆脱一切是为了享受。

精神分析学家黛蕾丝·贝内德克写道："祖父母期与父母期是两个相邻的阶段。作为祖父母，他们从直接的压力下解脱出来……所以，祖父母喜爱他们的孙子或是孙女胜过他们自己的孩子。"

我妈妈的确喜欢他们。

因为她终于到达了人生的另一个阶段。在这个阶段中，幸福既不在昨天也不在明天，幸福既不是难以把握也不是遥不可及，幸福既不是一种奢求也不是有朝一日才能实现，幸福就在当下——就在她和外孙们共进午餐的厨房里，在客厅里，在她给外孙们读书的长沙发上，在她给外孙们买冰激凌的时刻，在她竭尽全力跟外孙们一起抓鸽子的那一刻。

他们真幸运，她真幸运，我也很幸运。因为和孩子们在一起，我和母亲在我们之间找到了最理想的距离，既没有过分亲近，也没有离得太远。通过安东尼、尼古拉斯和亚历山大，母亲和我建立了一种新的联系。

＊＊

说了这些，我并不是想赞美这种和谐的家庭氛围。同我们所有的关系一样，这些关系也是不完美的。而且，也不是每一对母女都能通过新一代来抚平过往的伤痛。

有些母亲与她们的女儿之间还是存在很大的距离。有些母亲生活在令人窒息的亲密状态下。有些母亲很不愿意帮女儿照顾孩子，她们不想成为给女儿照顾孩子的保姆。有些母亲属于独立的职业型妇女，她们总是很忙，没有时间陪外孙玩耍或是逛动物园。还有一些这样的母亲，看到女儿把爱和注意力都集中到了孩子身上，她们很嫉妒："难道我们就不能抽点儿时间单独待一会儿吗？"

同样，也会有一些这样的女儿，她们嫉妒母亲给予外孙或外孙女们的关爱。有些女儿一见到母亲就想立刻逃走，而有些女儿一见到母亲就会表现得像一个四岁的孩子。有些女儿在大学期间读过一些关于儿童心理学的书，由此便得出结论，认为母亲做的任何事都是错的。

有些母女之间的裂痕很深，根本无法填补。然而，在我们步入中年后，大多数人发现自己非常希望填补与母亲之间的裂痕。

《哈佛教育评论》刊载的一篇题为"家庭事件"的文章中，约瑟夫·费特斯通指出：

到了中年，我的朋友们对他们的家庭历史十分感兴趣。过去，我们总是很不情愿从历史角度去思考我们自己的生活和我们父母的生活；我们对过去有所了解，感觉那就像一幅宏大的挂毯，但不知为什么，我们却从来都不认为自己的生活就是那挂毯的一部分。在那幅挂毯上，描绘着19世纪爱尔兰的农夫、犹太村庄的农民、文艺复兴时期的红衣主教、17世纪的清教徒、非洲勇士和伦敦的机械师。我们一直在为未来打拼，努力活在当下。这是一个年龄的问题，在某种程度上，年轻人担负着逃避历史和家庭生活的双重责任，这常常意味着切断我们与过去、与家庭的联系。不过，很少有人把这种决裂看作是永恒的，即便在做出这一决定的那一刻，也很少有人这样想。

在中年，我们可能会寻求重新与过去——我们所谓的"根"——建立联系。我们会主动探求我们与家庭成员的共同点，而不是刻意回避它们。虽然我们清楚地知道，只有我们自己才能对我们的生活完全负责，但我们也认识到，作为家庭的一员，我们可以利用所有能获得的帮助，而且我们还希望获得一些好的元素，如才能、道德意识、进取心等任何可能属于我们的优点。

所以，当我们听到自己的曾祖母伊芙琳曾随一个轻歌剧团演出，我们感到很兴奋；当我们听说自己的祖父是世界产业工会的会员我们也会心中欣喜；或者我们听说母亲的叔叔内特像威利·洛曼的哥哥那样走入密林，出来的时候就已经成了一名百万富翁，我们也会备感自豪。听到家庭成员中曾经有人取得过如此令人羡慕的成就，我们很希望自己也遗传到了这样的品质。当我们告诉自己"查理大帝的血液在我的血管中流淌"时，我们发现自己甚是欣慰。作为一个女人，我也曾在某个危机时刻这样告诉过自己。

在探究我们家族的过往的同时，我们也开始以新的角度去观察我们的父母，看看哪些历史经历塑造了他们。在这个过程中，我们常常发现一些秘密。其实，每个家庭都有秘密，而且这些秘密能对我们的家族情感产生巨大的影响。

例如，我们发现自己的父亲或母亲曾经结过婚，我们的父亲或母亲是死于自杀。克莱尔就在探究父母的过往中发现，母亲曾在自己两岁的时候生了一个私生子，并把那个孩子送给别人收养。在探究过往的过程中，我们还会发现在精心的掩饰与蓄意欺骗的背后，我们父母的真实面目。

但也不完全如此。

在赫伯特·戈尔德的传记体小说《父亲们》中，主人公在步入中年后的一天带着女儿们去溜冰场，就像多年前他的父亲带着他去那里一样。他写道："我记得为什么溜冰会让我如此开心，是因为渴望与父亲亲近，渴望挽回我们的关系，是因为我相信父亲与我之间以及别人与我之间的深渊是可以逾越的……我就像一名歹徒，想要刺破父亲那神秘的灵魂。但是界限仍旧存在，无法逾越。"

＊＊＊

在三十五岁到四十五岁或五十岁的中年阶段，我们认识到很多希望依然无法实现。我们想要的东西还有很多，而且我们并没有从父母那里得到它们。但是此时，我们已经清楚，自己永远都无法从父母那里得到它们，而且此时，我们也能接受这一现实了。

在探究家庭的过程中，费特斯通发现自己一再惊异于"一种神秘能力，一种人们依据自己的主张控制自己和给予他人的能力"。然而在中年时，随着父母的衰老、疾病和死亡的来临，我们可能会重新看待那些主张……还会给这些主张冠以亲切的称呼。因为此时，世界已经属于我们这一代，不再属于他们，因此我们才看到他们曾经是那么无能为力：他们想要给我们最完美的爱；他们想完全理解我们，想竭力保护我们不受死神的威胁；他们不想我们伤心，也不希望我们感到孤独。

父母为跨越与我们之间的鸿沟，一直试图建造一座坚不可摧的桥梁，但他们是那么无力；而我们到了中年，也感到自己是那么无力。作为父母、子女、配偶和朋友，我们都曾怀有一些期待，然而随着我们放弃那些徒劳的期待，我们也学会了对那些不那么完美的关系心怀感激。

PART IV

——

中年的疑惑：
韶华已逝

这是青年时代必须要弄明白的事情：
姑娘、爱情和生活。
拥有与丧失，
付出与奉献，
还有那无知的忧郁时光。

这是老年时代必须要弄明白的事情：
死亡的来临。
离开与留下，
爱与离去，
还有那难以忍受的无所不知。

——E.B.怀特

Chapter 16 迎接哀伤：我无法接受，看着你的墓地……

有人说过将有一个终点，

终点，哦，爱与哀伤的终点？

——梅·萨顿

这是领先的时刻——

记住，如果长寿，

就像冻僵的人回忆起雪——

先是——颤抖——然后是恍惚

再然后便是撒手而去——

——艾米莉·迪金森

我们是分离的人，因为受到各种禁忌的制约和一些无法实现的事情的束缚，我们与这个世界保持着十分不完美的联系。我们的生命中总是伴随着丧失、分离和放弃。迟早有一天，我们会带着或多或少的伤痛认识到，丧失会"伴随人类一生"。

哀伤是我们对生活中各种丧失的适应过程。

"那么，哀伤是如何发挥作用的？"弗洛伊德在《哀伤与忧郁》中提出了这样一个问题。之后，他回答道，哀伤是一个艰难而又缓慢的过程，它是一个极端痛苦而又渐渐进行的内在放弃过程。正如我们接下来要探讨的问题，弗洛伊德说，我们会因所爱的人离世而感到哀伤。但是在与此类似的情形下，我们也会哀伤，例如一段婚姻的终结，一种特殊友谊的破裂，或因没能成为自己所希望成为的那个人而哀伤。正如我们将要看到的那样，凡事都会终结，大凡我们所爱的事物也会终结。同样地，哀伤也会终结。

＊＊＊

我们哀伤的程度以及我们的哀伤是否会结束或以何种方式结束，取决于我们如何看待各种丧失，取决于我们的年龄和丧失的年龄，即丧失发生了多久；取决于我们的准备程度，取决于死亡发生的方式；取决于我们的内在力量和我们的外在支持；当然也取决于我们先前的经历——我们与逝者相处的经历、我们的丧失经历、我们先前与所爱的人分离的经历。除了个别的特性，正常的成年人的哀伤确实有一种典型模式。通常人们认为，我们要经历一些不断变化的哀伤阶段，虽然有时这些阶段还会有所反复，但我们会在大约一年之后"结束"哀伤的主要部分。有时会不需要这么长时间，但多数情况下都是比这个时间更长些。

现在很多人发现，我们在哀伤的某些阶段中会非常愤怒，而且我们还会觉得，对于那种伤心欲绝的痛苦，某些茱莉亚·蔡尔德式的悲伤给我们提供了分阶段的疗法。但是，如果我们能意识到某些阶段我们或是其他人一定要经历，或者我们或其他人意识到自己已经经历了哪些阶段、即将面临哪些阶段，那我们或许就能理解为什么"哀伤……不是一种状态，而是一个过程"。

不论丧失发生之前，我们是否已经有了心理准备，我们都会进入哀伤的第一阶段：震惊、目瞪口呆，觉得难以置信。我们的第一感觉就是"这不可能"。不，不可能！我们可能会泪流满面；我们可能会沉默地坐在那儿一动不动；也许那痛苦的波涛会与惊诧、难以置信的感觉交相翻滚。如果我们在死者临终前，曾长时间地守在他的身边，我们可能会不那么震惊。或许事实上，我们的震惊感会少于我们的解脱感。但即便如此，我们仍然无法相信我们所爱的人在时间上和空间上已经不存在了，我们无法完全接受这一事实。

马克·吐温认为自己的女儿苏西是"一个奇才，是我们崇拜的偶像"。在苏西二十四岁的时候，她突然离世。马克·吐温听到这一噩耗时觉得难以置信，后来他在自传中写下了他最初的惊诧之情：

这个消息犹如晴天霹雳，在一个人没有任何心理准备的时候突然到来了。他在得知这样的消息之后还能继续活在世上，还真是生命的奇迹。对此，只有一个合理的解释：他被那个令人震惊的消息吓傻了，以至于他还在试探性地琢磨每个词的含义。幸得上天垂怜，他当时丧失了对那些单词的理解力，所以他当时根本不认为自己遭受了巨大的丧失——仅此而已。他要在数月，也许是数年中凭借自己的头脑和记忆力慢慢领会当年的点点滴滴，到那时，他才真正领会到这一丧失的全貌。

与那些毫无心理准备的死亡相比，可预见的死亡给我们的心理震颤感要稍弱一些。一种不治之症主要是在确诊的时候使人心中震惊，但在等待死亡的过程中，我们有时会陷入"预期的哀伤中"。虽然我们已有所准备，但在所爱之人死去的最初阶段，我们仍无法接受他已去世这一现实。与我们的内心相比，我们的大脑更能接受死亡这一现实。通常情况下，我们的理性会使我们承认丧失，而我们的情感以及除了理性之外的任何方面都在竭力否认丧失这样的事实。

鲁思去世了。在她葬礼的那天，人们发现她的丈夫在疯狂地给地板打蜡。他非常认真地说，亲戚和朋友都要来了，"如果屋子很乱，鲁思会杀了我"。蒂娜的弟弟安德鲁在姐姐死后质问道："我们为什么一定要说她死了？为什么不能假装她在加利福尼亚？"有人告诉我一个可爱的小姑娘突然死了，我在听到这个消息的那一刻，竟然十分荒诞地对她正在哭泣的父亲说："你开玩笑吧！"有时候，家人在否认死亡的时候，会公然与临床诊断对抗。下面就是这样的例子：

一个老太太突然中风发作，家人立刻把她送至医院。几个小时后她死了，看护的见习医生立刻通知了留在医院里的她的几位已经成年的子女。他们听到消息后的第一反应就是不相信医生的话。

他们冲进病房，去看他们的母亲。几分钟后，他们从病房里走了出来，但坚持认为母亲没有死。他们马上请来了家庭医生。在家庭医生再次诊断之后，他们才接受了这个显而易见的现实……

不相信也好，否认也罢，有时候这些态度很可能会在初次震惊之后还依然长久存在。的确，不相信死亡或是拒绝承认现实可能会贯穿于整个哀伤过程。

* * *

哀伤的第一阶段相对短暂，在这一阶段之后，我们便进入了持续时间较长的第二阶段。在第二阶段，我们会在精神上经受强烈的痛苦：我们会掩面哭泣，会黯然神伤；我们会情绪波动，会身患疾病；我们会显出一副无精打采的样子，会异常活跃；我们会变成一个需求者，在心理上倒退到那个要人"帮助我"的阶段；我们还会愤怒。

在安妮二十九岁时，她的丈夫和女儿被卡车撞死了。她在回忆自己当时的愤怒之情时说："我非常痛恨这个世界，我恨那个卡车司机，我讨厌所有的卡车。我怨恨上帝为什么要创造卡车，我恨每一个人。我甚至有时候还恨我四岁的儿子约翰，就是因为他我不得不活在这个世上。如果没有他，我也可以了无牵挂地离开人世了……"

我们会对医生发火，因为他们没能救活我们所爱的人。我们会怨恨上帝，因为他把他们带走了。像约伯那样，或者像下面那首诗中的人一样，我们还会对安慰我们的人发火——他们有什么权力说时间会治愈一切？他们有什么权力说上帝是仁慈的？他们凭什么说一切会好起来的？他们凭什么说我们会战胜悲痛？

> 朋友，你的逻辑完美无缺，
>
> 你的劝诫千真万确；
>
> 但是，自从泥土覆盖了她的灵柩，
>
> 我听到的都是这些，而伤心的那个不是你。
>
> 若是你想说些安慰之词，我能忍受，
>
> 这是口头上的善意施舍；
>
> 但是，并非自亚当以来的所有说教，
>
> 都能使人感觉不到死亡的悲痛。

有些人坚持认为，愤怒，无论是对别人的愤怒还是对死者的愤怒，始终都是哀伤过程的一部分。

的确，我们的愤怒很大程度上都是针对死者的。对周围人的愤怒我们能感觉到，而对死者的愤怒我们却感受不到，不过我们有时会把这种愤怒之情直接表达出来。一个寡妇记得，她曾经对着亡夫的照片说："让上帝诅咒你！因为你离我而去，我要让上帝诅咒你！"和她一样，我们爱死者，我们想念他们、需要他们、渴望得到他们，但是我们也因为他们弃我们而去而怨恨他们。

我们对死者的愤怒和怨恨，与婴儿因母亲的离开而产生的愤恨是同一种。像婴儿一样，我们也十分恐惧，担心自己所爱的人是因为自己的怨恨、怒火和恶毒的言行而离开我们。我们为自己的邪恶情感而内疚，或许还会为自己做过的行为和想象中的行为而分外内疚。

　　愧疚感——无论是荒谬的还是合理的——也常常是哀伤过程的一部分。

　　这是因为，即便是最深沉的爱，也包含矛盾情感；所以当死者还在世的时候，我们就已经玷污了我们对他们的爱。我们曾认为他们并不完美，而且我们在与他们相处时也曾有过希望他们死去的念头。而他们真的死去了，我们就会对自己曾经的恶毒情感而心生愧疚。我们会因为自己如此恶毒而斥责自己："我本来可以仁慈一些的。""我们本来可以更善解人意的。""那时，我真应该因自己所拥有的一切而心存感激。""我真应该尽量多给母亲打几个电话。""那时，我真应该去佛罗里达看望爸爸。""他一直希望养狗，我们当时真应该给他买一只。现在已经太迟了。"

　　当然，我们有时候会为自己以前对待死者的方式而内疚，会因为自己曾做过一些伤害死者的事情而内疚，会因为我们以前未能满足他们的需求而感到内疚。然而，即使我们以前很爱他们，的的确确很爱他们，我们也能找出一些引起我们自责的事情。

　　一个男孩在十七岁的时候就离开了人世，对于他的死，他的母亲陷入沉思：

现在我很想他。我总是觉得以前亏欠了他很多，我过去辜负他的事情总是萦绕心头。我想，每一位失去孩子的父母在之后的岁月中都会内疚，甚至还会产生罪恶感。当一个人的孩子死了，他会觉得自己也没有活下去的必要。他认为自己应该找到某种办法，让他用自己的生命去换回孩子性命。如果找不到这种办法，他会觉得在孩子短暂的一生中，自己那些曾辜负孩子的行为令其无法忍受而又不可宽恕……

我多希望在约翰尼活着的时候，我们能多爱他一些。我们当然很爱约翰尼。约翰尼知道我们爱他，而且每个人都知道这一点。那"多爱他一些"意味着什么？现在这又意味着什么呢？

当我们所爱的人离开了人世，我们就会因为自己曾经辜负他或她而内疚。此外，我们也会因为自己曾经对他或她怀有过消极的情感而心生愧疚。不管我们如何保护自己不受内疚的折磨，无论我们用何种办法抚平自己的内疚感，我们都会因为内疚而在心里坚持认为，那个逝去的人是完美无瑕的。我们通过理想化那个人，来保持内心的平静，来抑制心中的内疚——"我的妻子是个道德高尚的人"，"我的父亲比所罗门还要聪明"。我们通过内疚来补偿死者。以前我们对他们做过的所有不好的事，曾经对他们产生过的邪恶念头，都通过内疚来补偿他们。

把死者尊为圣人，也就是把死者理想化，这常常是哀伤过程的一部分。

关于理想化死者这一问题，精神科医生贝弗利·拉斐尔在她杰出的著作《解析丧亲之痛》中，以杰克为例进行了论述。杰克是一个四十九岁的鳏夫，他在描述自己的亡妻梅布尔的时候，总是不住地赞美她。他说她是"世界上……厨艺最好的小妇人，是世界上最好的妻子。她为我做了所有的事"。拉斐尔医生继续写道：

他在评价她的时候，没有一句否定之词，而且他坚称他们在一起时的生活，无论从哪个角度来说都是十全十美的。他如此强烈地坚持自己的说辞，仿佛谁要是对此说个"不"字，他就要向谁发起进攻似的。在经过小心的探究之后，他才吐露自己对妻子的憎恨之情：因为他的妻子过分体贴而且侵犯他的生活，所以他十分渴望自由，渴望摆脱她的控制。然后，他已经能够比较现实地谈论他的妻子了。他愉快而又伤感地谈起了亡妻好的方面和坏的方面……

实际上，无论我们对死者感到内疚还是愤怒，无论我们美化他们还是通过各种方式补偿他们，这些似乎都表明我们已经知道死者已经死了这一现实。不过，我们偶尔或是与此同时，可能还会继续否认这一现实。约翰·鲍尔比在他的著作《丧失》中，对这种否认现实而又接受现实的自相矛盾行为进行了论述："一方面，我们认识到死亡已经发生了，我们感到痛苦而又绝望；另一方面，我们却不相信死亡已经发生了，我们希望死者没有死，还安然无恙地活着，而且我们还会产生一种希望死者复活的冲动。"鲍尔比说道："一个孩子在母亲离开的时候，就会否认母亲的离去，所以他还会试图寻找母亲。然而我们作为成年人，在面临亲人死亡的时候，也和孩子的表现一样，试图寻找死者。"

这种寻找可能是无意识的行为，通过一些无意之中的焦躁不安行为表现出来。但是也有一些人会有意地去寻找死者。贝丝一次又一次地前往自己和丈夫一起去过的地方寻找丈夫；杰弗里站在衣橱中，在妻子穿过的衣服间嗅她的气息；法国电影演员钱勒德·菲利普去世后，他的妻子安妮描述了自己前往墓地寻找丈夫的情景：

……我去找你了。一个疯狂的约会……我一直远离现实，我无法接受现实。看着你的墓地，我伸出手来能触摸到覆盖你的泥土，但我还会情不自禁地认为，你会回来，只不过比往常迟了些；我相信，很快我就能感觉到你在向我走来……

我告诉自己你已经死了，但这根本不管用……你不会来了，不，你只是在车里等我。一个疯狂的希望，我知道这是一个疯狂的希望，但是我就是无法摆脱它。

"对，你正在车里等我。"然而当我看到你没在车里的时候，我又一次欺骗自己，给了自己另一个逃避的借口："他正在山上散步。"我下山回家，一边和朋友聊天一边寻找你。他们当然不相信我能找到你。

有时候，我们在寻找死者的时候还能产生幻觉：我们"听到"他们在门前车道上的脚步声，"听到"他们开锁的声音。我们在大街上"看到"了他们，我们急切地追他们，追过了一个街区，当他们转过身的时候，我们看到的是……一张陌生的脸。有些人在幻觉中把死者带回生活，很多人会在梦里使死者回到生活中。

一位父亲梦见了自己的儿子——"有一天晚上，我梦见我亲爱的莫尔又活过来了。我用胳膊搂住他的脖子，把他抱在怀里仔细端详，我看得很清楚，那就是我的儿子——我们立刻谈到了他的死，结果我们发现他的死亡和阿宾格的葬礼都是假的。在我醒了以后，我还欢喜了好一会儿，但之后丧钟敲响了——那个每天早晨闹醒我的铃声响了——莫尔死了！莫尔死了！"

有一位母亲梦见了自己的女儿——"我的梦很普通，我梦见她还活着——她没有死。"

还有一个女人梦见了自己的姐姐——"……她经常来找我，你知道吗？我们在一起有说有笑……"

一个女儿梦见了自己的母亲——"她和萨特在一起，而且我们在一起时非常愉快。然后美梦就变成了噩梦：我为什么又和她生活在一起了？我怎么又受她摆布了？于是，我与母亲从前那种统治与顺从的关系又在我心中复活了——面对这种顺从我又爱又恨。"这个女儿就是法国作家西蒙娜·德·波伏娃。

一个儿子梦见了自己的父亲——"我梦见自己带他出海，他就要死了。他躺在我的怀里，安详地死去了。"

一个儿子梦见了自己的母亲，这是母亲过世后，他第一次梦见她——"她发狂似的讥笑，就因为我不敢从行进中的火车上跳下去。她在讥笑我的时候，露出了尖尖的牙齿。我醒来时还依然心有余悸，但我自言自语道，关于母亲的所有美好记忆中，我不应该忘记她还有这样一面。"

　　他在几个月后又梦见了母亲——"我正在某个地方散步，我的面前出现三个女人，她们都穿着长长的拖地睡衣。其中一个女人转过身来，那是我的母亲，她非常清晰地说：'原谅我。'"

　　一个女儿梦见了自己的父亲——"他正背对我往前跑，我想抓住他。这太可怕了。"

　　一个寡妇在丈夫自杀一个月之后梦见了他——"我梦见两个相连的螺旋式楼梯，我从其中一个上楼，他从另外一个下楼。我伸手去拦他，但他假装不认识我，继续向下走。"

　　作家埃德蒙·威尔逊总是梦见自己朝思暮想的亡妻玛格丽特：

　　在一个梦中，我梦见她还活着，这意味着什么？人们不是说她已经不存在了吗？可是她明明就在那里。现在，还有什么能再次阻止我和她一起生活？

　　在一个被灰色笼罩的梦里，我告诉她我是多么愚蠢，竟然认为我再也见不到她了。

　　在一个梦中，我梦见我和她上了床——没有什么理由可以阻止我们在一起。

在一个梦中，我梦见她病了，而且很快就会不久于人世。她躺在一个曾给我们看过病的女医生的病床上——当我们说话时，我觉得她会好起来的。只要我能让她相信我爱她，而且希望她好起来，那我们的麻烦就会迎刃而解了……

在幻想和睡梦中，在我们寻觅死者的过程中，我们总是试图否认丧失这一现实。因为我们所爱的人死了，会使我们再度感受到童年那种被遗弃的恐惧；会使我们心中那种被遗弃的痛苦再度燃起。有时，我们能通过唤起死者，使自己相信我们失去的人依然活着，使我们觉得自己没有被抛弃。然而有时候，正如我的一位务实而又理智的朋友，给我讲的那个令人毛骨悚然的故事中所说的那样，唤起死者最终会使我们相信他们真的死了。

乔丹的妻子死于自杀，在她死了两年之后的一天，乔丹和他的新情妇迈拉躺在了一张床上。迈拉曾是他的前妻阿琳的朋友，而乔丹把迈拉看作阿琳的替身，而且他曾强迫迈拉模仿阿琳生前的一举一动。迈拉是一位非常可爱的女人，但是乔丹没有娶她，因为她毕竟不是阿琳。

然而一天夜里，他无意中醒来，扫了一眼迈拉睡熟的身体，"我没有看到迈拉，我看见的是阿琳的尸体。我不敢回忆过去，但我也不能面对她是迈拉的这一现实。所以我就一直躺在那里，和那具尸体躺在一起。"

最后，他终于走下床离开了公寓。

现在，他已经和迈拉结婚了，他们快乐地生活在一起。乔丹说他的经历很恐怖，但也正是这个恐怖的经历使他得到了解脱，并最终使他继续生活下去。这一经历使他认识到，他无法使他的妻子复活。他说："我不能用另一个阿琳代替阿琳。从那以后，我能够让阿琳死去了。"

在这个极为痛苦的阶段，有的人会默默地伤心，而有的人则会把哀伤表达出来——虽然不是通过撕烂衣服和弄乱头发的方式，但我们会以不同的方式表达我们的哀伤：我们会产生恐惧感和内疚感，我们会落泪，我们会陷入焦虑、愤怒和绝望。在第二阶段我们无法接受现实，我们无法面对丧失，但是在我们通过不同的方式，设法度过这一艰难阶段之后，我们便进入了哀伤的结束阶段。

***

起初我们异常震惊，接下来我们度过一个精神极为痛苦的阶段，最后我们便进入了哀伤的"结束"阶段。虽然我们在这一阶段有时还会落泪，还会想念死者，但结束意味着我们在很大程度上已经恢复，已经接受、适应了这一丧失。

我们恢复了以往的常态和精力，我们重新对生活燃起了希望，重新拥有了投入生活和享受生活的能力。

虽然我们还会幻想或是梦到死者又回到我们身旁，但我们也接受了现实——他们永远都不会再回来了。

我们适应了已经发生改变的生活环境，虽然这一过程是那么艰辛。为了继续活下去，我们调整自己的行为，改变自己的期望，修正我们对自我的定义。精神分析学家乔治·波洛克就哀伤问题写就了大量文章。他把哀伤过程称为"适应成长的一种比较普遍的形式"。他指出，成功的哀伤远远不止意味着成功地摆脱逆境，他认为哀伤还能导致有创造性的变化。

但是他和他的同事提醒我们说，在多数情况下，哀伤都不是一个直线向前发展的过程。琳达·帕斯坦也在《我失去你的那一夜》一诗的开篇部分这样提醒了我们。她在诗中追溯了哀伤从开始到结束的各个阶段，她描述了这艰难的、长期的攀登过程……

……此刻，我看清了自己在向什么地方攀登：
我的目标是接受，
我要用特殊的字体，
特殊的格式书写你，
接受，
你的名字熠熠生辉。
我继续攀登，
挥动着双手，我放声呼喊。
向下望去，我看到我的生活如浪花四溅，
我看到了我所知道的一切壮丽景象，
还看到了我梦中出现过的壮丽奇观。
向下望去，一条鱼一跃而起，

冲动已是如鲠在喉。

接受，

我终于到达了那个地方。

但好像出了点差错。

忧伤如盘旋的楼梯，

我已失去你。

帕斯坦说，经历这些痛苦的阶段，就犹如爬盘旋的楼梯——就如同我们在"被截肢"后学习爬楼梯一样。C.S.刘易斯在自己深爱的妻子去世后，对于哀伤，他也运用了相似的比喻：

它总是会这样吗？每当面对那强烈的空虚感，就如同面对一个全新的事物，总是会让我在惊诧之余对自己说："到现在为止，我还没有意识到那是一种丧失吗？"那种感觉就像一条腿被一次次地砍掉，而且每一刀刺进肉里都会让你感到无比痛苦。

他在其他部分还写道：

一个人不断地从一个阶段挣脱出来，但又不断地回到那个阶段，就像一个人在绕圈跑，总是会重复以往的路程。我也会陷入这种循环吗？

有时候，哀伤循着这种方式运行；有时候，我们的痛苦也是按这种方式折磨着我们。

虽然我们最终接受并适应了现状，恢复了往常的状态，但是在"周年的时候"我们还是会感到痛苦——我们会再度因为死者而陷入痛苦，我们会感到孤独与绝望，我们会思念他们。在死者的生辰或是忌日，在每一个与死者有着密切联系的日子中，我们都会再度陷入痛苦。虽然哀伤在发展过程中会遇到障碍，而且还会反复，但是它总会结束的，即使是最令人心碎的哀伤也会有终结的一日。下面的文字就记录了一个女儿的哀伤过程：

午夜，我醒了，我对自己说："她去了，我的妈妈死了，我再也见不到她了。"对于这种情况该如何解释呢？

唉，妈妈，我不想吃饭，不想出去散步，不想下床。看书、工作、做饭、听广播、探访亲友，什么都不重要了。我只想深深地陷在伤痛中，不想被任何事打扰。即使现在让我死，我也不在乎，我真的不在乎。每天半夜，我都从睡梦中醒来，然后对自己说："我的妈妈死了……"

哀伤……你似乎已经彻底被哀伤笼罩了。你总是这样伤心。在某种意义上来说，哀伤就像怀孕。但是……怀孕的时候，即便我们十分懒散，什么都不想做，也还是感觉想做点什么；而哀伤的时候，我们会感觉做什么都毫无用处，做什么都没有意义……在我头脑中萦绕的只有她的死……

我的日常生活已经中断，我陷入了一种与世隔绝的状态。我不再期盼从这个世界上获得什么，也没有什么可以给予这个世界。当情况变得非常糟糕的时候，你会觉得这个世界已经消失了。对于你来说，这世界上的人以及这世界上的任何事物都已经不复存在。

所有的一切都是令人厌恶的恶作剧，我们的生活也是如此。你孑然而来，又孑然而去，从零走到零。既然如此，你为什么要把自己与爱联系在一起，为什么让自己与那个离你而去的爱人联系在一起？爱的结局是痛苦，生活是一种死刑，你最好不要让自己在任何事情上投入情感……

我不得不从头开始，又重复起之前的痛苦。她死了，我仿佛是刚刚才知道这个消息。于是我又陷入了最初的悲痛之中。我被狂乱的水流吞没了。我希望我能抓住妈妈的手，我希望她能把我拉到岸上。我多么想念她啊……

在有些日子里，我敢拿出她的照片来看。照片中妈妈的形象使我获得了重生，它让妈妈的形象深深地印入了我的脑海。在其他一些日子里，我凝视着照片中的她，泪水模糊了我的双眼。仿佛我刚刚失去妈妈……

强烈的情感喷涌而出，自怜之情倾泻而来……我伏在妈妈的肩头痛哭不已，我在风中呼喊，看着一去不返的浪花我不断啜泣。一曲挽歌，一阵哀乐，你来了，然后走了。我曾经拥有她，但是现在她已经走了。那新生活是什么？又有什么意义呢？

我的伤口正在愈合吗？现在我看着她的照片，已经没有了被止血带勒住脖子的感觉，现在不会感到窒息了……我开始注意我的生命中有关她的一切，而不仅仅是把注意力集中在我失去了她。

一点一点地，我又回到了现实世界。一个新的阶段，一个新的躯体，一种新的声音。群鸟通过飞翔安慰我，大树通过生长安慰我，小狗通过踩在沙发上的脚印安慰我。素不相识的人在行走中安慰我。慢慢地，我恢复了，就像从一场大病中恢复了过来。这是自我的恢复……我的妈妈如此安详，她已经准备好了。她想做一个自由的女人。她说："让我走吧。"好的，妈妈，我这就放你走。

在另一段文字中，这个女儿还谈到其他内容：虽然妈妈现实中已经不存在了，但"我的心里满满的全是她"。她用自己的话描述着精神分析学家所谓的"内化"过程。通过把他们内化，即把他们内化为我们内心世界的一部分，我们才最终结束了哀伤的过程。

但一定要记住，作为孩子，我们只有在心中建立一个永久存在的母亲形象，才能够放弃母亲或离开母亲。所以同样地，当我们所爱之人去世了，我们也是通过这种方式内化他们，把他们带入我们的内心世界，让他们成为我们内在自我的一部分。精神分析学家卡尔·亚伯拉罕写道，这样一来，我们就会觉得"所爱之人并没有走，而是我们把他们放在了我们的内心世界"。不错，他确实有些言过其实，因为那抚摸去了，那欢笑去了，那允诺去了，所有的可能性也去了，我们不能一起听音乐、吃面包了，我们不能睡在一起了，那个令人感到快乐和安慰的血肉之躯不在了。然而有一点是不容置疑的：我们把死者内化为我们内心世界的一部分，唯此我们才能以某种重要的方式让他们永不逝去。

认同是内化的多种形式之一。关于认同，我在本书中已经讨论过了。通过认同我们能够发展和丰富我们正在形成的自我。通过认同我们能够把我们所深爱的死者融入自我的很多方面。这些方面通常都是抽象的，但令我们惊讶的是，这些方面偶尔也会具体地表现出来。

莉莉·平卡斯医生描述了这样一个女人，她哥哥是一个热心园艺事业的园丁，她在兄长死后竟然也干起了园艺工作。还有一个平素比较木讷的女人，在她那机智风趣的丈夫去世后，竟然变得诙谐而又活跃。同样地，我们也会认同死者生前那些不太可爱的方面，所以认同也能是病态了。但是，我们把死者融入自我——让他们成为我们所想、所感、所爱、所求、所做的一部分——我们便会让死者永远留在我们身边，同时，放弃他们。

＊＊＊

我们已经知道，哀伤能以有益的认同结束。但是哀伤的过程却常常出现一些差错。因为，当我们所爱的人逝去，对于他们的死，我们可能会无法成功地走出哀伤，或者我们让自己"困在"哀伤过程中。

在持久的哀伤或是慢性的哀伤过程中，我们无法使自己走过第二阶段。我们陷入极度悲伤的状态，持续处于极度痛苦的深渊，我们无法缓解自己的伤痛、愤怒、内疚和沮丧，我们无法继续以后的生活。每一个人哀伤的过程所持续的时间是不一样的，所以我们很难确定哀伤究竟会持续多久。对于有些人来说，可能是一年，对于有些人来说可能是两年或更长的时间。这些时间长度都是正常的。但是，无论哀伤会持续多久，我们终有一天会心甘情愿地放弃那段已经丧失的联系。如果我们不能放弃或不愿放弃，那我们的哀伤就是病态的。

贝弗利·拉斐尔描述了一种慢性的哀伤：

他们不停地号哭，把所有的注意力都集中在死者身上；他们愤怒地对抗，一遍一遍地回忆自己与死者的过往，而且他们常常会理想化自己与死者的联系。他们总是不能让哀伤自然发展，不能让哀伤走入最后的阶段，似乎他们总在投入新的而又特别的角色，似乎他们总是让自己扮演那个受到痛苦折磨的人。

她补充说，"仿佛死者就活在悲伤中"，他们通过伤痛就能见到死者一样。早在很久以前，诗人们就认识到了这一点。当莎士比亚塑造的菲利普王斥责康斯坦斯时说道："你就像喜欢自己的孩子那样喜欢悲伤。"对此，康斯坦斯给出了一段令人极度绝望的解释：

悲伤充满了我逝去的孩子的空房，
悲伤铺满了他的床，悲伤萦绕在我身旁；

重复着他说过的话，再现了他那美丽的面庞，

让我记住他所有的优点，

让我看到他空无身躯的衣裳；

那么，我有理由喜欢悲伤。

另一种慢性的哀伤，是所谓的"僵化"死者，即把死者曾经拥有的每一样东西都保持原样。例如维多利亚女王，在她深爱的艾伯特王子死后，每天都把他用过的剃须用品和穿过的衣服拿出来，摆放到他生前放置这些东西的位置。然而，不管慢性哀伤是通过创造一个家庭圣地体现出来，还是通过随时都能喷涌而出的、绝望而又痛苦的眼泪表现出来，它所传达的含义都是相同的："时间的流逝治愈不了我的创伤，我永远无法摆脱这份悲伤。"

在面对丧失的时候，如果我们为了避免痛苦，刻意延迟哀伤，或是刻意让自己不伤心，那么哀伤的过程就会出现混乱。如果刻意回避哀伤，也就是说哀伤过程出现阻碍，那么哀伤就会进入它的对立面——慢性哀伤。有时，对痛苦情感的回避可能会持续多年，甚至会持续一生。

我有必要提醒一下，我们现在谈论的是我们所爱之人的丧失，而不是那些和我们没有情感联系之人的丧失。我们谈论的是那些完全有理由让我们感到痛苦的丧失。如果我们所爱的人去世而我们却丝毫感觉不到自己的丧失，那我们就能十分自如地处理一切，不会掉一滴眼泪，就好像没有什么不好的事情发生一样继续生活

着。其实，我们是通过欺骗自己，使自己相信我们"过得很好"；其实，我们这是在自欺欺人。

例如，我们会在毫无意识的状态下感到害怕，担心我们的眼泪一旦开始落下来，就再也止不住了；担心我们会精神崩溃、神经错乱；担心那沉重的伤痛会压垮或驱散我们身边的人；担心我们在以前经历的所有丧失会再次吞噬我们。我们怎么才能知道自己是在抵御哀伤，反而对丧失却无动于衷呢？鲍尔比说，这能从很多不同的方面表现出来：我们可能会感到神经紧张、狂躁易怒，或者表情木然、一脸严肃的样子，或者强颜欢笑，或者沉默寡言，或者过度饮酒。我们可能还会身患疾病，以肉体痛苦代替精神上的折磨。我们可能觉得难以忍受别人谈论死者或是与死者相关的事情。

精神分析学家和莎士比亚都曾提到，哀伤是让自己从痛苦中解脱的方式，不能哀伤对健康是有害的：

把心中的伤痛用言语宣泄出来吧。无言的伤痛，
  会把你的心压垮；会把你的心撕碎。

然而，不管悲痛是否被表达出来，所爱之人的故去都会在精神上和身体上对生者的健康造成长期的危害。这些生者会比那些没有失去至亲的人寿命短，相比之下，这些生者更易于自杀、患病、吸烟、酗酒、吸毒，他们得抑郁症或心理疾病的概率更高。一个女人在丈夫去世后，感到前途一片渺茫——就像"一个深不见底

的黑洞"——她告诉我说，她是让自己有意识地选择继续活下去：
"我会继续活下去的。"她认为在所爱之人去世后，所有人都曾在
心里进行过生死抉择，而且她曾目睹她的一位朋友"选择了另一条
路"。有些人心中萌发轻生之念，幻想自己能在天堂与死者相聚；
还有些人就像作家托马斯·曼在小说《魔山》中塑造的人物——汉
斯·卡斯托普，无法生活下去：

　　父亲赫尔曼·卡斯托普无法接受这一丧失。他和妻子曾经深
深地联系在一起，但是现在，他那原本就不算强壮的身体，在妻
子去世后变得越来越糟了。他精神萎靡，郁郁寡欢，迟钝的大脑
让他在生意场上连连受挫……第二年春天，他在风浪很大的码头
视察仓库时，染上了肺炎。高烧对他来说就是致命的稻草。虽然
海德坎尔特医生用心照料，但五天后，他还是与世长辞了。

　　对于人们所承受的压力，很多研究者一致认为，失去一位最
爱的亲人，是我们日常生活中最令人压抑的一件事。的确，我们
中大多人都要承受"生活压力"。统计结果显示：每年有八百万左
右的美国人面临家庭成员的离世；每年会新产生八十万的鳏夫和寡
妇。每年还有大约四十万不到二十五岁的孩子死亡。
　　由死亡带来的丧失，是造成生活压抑的主要原因，而且成百上
千的研究显示，每一件给生活带来压力的事情都会增加人们患病
概率，既包括精神疾病也包括身体疾病。然而并不是每一个遭到

死亡打击的人都会患上这类疾病。是什么导致了这种差别，是什么导致有些人那么脆弱？对于这个问题，人们很感兴趣。

医学研究发现，对于上述问题，人们普遍赞同这样的答案：有些人在精神状态和身体素质方面原本就很差，在面对丧失的时候，他们的患病概率自然就很高。因此有些人会以自杀来解决丧失亲人带给自己的痛苦；因此有些丈夫或妻子在配偶去世后，会产生极度矛盾的情感，会异常依赖别人；有些人原本就不太与人交际，在经历丧失后缺少亲友的抚慰，因此他们所承受的伤痛会更加沉重；年纪轻的人会比年龄大的人更加脆弱——研究显示，童年丧失最常见的结果之一就是成年后更易于患上精神疾病。

对于幼年丧失和分离的代价，本书在开篇部分就已经进行了探讨。我们看到，早年经历的那次最初丧失，给人的感觉就与死亡带给我们的痛苦十分相似。我们看到，在幼年岁月中，我们也许会误解自己遭人离弃的经历——我们会觉得被人抛弃是因为我们不可爱，我们不好。对此，我们可能会产生无助感和愧疚感，我们会感到恐惧和（或）愤怒；我们也可能会体味到难以忍受的伤痛；我们在应对心中产生的各种情感时，无论是内在的抚慰还是外在的帮助，我们可能都没有得到。

因此，儿童可能也会因亲人的离世而哀伤，但是他们可能会无法成功地应对这一惨烈的丧失。他们很可能在童年结束的时候，都无法战胜他们所经历的丧失。他们也会在童年以及之后的岁月寻求各种策略，去应对那些对自己产生伤害的丧失。在一个充满爱心与关怀的家庭中，孩子们也许能得到鼓励和支持，使他们表达出自己的全部内心感受，让他们去抒发自己的伤痛，直到哀伤结束。但是，正如我们上文所论述的以及我们在第1章所了解的那样，幼年的丧失会伴随我们一生。

丹麦作家托芙·迪特尔维森在很小的时候就父母双亡。她在诗中这样描述了自己：

当你拥有，
曾经拥有，
一种巨大的欢乐，
它会永不消弭，
微微地颤抖。
在所有不安全的，
成年生活的边缘，
缓和那与生俱来的恐惧，
使人更加沉睡。

卧室，
曾经是光芒闪耀的岛屿。
父亲和母亲，
被画在，
清晨的墙上。

他们递给我，

一本闪闪发光的画册，

微笑着，看着我，

欢天喜地的样子。

我看见他们很年轻，

彼此相处，

很快乐。

这是我第一次看到，

也是我最后一次看到。

世界，

已经被永远划分为，

过去和后来。

从我五岁起，

一切，

都变了。

　　或许，就是因为那"巨大的欢乐"使托芙·迪特尔维森创作了三十二部作品：有诗歌、小说、回忆录、少儿读物和散文。或许，那"巨大的欢乐"帮助了她，却没能拯救她。她离过三次婚。她吸毒。她于1976年自杀身亡。

每一个幼年丧父或丧母的孩子都注定在未来的岁月中绝望而又无助地生活着吗？幼年的主要丧失都会使孩子在未来的岁月中变得精神扭曲吗？答案当然是否定的，即便研究显示，他们陷入精神扭曲的可能性会大一些。天生强健的孩子面对丧失的时候会很坚强。但是脆弱的孩子在体贴入微的成年人的帮助下，或许也能通过有利于身心的哀伤而使自己适应丧失。

　　有些精神学家认为，幼儿没有自己结束哀伤的力量。对于这一观点，鲍尔比和其他医生强烈反对。他们坚持认为，孩子的需求包括：在亲人离世前他与家庭保持着和谐的关系；死亡发生后，他能有一个可以依靠的、能给他以安慰的看护者；及时而又准确地得知死亡；得到鼓励，而且能和家人一起为死者的离去而哀伤。不过他们也承认，这些需求常常得不到满足。

　　毋庸置疑，这些外在条件具有很大的意义。但是我们不要忘记，孩子既生活于现实世界，也生活于头脑中所想象的世界。并不是所有与家人一起哀伤的孩子，也并不是所有得到关爱的孩子都能够做一些必要的事情使自己放弃死者，他们中很有可能有人直到成年才真正放弃死者，可能有些孩子只有在心理医生的帮助下才能做到这一点。

　　不过，有些孩子做到了。拉斐尔医生认为，在下面出现的这一场景中，家人的这种反应能够帮助孩子经历和结束哀伤：

　　杰西卡五岁了。她把自己画的画拿给妈妈看。画上画着黑云、黑暗的森林和一些红色的斑点。

母亲问道："亲爱的，告诉我你画的这些都是什么？"杰西卡指着那幅画："这些红色的斑点是血，这是云彩。"她的母亲说："哦，是这样啊。"杰西卡接着说："看，这些树很伤心。云彩都是黑色的，它们也很伤心。"母亲问道："它们为什么伤心呢？"泪水慢慢地流到了杰西卡的脸颊："它们伤心是因为它们的爸爸死了。就像爸爸死了以后我们也伤心一样。"母亲紧紧地抱住女儿。她们都哭了。

如果我们在早年经历一些重大的丧失，那会使我们在未来应付新的丧失和分离的时候备感吃力。然而，即使我们在早年成长阶段没有经历惨重丧失，我们也很可能永远无法从丧失子女的痛苦中挣扎出来。在如今这个现代化的工业世界，中产阶级的父母总是寄希望于自己的子女，希望他们将来能供养自己。所以子女的死亡，对于他们的父母来说自然是一件有悖常理、可怕至极的事情。

然而在我的中产阶级的朋友之中，我能找出十一个孩子在三至二十九岁之间因意外事故、自杀和疾病而离开人世。十一个孩子！他们的父母会何等哀伤呢？他们该如何结束哀伤？他们能结束哀伤吗？

我所读过的故事以及父母为去世多年的子女所流的眼泪，似乎都让我看到，父母永远无法从丧失子女的痛苦中挣脱出来，即便父母非常慈爱，即便他们还有其他子女。

的确，不断地哀伤仿佛意味着对死者忠诚，而停止忧伤似乎意味着背叛死者。维拉的女儿琼七年前去世了，当时她年仅二十九岁。维拉说："当我提起女儿的名字而不再声音颤抖时，我真的为自己感到骄傲。"但她随后又补充说道："当我提起她而不感到声音颤抖时，我也有些诧异。"

从女儿被确诊为癌症到她去世的几个月里，维拉觉得自己仿佛生活在"虚无缥缈的虚幻世界"。对于现实情况她只字不提，希望以此来保护四个更加幼小的孩子。琼搬回家以后，她每天悉心照料琼，"尽可能使一切都让她称心如意"。她每天都装作充满希望、兴高采烈的样子——她从未和琼一起流泪，除了有一天，她们在看电视的时候，电视里的一段对白让她们双双落泪了：

我会死吗？
是的。
但我不想死。

琼去世之后，维拉心灰意冷，觉得自己就是一具"行尸"。她总是私下里偷偷流泪，但有人在的时候，她却装作一副若无其事的样子。她解释说："我伤痛欲绝，感觉自己仿佛是吞服了一剂使人意志消沉的毒药。我认为，我有责任让孩子们看到我能坚强地挺过去，我有责任保护我其余的孩子，不让他们被生活中的死亡吓到。"

但大约过了五年半，在她最小的孩子离开了家之后，她的痛苦日益加剧，"感觉自己的心非常痛。我感到十分伤心，我不停地哭泣"。后来她寻求帮助。

现在维拉说她感觉好多了。虽然作为她的朋友，我们都得到过她的建议、安慰，虽然她也曾给予我们力量和欢乐，但她也承认，她依然感到生活缺了点什么。她所遭遇的丧失是致命的，因为据她所说，她失去的不仅仅是自己所生的第一个孩子，她也失去了自我——作为孩子的保护者，她失去了自我的核心部分。

我曾幻想自己能保护我的每个孩子，给他们安全感。我在生活中所扮演的角色是孩子们的保护者。琼的死亡对我来说是一个巨大的打击，但这也使我认识到我是那么无能为力，我保护不了任何人。

她为丧失女儿感到痛心，她也因为自己丧失了那一角色而哀伤。

人类学家杰弗雷·戈洛在他那部具有前瞻性的著作《死亡、忧愁和哀伤》中，得出这样一个结论：成年子女的死亡给父母带来的伤痛是最大的，也是最持久的。然而那些经历了丧子或丧女之痛的人，以及除此之外的所有人都应该明白或是理解这样一点：我们也会因为丧失孩子或者丧失那些曾经对孩子怀有的期望而哀伤，而且这种哀伤在抚养孩子的各个阶段都有可能会出现。一次早产可能会被我们看作丧失而感到哀伤："他们说那没什么……但是那孩子是我的，对我来说很重要。"一次流产——无论它看似多么合情合理、多么必要——也会被我们看作丧失而感到哀伤。一个婴儿一生下来就是死的，这对我们来说也是一种丧失，我们也会因此而哀伤，一个孩子在出生后一直都被包围在各种针管和药片之中，虽然他只活了几天或是几个星期，之后就死在了抢救室中，但这也是一种丧失，我们也会因此而哀伤。

玛格丽特在二十二岁时，她的孩子因为早产，生下来不久就夭折了。他匆匆地来到人世又匆匆地离去了。玛格丽特说："在家里空空的屋子中，我被痛苦的浪潮淹没了。我很伤心。头脑中一片空白。我觉得我永远都不再是一个完整的人了。"

如果一个孩子已经在一个家庭生活了一段时间，并且亲戚朋友也都知道了这个孩子的存在，无论孩子多大，他的死亡都是一种丧失。父母曾对这个孩子怀有期望，他们曾经一起共度很多美好的时光，这些对于人们来说都是丧失，而这些丧失必然会引起我们的哀伤。对于孩子的死亡，我们会感到愤怒、内疚、忧伤和绝望，我们会理想化他们，我们对他们的死产生矛盾心理。拉斐尔写道："他们的死会改变父母的生命历程，甚至还会改变父母之间的关系。"

在我的朋友中，对于那十一个早逝的孩子，他们父母的忧伤并不像纪念碑那样始终屹立在心中，永不倒塌。他们欢笑、做爱，他们盘算着生活，他们做着所有他们必须做的事情。我知道他们中间肯定有一个人相信，自己会在来生和孩子再次相逢。但我认为他们中大多数人都永远无法全部消化掉这一丧失。

在女儿索菲三十六岁诞辰纪念日那天，西格蒙德·弗洛伊德在给朋友的信中写道：

虽然我们知道，在经历这样的丧失后，最令人心痛的哀伤阶段会慢慢过去，但我们也知道，我们的心灵永远得不到抚慰，我们永远无法填补这一缺口。无论我们用什么去填补这缺口，无论我们把这缺口填得有多满，它都依然会以其他的形式存在。

失去父母会给孩子带来创伤，同样地，失去子女也会给父母带来伤痛。但失去配偶会涉及很多不同的丧失。

因为配偶的去世，意味着我们失去了一个伙伴、情人、挚友、保护者、家庭支柱，意味着我们的孩子失去了一位家长。我们会因为自己不再是一对中的一方而感到伤心。如果我们的生活完全依赖配偶，而他或她又撒手人寰了，那我们也会因为自己的全部生活方式发生改变而哀伤。有些人原本在婚姻生活中扮演的角色是为配偶做饭、照顾配偶、与配偶相依为命，但随着配偶的离世，这些人就会因为自己的生存没有了价值而感到伤心。还有一些人，他们把自我建立在配偶认可的基础上，但随着配偶的离世，他们会因为丧失了自我而哀伤。

琳·凯恩在她那部痛苦的自传《寡妇》中十分坦率地讲述了自己的生活。她写道："我们相依相伴，所以很多妇女在丈夫死后便失去了自我。"她说，在丈夫去世后，"我就像一只被冲到海滩上的海螺。把一根稻草伸进海螺那弯弯曲曲的身体中，反复试探都会发现，这是一只没有肉体的海螺，里面什么都没有，它只是一个空壳。贝壳里面的肉体已经萎缩了，已经离开了。"

维基的丈夫是一名演员，他在大红大紫的时候去世了。维基作为明星的妻子，过着奢华的生活，和他们交往的也都是很有魅力的名人。她与丈夫到处旅行，参加各种晚会，度过了很多刺激而又疯狂的夜晚……但是，现在她要自己度过孤寂的夜晚了。她在丈夫去世之后一年半的时间里，没能从丧夫的痛苦中解脱出来。她告诉我说："我喜欢自己曾经拥有的，别的我什么都不要。我就想要我曾经拥有的。"

在伊莱恩四十五岁时，她的丈夫去世了——此前，她已经无微不至地照顾他好多年了。她的全部生活都与照顾自己的丈夫有关。所以在丈夫去世后，她觉得"现在没有了他，我的生活就不再有任何意义了，我在生活中已经没有任何价值，也没有什么作用了。"

自从丈夫丹死了以后，弗恩把全部精力都投入到工作和几个喜爱她的成年子女身上，除此之外，她对什么都索然无味。她说，只有丹能使她感到自己是一个有价值的人，没有男人认可她就无法爱自己。所以，她迫切地、疯狂地想要找到一个男人。

一个声名显赫、个性独立的女人就能使自己不受丧夫之痛的折磨吗？当然不是。著名女演员海伦·海斯描述她自丈夫死后所度过的两年生活时，说出了这样令人震惊的一段话："我过着十分疯狂而又毫无节制的生活。在这两年中，我就没有一刻是正常的。这不仅仅是因为悲伤。我的生活异常混乱，我觉得自己疯了……"

即使不"疯"，有些寡妇也会感到自己陷入一种痛苦的精神混乱状态。一个女人在丈夫去世后说道："上帝把我安排到了一个更高的年级，但是那里的书桌对我来说太大了。"

夫妻中一人的死亡会摧毁一个社会单位，这会迫使活着的另一方承担新的角色，还会让活着的人面对可怕的孤独。如果过去充满了玫瑰色的光辉，那么未来便会随着一方的死亡而不具备任何价值。我们或许希望自己紧紧地守着过去的一切，但是慢慢地我们便会体味到过去的所有情感——那些温柔的部分和那些令人厌恶的部分。我们一定会因为配偶的死亡而哀伤，而且我们也一定会结束哀伤。

上面我们主要探讨的是我们所爱之人的死亡，但是下面我会提到另一种死亡——婚姻的死亡——因为离婚而导致的死亡。因为离婚也是一种丧失，与配偶死亡所引起的丧失极为相似，而且二者的哀伤方式也很相像。但是这两种丧失也有一些重要的区别：离婚会比死亡激起更多的愤怒，而且离婚并不是强制性的，它是夫妻双方选择的结果。然而离婚所引起的悲伤、渴望和思念之情也同样强烈；它所引起的内疚和自责一样强烈。不过，离婚所引起的被遗弃感会更加强烈——"没有人逼迫他离开我，是他自己主动选择离开我。"

与配偶死亡一样，离婚也会使人产生失去自我的感觉。让我们来听听莫妮克的表述：

曾经有一个男人丢失了自己的影子，我不知道他发生了什么事，但我记得那很可怕。对我来说，我已经失去了自我的意象。我以前并不经常留意它，但是它曾经就在那儿，映在幕后，就像莫里斯在画中为我展现出来的那样：一个坦率、真诚而又"可以信赖"的女人；她心胸宽广、前途无量；她善解人意、情感细腻、重情重义；她对人对事都有敏锐的感知力……现在一片黑暗，我看不到自己了。别人会看到什么呢？也许他们看到了一个丑陋的人。

相信大家都知道莫妮克是谁，她就是西蒙娜·德·波伏娃的短篇小说《受伤的女人》中的女主人公。她的丈夫莫里斯在结婚二十二年后离开了她。对于莫妮克来说，失去了莫里斯，就等于她失去了支撑生活的自我意象。正如那部小说的封面照片所表现出来的那样，一个裸体的人，像婴儿一样蜷缩在一个空荡荡的房间里光秃秃的地板上。

最近的研究表明，无论从身体方面还是从情感方面来看，离婚的代价都比配偶死亡的代价要高昂。结束离婚带来的哀伤或许会更加困难。因为离婚之后，双方还都活在世上。正如精神分析学家拉斐尔所说："无论'失去'的是妻子还是丈夫，你都是在为活人哀伤……"

我曾听到许多女人说——一些男人也曾有过这样的感慨——与离婚相比，他们宁愿自己的配偶死了。因为死亡不会使他们卷入无休止的财产和孩子争夺战，而且死亡也不会使人产生嫉妒心和挫败感。然而，离婚也好，死亡也罢，都会使我们失去那些与配偶共同度过的时光，使我们原来的生活就此崩塌。海明威写道："这世界击垮了每一个人，但随后很多人都从跌倒的地方坚强地爬了起来。"有些人如此，有些人不然。

有些人失去了配偶就有可能会一蹶不振。

有些人可能会像赫尔曼·卡斯托普那样，无法生存下去。

有些人会像那个刻意告诫自己要活下去的寡妇一样，对自己说："我还有很多事情要做，我很庆幸我还活着，但是没有他，我什么都做不好。"

有些人会再婚（鳏夫的再婚率远高于寡妇）。

有些寡妇会第一次走出家门去工作并且重新开始约会。

有些人在失去配偶后，已经无法再扮演互补婚姻中的一方，他们会接受死者的一些特征，让自己拥有死者曾经代表的那些才能和力量。他们可能会在感到惊讶甚至是不忠的同时，让自己的生命焕发出光彩。

* * *

在观察引起哀伤的种种原因中，我们会发现，我们也一定会为兄弟姐妹的去世而哀伤。这种哀伤可能在很大程度上掺杂着成就感和内疚感，而且在我们的童年尤为如此。我们为自己干掉了竞争对手而产生了成就感；而我们也因为自己怀有干掉对手的愿望而心中内疚。我们为失去一个玩伴、室友、伙伴而哀伤：为丧失而感到痛苦，也为获胜感到痛苦。

我记得在小时候，有一次全家搭乘一艘远洋客轮出外旅行，我的妹妹露易丝突然不见了。我们找遍了这条船都没有看到露易丝的身影。于是我们又重新找了一遍，还是没有找到露易丝。我的母亲以为她两岁半的女儿落水淹死了，她非常伤心，整个人都被吓呆了。那时我只有四岁半，却拥有很强的竞争意识，在那一刻，我的心理感受十分复杂：

我心中那个盼望已久的邪恶梦想实现了吗？我最期盼的恶毒愿望被满足了吗？我成功地干掉我妹妹了吗？感谢我心中那可怕的魔力。啊，多么恐怖！啊，我还内疚啊！啊，多么开心啊！

但是过了几个小时，妹妹找到了，她没有被淹死。我的母亲从恐惧中解脱出来，当场晕倒了。我也如释重负，因为我刚才还真的以为自己是个谋杀者而心中苦恼。虽然如释重负……但我也感到失望。

现在我和妹妹都已经步入中年，而且我们已经成了关系亲密的朋友。但是，她如今患上了乳腺癌、骨癌和肺癌。我们一起翻看家里的旧相册，我们一起欢笑，一同落泪，分享着属于我和她的共同回忆。如今的我，非常希望她能和我一起走完人生的旅程，而不是掉下船。

兄弟姐妹在长大成人并且离开家之后发现，自己与兄弟姐妹之间建立何种关系是可以自由选择的。有些人终生都与其兄弟姐妹保持着亲密的联系，有些人则会尽量不与兄弟姐妹建立联系。当然还有像我这样的，在获得成年人的自由后，把兄弟姐妹看成是自己可以与之交往的朋友。随着时间的推移，父母去世之后，第一个家庭就只剩下我们这些兄弟姐妹了。所以，我们开始重视与他们的关系，可能会把他们看作亲密的伙伴，也可能把他们视为守护者，为我们保存着过往的记忆。当他们去世时，我们会为他们哀伤，就如同下面这位诗人为她的兄长哀伤一样：

当我们发现疾病就要夺去你的生命，

我们像所有忠实的议会拥护者那样：撒谎。

我们都发誓要听你调遣，

在这最后一场演出中扮演好自己的角色。

第一幕很容易。你的左手已经不能动，

但你就像国王殿前表演杂技的人，用着你那灵巧的右手。

当你瘦弱的双腿开始颤抖，

我们拿出以前父亲星期日挥舞的手杖，

帮你行走。

一月又一月，战场已经逐渐缩小。

当你吞不下肉，

我们会把食物蒸软再打成糊，

把吸管放入巧克力苏打中。

当你不能说话了，你依然还可以用魔板，

在上面写出问题和答案，

你举起那页纸，就像风中的浣衣女。

我收集你头脑中散落的记忆，

小时候我们常常一起玩耍，

在冰冷的动物园里，

我们挤在一起相互取暖。

在你死前的三个月，你坐在轮椅上，

我推你穿过帕罗奥图安静的大街小巷，

领略春天绚丽的风光。

你写下每一朵愚蠢的花的名字，

我都不认识。雨中的丝兰，

阳光下的含羞草。当你把头凑过去的时候，

所有的枝叶都为你摆动。

你写出了丁香、木兰、百合，

还有夹竹桃和飞燕草。

噢，多L的男人[①]，我的哥哥，

我那狡猾的灵魂永远都不会再拼写，

那些毛茛和罗布麻之类的词语，

---

① 因为诗人的哥哥在拼写丁香、木兰、百合等单词的时候，把每个单词都多写了一个L，例
如丁香，他把lilac拼写成了lillac，例如百合，他把lily拼写成了lilly。所以诗人把她的哥哥
称为"多L的男人"。——译者注

那些绚烂夺目的词语，

除非我能用你的拼写方式命名它们。

父母寿终正寝，纯属人们意料之内的事，似乎对于人们来说，他们的死比较易于接受。然而我的一个朋友的母亲在八十九岁时去世了，我对我的朋友说："嗯，她度过了完整的一生。"我的朋友生气地回答道："我非常不喜欢听到人们说她有完整的一生，仿佛我因此就不应该为她的离世而难过似的。她去了，我十分伤心，我会怀念她的。"

我有一位名叫杰罗姆的朋友，他的父亲在七十八岁那年死于家中，结束了自己丰富而又绚烂的一生。但是杰罗姆对我说："在他去世前，我已经有了心理准备，然而当他真的去了的时候，我还是觉得不知所措。"虽然他知道死亡会降临在双亲身上，"但在它发生的那一刻我仍然无法面对，我还是没有准备好"。

杰罗姆说，他以犹太人的方式，在死亡发生后的11个月内每天早晚都为死者祈祷，"重申我父亲对神的敬仰。我这么做我觉得自己的伤痛得到了宽慰，因为我在这期间每天都给了自己一个思念父亲的时间"。他说他现在还会常常想起自己的父亲，"每年逾越节我都会思念他"。

如果我们认为父母去得很安详，那我们就会心中释然，不会对他们的死耿耿于怀。虽然我们会非常思念他们，但是看到他们徒劳地挣扎在死亡的边缘，我们会更加痛苦。坐在他们的床边，我们可能会情不自禁地说出这样的话："别再痛苦地挣扎了。放弃挣扎，安详地去吧。"

你长了一双痛苦的双翼，
就像一只受了伤的海鸥在床头拍打着翅膀。
你想要喝水，你想要喝茶，你想要吃葡萄，
但是你连皮都咬不破。
还记得你曾经教我游泳吗？
你说，松开手，
湖水会将你托起。
我现在想对您说，父亲，松开手，
死亡会将你托起……

在为父母的离世而哀伤的时候，我们可以通过这种想法来安慰自己：我们毕竟获得了和他们告别的机会——我们表达了自己对他们的感激之情，完成了他们没有做完的事情，在某种程度上实现了和谐相处。关于母亲的故去，西蒙娜·德·波伏娃这样写道："我已经喜欢上了这位垂死的妇人。当我们在昏暗的灯光下交谈的时候，我已经忘记了过去发生在我们之间的所有不快。现在，我又重新回到了我青少年时期与你谈话的方式。自从我长大以后，不论我们意见相左还是意见一致，我们都再也没有这样彼此交谈过了。我曾以为早年的温柔再也不会重现了……"

有人认为，在成年生活中，丧失父母会对子女的发展起激励作用，并使子女最终真正地成熟起来，使那些还没有真正长大成人、凡事都是唯唯诺诺的孩子走向成熟。的确，很多研究哀伤问题的学生坚持认为，任何一种死亡"都不是没有收获的丧失"。但如果他们能欣然地放弃丧失，那么他们也会高高兴兴地放弃收获。他们也会像我们一样，最终发现生活不会给任何人提供那么美好的选择。

　　哈罗德·库什纳拉比在他的第一个孩子艾伦三岁的时候，得知孩子患有一种罕见的早衰症。这意味着他的孩子会迅速衰老，而且还会头发稀少、发育受限，看起来就像一个小老头儿——他在十三四岁的时候就会死去。库什纳拉比在面对这种极不公平而又难以接受的死亡的时候，对于丧失与收获问题提出了自己的看法：

　　因为艾伦的死，我变成了一个善解人意而又很有影响力的牧师，我还成了一名颇具同情心的法律顾问。但我宁愿自己没有获得这些。如果放弃这些收获能换回孩子的生命的话，我会立刻放弃一切所得。如果我有选择的机会，我更愿意放弃因丧失而获得的心智成熟和心灵深度；我更愿意像十五年前那样，只做一个默默无闻的拉比、一名冷漠的法律顾问，不管能不能帮到别人，我都宁愿做一个聪明而又快乐的男孩的父亲。但是我没有选择。

　　或许，我们唯一能选择的是如何应对死亡：可以选择随着死者一起死去；可以选择带着伤痛活着；可以选择从痛苦的记忆中锻造出新的适应能力。通过哀伤，我们承认痛苦，我们感到痛苦，我们度过那痛苦的阶段。通过哀伤，我们放弃死者，并把死者内化到自我之中。虽然对我们来说，接受丧失带来的变化是一件十分困难的事，但通过哀伤，我们会渐渐接受那些注定到来的变化——然后，我们便慢慢地结束了哀伤。

Chapter 17　人到中年：成熟年代，别样情怀

>……我发现，随着一个人年龄的增长，他必须让步于不可避免的生命进程所导致的变化，而且在作出让步的同时，他会经历一个为自己哀伤的过程。他可能会说，这个过程是为以前的自我状态而进行的哀伤，似乎那些状态代表着丧失的一切。
>
>——乔治·波洛克爵士

我们会因为丧失了别人而哀伤，然而也会因为丧失了自己而哀伤，即丧失我们的自我意象所依赖的早年定义。因为身体的变化重新定义了我们，因为以往经历的各种事件重新定义了我们，所以在生命中的几个转折点上，我们不得不放弃先前对自我意象的定义，并且重新定义自己。

人的各个年龄段和所经历的阶段，以及在每个相继的阶段所承载的任务和特征，已经有很多人或很多部典籍进行过阐释：孔子、梭伦、犹太教法典、莎士比亚、埃里克森、希依、贾克斯、古尔德和莱文森等，如果篇幅允许，这样的名字永远都列不完。当代的研究显示，正常的成年人通常都会经历几个相同的发展阶段，但是他们经历每个阶段的方式却各不相同。有人认为，从整体架构上来看，那些人的生命中都注定会出现的分离一直在发挥着作用，所以稳定期和转变期会交替出现。

在稳定期内，我们为自己的生活打造出一个整体架构——我们会在这段时期做出一些关键的选择、追求一些明确的目标。在转变期内，我们会向组成稳定期架构的先决条件提出挑战——我们会提出质疑并探索新的可能。每一次的转变都是之前那一阶段的生活架构的解体，而每一次生活架构的解体——正如心理学家丹尼尔·莱文森所说的那样——"都是一个终点，是分离和丧失的过程"。他继续说道：

在发展过程中，转变期的任务是：终止生活中的一个时期；接受终止所带来的各种丧失；回顾并评价过往；对于保留过去的哪些方面、摒弃哪些方面做出抉择；考虑自己未来的愿望和各种可能。处在这个时期，人们悬于过去和未来之间，为努力跨越二者之间的距离而不断奋斗。过去生活中的很多方面都会通过分离或者切断联系被人们摒弃，而且人们在放弃或摒弃过去的过程中，可能是愤怒的，也可能是伤心和悲痛的。过去生活的很多方面也会成为未来的基础，各种变化既要在自我中也要在现实中进行。

在这些变化的过程中，我们从婴儿变为小孩，从小孩长成少年，然后进入成年生活阶段：从十七岁到二十二岁之间，我们脱离自己成年之前的世界——这便是我们早期的成年转变阶段；在二十多岁时，我们会确立生活方式、结婚并第一次走上工作岗位；在三十岁左右，我们会重新审视自己的选择，增加我们所缺少的，修正我们的生活，摒弃我们不再需要的东西——这便是我们的三十岁转变阶段；在三十岁之后，我们安定了下来，会把精力集中到工作、朋友、家庭、社交等方面；在四十岁左右，我们进入了处于早年的成年期和中年成年期的过渡阶段。莱文森把这个过渡阶段称为中年转变阶段。对大多数人来说，中年过渡阶段会经历一场危机——中年危机。我自己就曾经历过这一危机：

我该如何应对中年危机？
早晨还是一个十七岁的少女。
我才刚刚跳起贝根舞，
就已经成了一个，
失去活力的妇人。

我还在考虑长大以后，
要成为一个什么样的人，
脸上的粉刺就已消失，
皮肤也已松弛。

为什么我会记得珍珠港？
我一定还很年轻。
我曾经拥抱过的小伙子，
从什么时候已经开始谢顶？

为什么光着脚在公园里散步，

我的肾就会着凉？

我的心中还有诗情，

这似乎很不公平。

我还想着我是一个少女的时候，

我的未来就已经成为过去。

狂吻的岁月已飞一般地结束，

现在已是咖啡色的年代。

是这样吗？

在这个过渡时期，我们的皮肤失去了光泽，婚姻也失去了激情，但有些人依然以一种乐观的态度看待这些变化。在这个阶段，年轻时的很多梦想都已破灭，即便我们还抱定十七岁的心态，也无法阻挡生命慢慢走向衰落。有人认为，生活始于四十岁；我们会变得越来越好而不是越发衰老。如果中年就像索菲亚·罗拉那样，那也还不错嘛。然而在我们形成这些乐观的观点之前，我们需要认识到中年生活也是令人伤感的。因为我们在这一阶段会一点一点地、日复一日地——而不是在瞬间——丧失、离开、放弃那个年轻的自我。

现在，我们或许会告诉自己：在大学毕业后没发生什么变化。但这一点说来容易，做到却很难。因为我们在大学时代，眼皮并没有下垂，大笑过后也不会出现笑纹。我们可能试图告诉自己：我们和自己想象的一样年轻。但是这种愚蠢的口号也不过是自欺欺人而已。因为，若是睡前喝咖啡，可能到凌晨两点我们都难以入眠；如果睡前吃比萨，我们可能到凌晨两点都会因为消化不良而难以入睡。这时，我们还会觉得自己有多么年轻吗？最后，我们或许还会告诉自己：我们到了中年之后，会比以前更性感。的确，这一点或许是事实。然而这一事实还有另一面摆在我们面前：在我们周游世界的时候，我们所能激起的欲望比我们想象的要少得多。我们达不到我们想象的标准。

> 当我年轻的时候，生活困苦，
>
> 但我很漂亮，
>
> 我像所有的姑娘那样，
>
> 希望有丈夫、有孩子、有房子。
>
> 现在我老了，但我的愿望也更有女人味了；
>
> 我希望那个帮我把杂物放进车里的小伙子多看我一眼，
>
> 但是我很迷惘，他没有看我。

"我也是。"查尔斯·西蒙斯在一篇发人深省的散文《成熟年代》中引用了上面那首诗之后这样说道。他指出，商场负责账务的女孩永远不再和一个老男人调情了。实际上，她不再和你打情骂俏了。他解释说，现在你已被视为不再性感的人。如果在大街上有一个女孩找你问路，那是因为"你让她感到安全，而不是因为你长得帅"。

虽然有些男人到了中年后，确实如查尔斯·西蒙斯这般痛苦，但对于那些韶华已逝的中年女人来说，年龄的增长与容貌的变化对她们的伤害更大。因为即使男人长皱纹、谢顶或是从其他方面受到了岁月的侵蚀，他们仍然具有吸引异性的魅力。一位年近半百的男子可能会发现自己依然受到很多三十来岁的女人的欢迎；因为他此时拥有年轻时所没有的金钱和实力；虽然他年纪大了，但是他现在言谈举止间流露出的自信、他眼部的皱纹和灰白相间的络腮胡子，倒使他看起来更具魅力。

苏珊·桑塔格认为，对于女人来说，衰老就意味着另外一番景象。

她写道："与男人相比，身体上的吸引力对女人更重要，但女人的美貌与青春一样，会随着年龄的增长而逐渐消逝……女人比男人更早丧失性吸引力。"

衰老会令女人感到恐惧，因为衰老意味着女人丧失了魅力，失去了吸引异性的性吸引力。一位四十五岁的女人，因为自己已经不再引人注目而感到心痛，我曾听到她把衰老比作阉割。当女人看到自己韶华已逝，都注定会产生一种失落感。虽然每个女人都希望自己是一间屋子里最漂亮的一个，但是这种失落感并不是源于强烈的竞争意识。如果年轻就意味着拥有美貌，拥有美貌就意味着一个女人有性吸引力，而拥有性吸引力对于她们赢得和掌控男人十分重要，那么年老色衰就会使她们陷入恐惧之中，担心自己会被遗弃。

她做了一个噩梦："我梦见自己的丈夫要甩掉我去找一个年轻貌美的模特。别的男人也不会要我，我会孤独终老。"

实际上，这只是中年噩梦中的一个，而且这样的噩梦也常常会成为现实。

桑塔格写道："面对衰老，大多数男人会感到遗憾和忧虑，然而大多数女人则承受了更大的痛苦，她们甚至会感到颜面无存。对于男人来说，衰老是生命之必然，是每个人命中注定的事。然而对于女人来说，衰老就不只是她的命运……也成了她的弱点。"

事实上，即使女人没有被抛弃，青春和美貌的逝去也会被她们视为一种丧失：她们丧失了控制力，也丧失了实现幻想的可能性。我们曾经幻想，一个陌生人会穿过拥挤的房间冲到我们身边，并把我们变成他的人。然而这种幻想属于罗密欧的朱丽叶，而不是朱丽叶的母亲。所以，我们也要放弃此类幻想。

或许，我们会感到自己在这个阶段需要放弃的事一件接着一件：我们的腰围；我们的精力，我们的冒险精神，我们的视力，我们对正义的信任，我们的热情；我们的玩乐心，我们的网球明星梦，我们的影视明星梦，我们的参议员梦；还有我们曾经的那个幻想——幻想自己就是保罗·纽曼离开乔安妮之后所要找的女人。我们曾发誓要读很多书，如今已不再坚持履行当初的誓言了；我们曾发誓要去很多地方，如今也不再坚持要去那些地方了；我们曾希望自己能减肥成功或是获得永生，而今也不再怀有这些愿望了。

我们感到震惊，我们感到恐惧，我们没有了安全感，仿佛一个中心已经崩塌，围绕在其左右的事物也就四散而去了。蓦然间，我们会听到一些关于朋友的消息：他们发生了婚外恋，他们离婚了，他们患了心脏病，他们患了癌症；我们可能还会听到一些消息：有些和我们差不多年纪的朋友竟然死了。随着病痛的增多，我们会经常拜访内科医生、心脏病专家、皮肤科医生、足病医师、泌尿科专家、妇科医生和心理医生，我们希望从他们那里能获得另一种意见。

我们所谓的另一种意见，其实就是我们希望听到他们说：别担心，你会永远活着。

一位四十多岁的男人对我坦白道，他肘部发炎，虽然不是什么严重的病，他却因此而坐卧不宁、焦虑、失眠、苦恼。他解释道："我总是担心我的病情会恶化，这种担心令我十分烦躁。我总觉得现在我的胳膊出了状况，接下来会轮到哪个部位呢？虽然我知道肘部发炎绝对不是什么致命的病，但我还是十分忧虑，竟然还抽时间去查看了我的人寿保险。"然而他也开始认识到，虽然肘部发炎不会死人，但是生活会逐渐使人油尽灯枯。

对于我们来说，每一次体能下降，身体出现病痛并发生变化都暗示着死亡。看着父母的身体素质日渐下降，也许是陡然下降，我们意识到，我们很快就会失去挡在自己与死亡之间的屏障；我们还会意识到，父母去世后，就轮到我们了。

除此之外，随着父母身体日渐虚弱，他们的需要便会占据我们的时间，还会打破我们生活的安宁。他们又一次把我们拉回了他们身边，而且我们也常常会在电话里提到钱和健康。这时，我们的子女已经长大成人，他们现在已经能够自己照顾自己了。然而我们那寡居的父亲或是母亲能够独自生活吗？虽然父母越来越依赖我们，但是我们还是会带着焦躁、怨恨、悲哀、内疚，有时更多的还是关爱，在情感上和实际生活中满足着他们的需求。

到了中年，我们发现自己注定要成为我们父母的父母。相信在此之前我们之中很少有人会把这一点列入自己的生活计划。作为负责任的成年人，我们会尽自己最大努力扮演好那一角色，但实际上，我们更喜欢做自己子女的父母。不过正如我们在前面几章所看到的，我们会带着十分复杂的情感放弃我们与孩子之间的联系。因为我们的子女已经慢慢地离开了我们，他们有了自己的家，住在了别的城市，去了别的国家。他们生活在我们的控制之外，而且我们也无法照顾他们的生活了。虽然空巢有很多优点，但我们需要适应做父子关系或母子关系中仅存的一半，我们已不再是那个热闹而又温馨的家庭首脑，不再是——永远不再是——孩子口中所说的"我去问妈妈"中的那个举世无双的妈妈。

随着我们过往生活的难以为继，我们开始质疑那个一直支撑我们的对于自我的定义。我们发现一切似乎都难以企及，我们想知道自己是谁，我们想成为谁；我们想知道，在我们的生活中，我们所取得的成就、所树立的目标是否有价值。我们的婚姻有意义吗？我们的工作值得做吗？我们成熟了吗，或者我们背弃自己的原则了吗？我们与家庭、朋友的联系是建立在互相关爱的基础上，还是建立在互相依赖的基础上？我们期望自己拥有什么样的自由和力量？我们又敢于拥有什么样的自由和力量呢？

如果我们现在想要向某些事情提出挑战，那我们务必立刻行动，因为我们已经开始按我们还剩多少时日来计算时间了。我们认识到时间一刻都不会停歇，而我们可以选择的范围也日渐缩小。虽然我们还有期盼，虽然我们还有很多东西想要给予这个世界，但我们生命中那些珍贵的部分已经彻底结束了。我们的童年已经结束，青春也一去不返。我们在继续下一段生命旅程之前，必须先暂停我们前进的脚步，为我们的丧失默哀。

* * *

或许，我们前进的脚步不会那么轻松。虽然多萝西·蒂娜斯坦认为，从定义上来看，衰老所引起的丧失是值得肯定的。"我们放弃了年轻时那些热烈的、异想天开的激情；我们在中年时开始运用人生阅历赋予自己的力量"，但我们大多数人还会在放弃前进行一番挣扎。我们在进入中年时经历了各种丧失，而且之后也会面临一些丧失，我们会认识到生命是有限的，感到死神在向我们迫近。我们中很少有人会预料到，承认自己不再年轻竟然会如此痛苦，而且我们中很多人还会因为无法面对自己的衰老而一直奋力地挣扎。

或许，我们会原地踏步，强烈希望维持现状，拒绝任何改变。

或许，我们会极度希望重获青春，并为此不断努力。或许，我们会深受一些身心疾病的折磨。或许，我们总会给自己很多借口，让自己疯狂地投入到工作和改善自我的进程中，以此来分散自己的注意力。

那些拒绝改变的人公然违抗生命发展规律，紧紧地抓住他们的权力，坚持以他们那种不容商量的方式行事。他们坚持认为自己的子女还依然服从他们的意愿，他们就像一个男人所表达的那样，认为那些比自己年轻的商业伙伴是"不值一提的小人物，应该有些自知之明"；他们就像另一个男人那样，坚持认为自己的配偶不会与人私奔，"走上那条荒唐而又可笑的路"。就像那些不肯向暴风雨屈服的橡树，他们的种种坚持会因身体、婚姻和事业方面的变化而被击垮。他们无法适应，他们也不会适应，他们坚决地拒绝适应。

这些青春的追逐者并不希望自己只是现在这副样子，他们希望自己能重返青春岁月。他们喜欢自己曾经拥有的，他们也很希望再次得到它们。所以很多婚龄很长的男人和女人都在寻求比自己年轻的结婚对象，或者寻求与人私通，希望以此来忘记自己下垂的阴茎和乳房，哪怕只是片刻的忘记也好；或许他们还会通过整容、水疗、彩妆师、化妆品和健身课来使自己重获青春。现在，这样做的女人已经变得越来越多。我们中的大多数人在进入中年之后，都会尽我们所能去使自己保持完好无损。但我们此处想谈论的不只这一点，还要谈论那些青春的追逐者，他们会尽自己所能让自己再次拥有二十年前的容貌和生活。

那些患有身心疾病的人会因为患上了身体上的疾病而排解掉了自己心中的痛苦。他们可能会患上心脏病，甚至还会患上癌症。的确，大卫·古特曼在一篇出色的论文中，就精神分析和衰老问题，发表了自己的看法。他认为，一个人到了中年之后，会因为自己产生了一些依赖心理和消极的想法而感到十分不安。这些想法和心理会导致一些身体疾病，而且这些疾病还会把他带进社会上的一个重要机构，一个认可甚至是坚定了人们那些依赖观点的场所——医院。通过成为一个病人，这个中年人会说："不是我想请求帮助，是我那些染病的器官。我的精神虽然还不错，但是我的心脏、肝和胃却衰弱了。"

那些寻求改善自我的人，每天都会把自己的时间表排得满满的，希望以此来分散自己的注意力；他们的生活节奏非常快，所以他们根本无暇顾及自己失去了什么。虽然学习新技能和重返学校称得上积极的经历，但是疯狂的活动也有其价值。因为他们投身于这些**外在的发展而非内心发展**，使自己避免了面对已至中年这一现实。但是正如我们下文中所展示的那样，他们的这种做法也会把自己搞得筋疲力尽：

> 我已经给六个枕头绣好了花边，
> 我正在读简·奥斯汀和康德的大作，
> 我正运用中国顶级烹饪技巧制作红烧肉，

我没必要为找到自我而不断奋斗，

因为我已经知道自己想要的东西。

我希望自己健康聪慧、容貌秀丽。

我在陶器班学习新的上釉法，

我正在用吉他弹奏新学的和弦，

我在瑜伽课上学会了打莲花坐。

我没必要花时间去琢磨如何才能获得优越感，

因为我已经知道了答案：

既要健康聪慧、容貌秀丽，

还要受人艳羡。

我正在跟一个职业网球选手练习发球，

我正在练习希腊语中动词的用法，

在原始尖叫式疗法中，我发泄出了自己所有的不快。

因为我已经知道自己在寻求什么：

健康聪慧、容貌秀丽，

受人艳羡，

还要获得满足感。

我的园艺搞得有声有色，

跳舞使我腿部肌肉没有松弛，

在提高觉悟方面，我周围的人无人能胜过我。

我无时无刻不在忙碌，

为了保持健康，为了拥有美貌与智慧；

为了受人艳羡，

为了获得满足感，

为了获得勇气，

为了成为学识渊博的人，

为了成为一个了不起的女主人，

为了拥有高超的床上技巧，

为了学会一门外语，

为了身体健壮，

为了拥有艺术才能……

难道谁会妨碍我吗？

中年时期的痛苦和混乱，还会通过一些不那么疯狂的行为反映出来。虽然此时我们正值生命的全盛阶段，但是我们知道自己的时间不多了，正如一位诗人和很多空姐所提醒的那样，"我们即将着陆了"。因此，我们可能会精神萎靡——很多人也确实会如此。或许，我们会感到非常痛苦——"这样就完了吗？"如果我们没有实现自己的理想和目标，我们可能会感到极度失望；然而即使我们实现了，可能也会感到不安——"那又如何？"于是觉得生活索然无味。或许，我们会陷入自我毁灭的状态——酗酒、嗑药、飙车，甚至会自杀。或许，我们会嫉妒年轻人——看到他们朝气蓬勃，我们不禁妒火中烧，即使是对自己的子女，也会产生这种情感。或许，我们会因为自己做过的错事而深感自责，或许我们也会因为自己放过了行善的机会而深感内疚。或许，我们会陷入绝望，徘徊在"黑暗的森林里"……徘徊在崎岖不平的道路上。我们十分狂躁，很想知道自己能否再次找到出去的路。

精神分析学家们承认，他们难以肯定我们在面对中年危机的时候，会做出何种反应。每个人都有自己没有认识到的弱点和力量。然而他们认为，如果我们到达这一人生转折点时，还带着以前没有解决的主要冲突，或者还没有结束以前的发展阶段，我们很有可能会在现在的经历中重复过去的焦虑，重复我们以前解决问题时所用的那些有缺陷的方案。

例如，子女长大成人后会离开家，我们因为他们的离开而面临着丧失；再比如说，因为离婚或死亡，我们会丧失我们的配偶。这些丧失所引发的痛苦，会在我们步入中年之后死灰复燃。

到了中年，我们会丧失或即将丧失我们的美貌、活力和能力等因素，但随着这些变化的到来，那些病态的自恋者会因为自己丧失这些因素而感到自己踏上了死亡的边缘。

到了中年，从外界来看，我们已经不再是"完美的父母"，不再是"大学里最年轻的系主任"，但随着这些变化的到来，那些从未在内心中建立起自我的核心部分的人，便会陷入恐慌与混乱之中。

然而相比之下，即使我们拥有更强的心灵，即使我们在事业和爱情上一帆风顺，即使我们的自我感没有受过什么损伤，即使我们过往的经历也几乎没有给自己带来任何伤害，我们也不会毫发无损地走过中年。

萧伯纳曾经写道："上帝让每一个天才在四十岁的时候都患上某种疾病。"但即便不是天才的人，在四十岁的时候也会得病。有些人会就此一蹶不振，或者会产生一种挫败感。即使是那些最后成功渡过中年危机的人，在最初进入中年的时候，也会因为自己和所爱之人的衰老和变化而备感痛苦。

＊＊＊

兰迪在父母去世后，他的婚姻陷入了绝境。他认识到："再这样下去，我也快死了。"在将近四十年里，他一直都是一个很好的孩子，做任何父母期待他做的事。他发现，随着父母的去世，"我的责任心已经不存在了。我与过去的联系也随着他们的去世被切断了，我再也没有继续做一个好孩子的必要了"。

他认定，"这世上一定存在一些事情比持续当一个认真工作而又负责任的傻瓜好"。他认为自己若是再不改变，就会死去。于是，他准备与另一个女人坠入爱河。很快，的确没过多久，他没花多大力气，就遇到了一位令他着迷而又性情不定的女人——玛丽娜——他爱上了她，因"抚慰生活的创伤"而爱上了她。

回首往事，兰迪说他依然把玛丽娜视为自己"生活激情的来源。她聪慧迷人，很会引诱人"。兰迪带着骄傲的神情回忆道："她很想与我发生性关系。我仿佛被领进了一间亮着上千盏灯的房间。我……被她迷住了。"

这位受人尊敬的律师有两个女儿。虽然他已是有妇之夫，但他还是告诉自己说，"我已经三十七岁，这是我最后一次享受性快乐的机会。"他离开自己的家，与那个让他魂牵梦绕的……吉卜赛女郎住在了一起。

他相信，"不管我多么痛苦，不管我为此付出了怎样的代价，不管我曾流了多少眼泪，这都是我生命中最有意义的经历……它教会了我什么是生活、生命，它让我体味到了痛苦、寂寞和欢乐……它告诉了我性生活的全部内涵……它让我认识到了自己的其他侧面。"最终，它也在一年之后使他认识到，自己的真正归宿是自己的家，和自己的妻子和女儿在一起。

他说，他认识到自己并不适合喜忧参半的关系，他实际上更喜欢那个被他抛弃的妻子，那个生性恬淡而又慈祥和蔼的妻子；他认识到，切断自己与那种常规生活的联系，切断自己与一种平稳而又温暖的生活的联系，切断自己与那个慷慨地给予自己关爱的人的联系，自己感到非常兴奋，但也感到自己缺少了什么。他已经摆脱了那个肩负着责任的角色，然而他发现，那个"你可以依赖"的丈夫角色才是自己想要的。他说："我终于痛苦而又艰难地发现，没有我的妻子我不会幸福。我发现自己无条件地爱她，发现没有她的生活令人沮丧。"

他对自己的妻子说，如果她允许他回家，他会永远都守候在她身旁。后来，她让他回家了。

对于自己现在的婚姻状况，兰迪说："当然，如果她能在某些方面变得再好一些，我会更喜欢。但是如果我在某些方面更好些，她也会更开心。我没有忘记过去，我还记得那些灯火辉煌的夜晚。"然而他又补充说，"我现在更加深入地了解了自己和妻子，我希望自己珍视这些了解，并带着它们继续生活"。

＊＊＊

就像兰迪一样，中年生活中发生的重要转变可能会使我们更加理解自己以前的生活。在搞清楚自己是谁以及自己真正想要什么之后，我们也可能会再次拾起自己曾经放弃的联系。然而有时，我们只能在一种全新的环境下，或是在一种颇具戏剧性并且与以往不同的背景下与之前自己抛弃过的人生活在一起；有时我们也会永远放弃自己之前抛弃的人。

很多婚姻都是在中年时期走向破裂的。因为有些人就像兰迪一样，觉得自己"不那么做就会死"。要么现在就说，现在就离开，要么就永远绝口不提。既然离婚不会使人失去社会的认可和人们的赞许，而且对于离婚也不存在社会制裁，只会受到内心——那个被中年生活冲击的内心——的谴责，那我们为什么不离婚呢？如果我们发现自己现有的婚姻与自己所期望的状态相去甚远，如果我们的婚姻状况还不错，只不过是我们还希望得到更好的，如果在婚姻生活里，在既爱又恨的矛盾情感中，恨远胜于爱，那么我们就会提出这样一个问题：我们为什么不在衰老之前寻求一种新的关系？随着中年离婚率的不断提高，我们也会问自己——为什么不呢？

既然孩子已经差不多长大成人了，为什么我们不结束一段索然无味、没有感情、毫无欢乐和激情的婚姻呢？为什么不尝试一种能在情感上给自己带来更多满足的婚姻呢？生命有限，时间不等人啊！

或许，时间的紧迫感也可以被用来解释我们在第13章探讨的夫妻关系。有些人由于早年受到某些丧失的影响，所以会在婚姻关系中寻求补偿，弥补自己早年的创伤。这样一来他们就会在无意识中让自己的丈夫或妻子扮演某种角色。所以有些男人会要求妻子像自己的母亲那样照顾自己，而他的妻子也在无意中满足着丈夫的这种愿望，那他们之间就相处方式而言已经达成了某种共识，而他们的关系就像母子关系。这种两厢情愿的夫妻关系会有多种表现——母子关系、父女关系、欺压与被欺压的关系、医患关系。关于夫妻二人在潜意识中达成的共识，我们称之为婚姻共谋。当这种共谋关系破裂时，也就是当夫妻中有一人不愿再扮演共谋关系中所约定的角色时，另一方就会去寻找新的伴侣。然而，有时夫妻间共谋关系破裂之后，婚姻却还会继续维持下去，而有时候，夫妻会在中年的高压锅中重新调整婚姻关系。

对于夫妻双方来说，能在中年时期重新调整婚姻关系是何其幸运的一件事。对此罗杰·古尔德作了如下论述：

以前的共谋关系被抛弃了，他们开始真正地接受对方以伴侣的身份出现在婚姻生活中，所以代替共谋关系的是一种基于这种接受的新关系。配偶不再被视为神话的创造者，不再被视为神，不再是母亲、父亲、保护者，不再是监察官。他或她已经成了另外一个人，一个具有完整的情感、理性、力量和弱点的人，试图在真正的友谊和伙伴关系中寻求有意义的生活。随着这种新动态的出现，婚姻关系可能会表现为多种不同类型：他们可能会平时各自独立生活，只会定期聚在一起，作为他们彼此相互联系的纽带；或许他们会完全共享工作和休闲时光；或许他们会表现为这两种极端关系之间的各种类型。无论婚姻关系表现为哪种类型，双方都是平等的，夫妻间的关系不存在地位和等级之别，也不需要有人放弃自我。

中年时期的发展与变化可能意味着调整、恢复或结束先前的安排。无论我们选择何种方式，我们的生活都不会和以前一样。无论从内心世界来看，还是从外界来看，中年时期都体现着中年危机所带来的失与得。

例如，就工作方面而言，他可能会意识到自己无法创造出自己所希望的成就，虽然他对此感到失望，但他会无可奈何地接受这一现实；或许他会为了实现自己的职业追求，离开自己原来的工作，去涉足一个新领域；或许他会在日程上只留小部分时间给工作，而且在他的心中工作也不再占有重要地位，他会把大部分时间留给私人事务和私人交往；或许，在放下对权力和成功的追求之后，他可能会鼓励年轻人努力拼搏——在中年的时候，成为一个大方的、有价值的教导者。

也许中年女人，无论以前一直在职场拼杀还是在家中做家务，也会以类似的方式改变自己的职业方向。但是研究者对此议题还没有进行充分的研究。因为一直以来，对于大多数已婚的中产阶级妇女来说，她们并不需要外出工作。然而女权运动却彻底改变了这一观点。结果在20世纪70年代中期，每一个我认识的中年妇女都计划着重新走上工作岗位。有些妇女只是出于一些消极理由才这么做——"我得有份工作，否则我在参加聚会时该如何介绍自己呢？"有些妇女却是出于积极的理由——她们感到社会在支持她们，甚至是催促她们回到工作领域去一展所长。

然而这些妇女的丈夫中有许多人并不认为妻子重返工作岗位是一件好事，有些人现在也依然这么认为。

的确，面对妻子近来开始工作，许多中年丈夫感到自己已经无人照顾、被人遗弃、被拒之门外了。一些丈夫还抱怨说："我的妻子已经成了我的室友。"《华尔街日报》的一行大字标题说道："她全天在外工作会使他孤独地度过无所事事的闲暇时光。"因为正当这些丈夫放慢脚步，心里想着回家的时候，他们的妻子却在一心想着出外工作。

精神分析学家把这个问题称为"异向问题"或者"职业轨迹问题"。

正如研究者告诉我们的那样，这种男—女转换与下文中的事实有关联：女人到了中年会变得"男性化"，而男人在中年攻击性变弱，对成功的追求也淡了下来，或者在其他方面也都不像年轻时那么冲劲十足，所以就会变得有些"女性化"。因此，无论妻子工作与否，这种性别平衡方面的变化都会扰乱正常的婚姻状态，使婚姻关系变得紧张。但是对于我们自身以及夫妻间的关系来说，这种变化还有缓和作用，可以使我们天性中那些极端的想法和做法有所缓和。

但是，这并不意味着男人变成了女人、女人变成了男人，也不意味着男人与女人之间没有了分别——雌雄同体。它只是意味着我们在中年会修正对自我的定义，以容纳心理学家吉利根所谓的"两种声音"。

***

在第8章，我们谈论了男女发展的差异：**女人更倾向于与人建立亲密关系，而男人更倾向于自主。**吉利根发现，即使是成功的职业女性，在描述自己的时候也多以关系为内容；而男人在描述自己的时候，则会从权力和自主的角度评价自己。吉利根说，我们所生活的世界在评价女性化的联系和男性化的自主时，给予后者的评价远远高于前者。即便如此，她也认为这两种声音——联系的呼声和自主的呼喊——都是定义成年人是否成熟的必要内容。

吉利根说，女人和男人拥有不同的经历模式。一些心理思想家相信，在中年这两个相对的模式开始走向融合。

　　大卫·古特曼提出了自己的观点。他认为这种融合的产生有两点原因：其一是我们作为父母，在步入中年后所发挥的作用日渐衰退；其二是父母角色的终结，他饶有趣味地把这种终结称为"缓慢而又紧急的父母身份"的终结。他指出，作为年轻的父母，我们抚育子女，而孩子们既需要父母在身体上照顾自己，也需要父母在精神上培养自己。因此，孩子的两种需要就导致了父母的分工。通常情况下，丈夫把抚育孩子的角色委托给妻子，于是妻子会表现出丈夫所渴望的温柔和被动；而妻子则会让丈夫扮演那个积极进取的角色，于是丈夫会表现出妻子所渴望的进取心。古特曼写道："作为年轻的父母，在抚养子女的关键阶段，每个人都会让渡出自己双重性格中的另一面给自己的配偶。"因此，身为父母，每个人都会把自己性格中的一面发挥到极致。

　　但是古特曼说，这不是而且也不必是永恒不变的安排。

　　因为随着我们进入中年阶段，我们的子女已经具备了给予他们自己安全感的能力，而且我们身为父母施加给子女的限制也逐渐消失。所以在中年时期，父亲没有必要再压抑自己的女性化特性，而母亲也没有必要再压抑自己性格中男性化的一面。古特曼说，直接表现出自己性别中受到压抑的部分，是中年期带给我们的积极结果之一。他写道：

　　因此，男人开始在生活中表现出自己性格中受到压抑的"女性特征"，表现出自己温柔的一面，而且开始喜欢感官享受……他们开始喜欢与那些给予自己温暖和支持的人建立联系……同样地，女人也会在自己身上看到管理与"政治"才能，而且这些才能自己以前从来没有意识到……即使是生活在最严苛的宗法文化中的妇女，也会变得越发具有侵犯性，越发专横和理智，越发喜欢争权夺利。像男人一样，她们开始表现出自己性格中曾经被压抑的一面，展示出每种性别的两重性。

我们在中年时期会面对的另外一种核心的两重性是破坏性与创造性。无论是内心世界还是现实世界，我们都要面对这一两重性。我们要努力调和这两个极端，这是我们在逐步脱离罗杰·古尔德所说的"童年意识"后，所面对的最后一项任务。

古尔德认为，童年意识在本质上就是一种幻想，我们幻想自己生活在绝对安全的状态下，而且这是一种难以抗拒而又无法放弃的幻想。

古尔德说，作为孩子，我们会通过说服自己相信四种假设来维持这个幻想。在高中毕业之后，我们会认识到这些假设都不是真实的。但是在我们从情感和理智上推翻这些假设之前，它们会一直活跃在我们的无意识之中，而且还会影响我们的成年生活。

第一个假设是："我会永远属于父母，而且我永远相信他们对现实的看法。"这种假设肯定有一天会被推翻，而且我们在十五六岁至二十二岁期间，就会在情感上对这种假设提出质疑。

第二个假设是："只要按照他们所说的那样坚定不移地做下去，就一定会有结果。每当我受到挫折、感到困惑，或者筋疲力尽、束手无策的时候，他们就会参与进来，给我们指出前进的方向。"我们会在二十二岁到二十八岁之间对这种假设提出质疑。

第三个假设是："生活很简单，并不复杂。我们身上不存在什么潜在的未知力量；我的生活中不存在相互矛盾的多重现实。"我们会在三十岁左右对这一假设提出质疑。

第四个假设是："我心中没有罪恶；世上不存在死亡；魔鬼已经被清除。"我们在中年时期会对这种假设提出质疑。

古尔德的意思是，我们在中年会认识到，即便我们行为端正，多行善事，也终将会死去。最终，我们会发现，这世界根本就不存在安全。在童年时期，我们相信只要我们是好孩子，我们就会永远得到保护和照顾，但是到了中年，我们会放弃这一信念。我们发现，灾难和死亡会降临在罪人身上，也会降临到圣人头上；会降临在坏人身上，也会落在好人头上。虽然我们不会选择终生都做罪人或坏人，但是这种发现会使我们能够坦然面对弗洛伊德所说的本我，以及古尔德所描述的**"我们那黑暗而又神秘的核心"**——并使我们利用一些我们在本我中找到的力量和激情，为我们的生活打开另一扇门或是使我们的生活重获新生。

问题的关键在于，我们在小的时候，埋葬了愤怒的情感、贪婪的想法和竞争的意识，因为害怕自己会因此而被扫地出门，害怕自己的安全感会就此消失。谁会喜爱或是保护一个卑鄙无耻而又贪得无厌的小孩呢？然而，随着我们渐渐长大，我可能害怕自己会因为那些失去控制和桀骜不驯的念头而失去保护。除非我们能将那些野蛮的情感埋藏起来，否则谁会喜欢或是保护我们免遭危险呢？然而到了中年，我们发现没有人能保护我们免遭危险，所以我们便不再像以前那样限制自己，我们会探索我们的自我核心，探索我们的本我。一旦我们踏上了这条如此危险而又如此令人兴奋的探索之路，我们很有可能会获得一些可以改变自己的发现。

例如我们会发现，我们能认识到自己的真正感受，但我们并不会自动凭着那种感觉去做事。

我们还会发现，那些得到自己承认的情感比那些自己否认的情感更易于控制。

我们还会发现，如果我们能承认、重新开发和利用那些童年未被驯化的情感，我们在中年时期就能变得更加善解人意、更会体贴人、更加精力充沛、更加勇敢、更加真诚、更有创造力。

在一篇关于唤醒"神秘核心"（或者叫作本我，或者称之为能动的无意识）之各个方面的精美散文中，汉斯·洛华德提醒我们，要"防止不受约束的理性变疯狂"。他坚信："如果我们在无意识中失去了船舶靠岸的码头……我们就会在一片混沌中失去自我。"古尔德在这一问题上赞同洛华德的观点。他认为，"我们在进入更加明智的状态之前，要先与自己心中那些不理智的念头取得联系。"他说，**通过开发我们本原的、原始的情感，我们在中年时期便会开始过上完整的生活。**

与我们内心中的阴暗面建立有益的联系——这一论题也得到了其他研究中年问题的学者的响应。精神分析学家艾略特·贾克斯对于那些颇具创意的艺术家的发展历程进行了研究。他在研究中发现，那些自青年阶段就一直从事艺术创作从未更换过职业的人，他们的作品中表现出了中年危机和中年转变。他描述了这些艺术家的转变，他们的创造力在最初表现出一种狂野而又炽烈的情感；而到了中年后，他们的作品有了一些修正、斧凿与雕琢的痕迹。他还注意到，这些艺术家在中年时期的作品中，体现了"一种悲剧性和哲学性的内涵"，与注重抒情的青年时期作品形成了鲜明对比。

贾克斯写道，艺术作品中呈现出雕琢的痕迹和悲剧性、哲学性的内涵，是源于艺术家对于死亡和"每个人心中那种恨的情感与毁灭性的冲动"的认识。贾克斯说，这种认识会使人如此焦虑，以至于人们会连连后缩，拒绝进一步向前发展。成熟的创作作品，或者对非艺术家而言，成熟的创作生活，依赖于中年时期对死亡和怨恨情感的建设性"顺从"。

莱文森也谈到人们在中年会认识到自身和自然的毁灭性力量。他写道：

中年转变会促使人关注死亡和造成毁灭的事物。他会更加充分地认识到自己的死亡和即将发生在别人身上的死亡。他会更加清晰地认识到别人，甚至是自己所爱的人通过很多方式伤害过自己；他们有时是蓄意伤害他，但通常情况下都是出于善意，对于他的伤害也只是无心之过。也许更糟糕的是，他认识到自己曾对父母、情人、妻子、孩子、朋友和对手做过一些无法挽回的事情并使他们受到了伤害；他的行为中有些是蓄意而为，更多的也是无心之过。他在认识到这些的同时，还会产生很强烈的愿望，希望自己变得更有创造力；希望自己能为自己和别人创造很多有价值的东西；希望加入提高人类福利待遇的慈善工程，为未来社会的人们作出更多的贡献。在中年时期，一个成年人会比以往任何时期都更能清楚地认识到，毁灭性的力量和创造力共同存在于人们的灵魂之中——也共存于我的灵魂之中——并能以各种新方式把二者融为一体。

融合——看似是两个对立事物的融合——被视为中年时期的伟大成就。当然我们在此前也遇到过这种融合过程。它始于童年时期：例如我们会因母亲离开而觉得她可憎，又会因母亲紧紧地抱着我们而觉得她慈爱；不管我们怎么想，她都是我们唯一的母亲。所以我们要努力在头脑中融合对于母亲的分裂意象。对于那个既是天使又是魔鬼的我，我们要努力在头脑中融合分裂的自我意象；我们既希望与母亲保持关系亲密，又希望与母亲分离，所以我们也要在头脑中努力融合这些愿望。在我们进入中年后，这种努力便会在一个更高的层面继续进行。

现在，我们要努力把性格中的女性自我与男性自我融为一体。

我们要努力把那个具有创造力的自我和那个在内心与外界都具有毁灭性的自我融为一体。

　　我们要努力把那个与人分离而又孤独地死去的自我和那个渴望联系与永生的自我融为一体。

　　我们要努力把那个更富有智慧和理性的中年自我与那个我们挥手告别的、热情奔放的年轻自我融为一体。

　　不管那个热情奔放的年轻自我多么有吸引力，我们都要放弃那个早期的自我意象。现在我们的季节是秋天，对于我们来说，春天和夏天已经结束。不管日历上的季节如何变换，当我们的生命到达终点时，我们谁都无法再度回到自己已经度过的春夏。

　　我们也无法阻止时间的流逝。

　　最近，我的一位五十多岁的朋友说道："我曾泪流满面地设法使自己接受中年的丧失。实际上，我已经成熟了，而且也适应了现在的我。但我还是希望能有什么力量能将自己停留在这儿。"

　　我们所有人都设法渡过了中年危机，但是如果生命能"停留在这儿"，我们也会十分感激——在这一刻，我们拥有理智、情感和洞察力，拥有我们所爱的人和我们想做的事；在放弃了先前那个没有皱纹的、永生的自我之后，我们觉得自己已经做得够多了——我们情愿带着放弃、丧失和分离走完这段人生旅程。

　　我们还没有走完全部人生旅程。

Chapter 18 生命衰落：即便是神也厌恶自己的青年

我变老了……变老了……

我得把裤管卷起来了。

——T.S.艾略特

一个上了年纪的人只是个废物，

只是一件支在棍子上的破旧衣服，除非——

灵魂鼓掌而歌，嘹亮的歌声，

为他破旧衣服上的每一个布条而响起。

——W.B.叶芝

灵魂日渐变老，不大可能唱歌了。蓦然回首，中年时期的焦虑犹如一阵轻风。不管是被迫，还是坦然步入老年，我们都很沮丧地明了，五十是一个很好的年龄，如果六十岁就与世长辞实在是太早了。我们明白了，虽然在生命之光熄灭之前，我们还应该唱一两首歌，但渐高的年事还是把我们带到了戏剧的最后一幕——死亡就在舞台的两侧等着我们。

高龄带来了很多丧失，我们会听到有些人抱怨这些丧失。但还有另外一些开明得多的观点。这种观点认为，如果我们真的为高龄带来的丧失感到哀伤，那么哀伤就可以解放我们，让我们获得

"创造性的自由，进一步的发展，快乐和拥抱生活的能力"。

但年老首先是一个坏消息——西蒙娜·德·波伏娃的著作《人不免一死》对此作了详细到令人疲乏的证明。在这一著作中，作者搜罗爬梳了年老带来的哀伤，从最早的关于年老令人悲痛的记载一直追溯到了现在。作者告诉我们，关于这一问题，最早的记载出自埃及哲学家、诗人普塔候特之手。他在公元前2500年就提出了这一探讨到今天的主题：

老年人最后的岁月是多么艰难、痛苦！他变得一天比一天衰弱了，他的目光逐渐黯淡下去，耳朵也聋了；他的气力日渐衰竭，他的内心不复平静；他变得沉默，不再言语。他的脑力衰退了，今天的他记不起昨天是什么样子。他所有的骨头都感到疼痛。不久以前可以愉快地做的事情，如今做起来十分痛苦，吃什么东西都没有味道。年老是最能折磨人的大不幸。

波伏娃认为，年老是最大的不幸，比死还要不幸，因为它使我们过往的状态变得残缺不全。为了证明这一偏执的论点，她提供了一系列的精彩论据：

诗人奥维德："时间，啊，你伟大的摧毁者！你和满是妒忌的年老，一起将所有的事物带入毁灭……"

蒙田："未曾发现有一人，或许会有很少数的一部分人，在步入老年后不带有一种酸腐和霉烂的味道。"

夏多布里昂："年老一如海难。"

纪德："我不再存在已经很长时间了。我只是占据了那个他们认为我是的人的位置。"

波伏娃综述："年老是生命的拙劣模仿。"

＊＊＊

没有人否认年老使我们遭受众多意义重大的丧失——我们失去了健康，失去了所爱之人，失去了我们引以为荣的家，那是我们的避风港。失去了一个熟悉的团体中的位置，失去了工作、地位、目标和经济上的安全感。我们不再有控制局面的能力，也不能做出选择。我们的身体通知我们，我们的体力在日渐衰竭，我们的容貌在日渐枯萎。我们的反应能力变得迟钝，我们的注意力再也积聚不起来，在处理新的信息和失误时我们已十分低效……再度回想她到底叫什么？我知道那个名字不久前我还有印象。

很多人指出，如果你想活得长一些，就必须依附老年。正如一个八十多岁的朋友所言：我们中的大多数是一瘸一拐地度过老年阶段，而非跳着舞度过这一阶段。

然而我们不能只把年老看成单独的实体，看成一种疾病或终结，或者是对生命尽头的等待。虽然强制性退休、医疗保障费用、社会保障费用和年长公民费用折扣意味着老年阶段的开始，但直到多年以后，与老年有关的重要丧失才会发生。确实如此，研究老年的学者如今倾向于把老年阶段划分成"老年初期"（六十五岁至七十五岁），"老年中期"（七十五岁至八十五岁），"老年晚期"（八十五岁或九十岁以上）。他们认识到所划分群体中的每一个都有不同的问题、需求、能力。他们还发现，良好的健康状况、朋友关系及好的运气（比如一笔好的收入）无疑都会使老年阶段度过得更加容易些。我们对待丧失的态度和丧失自身的性质将决定我们在老年阶段的生活品质。

比如，有些老年男人或女人把每一次精神和肉体上的痛苦，每一次体力上的衰退、限制都视为一种伤害、打击、侮辱和难以忍受的丧失。但也有一些老年人，他们对这些事情尽量采取一种更加积极的态度，他们的观点一如法国作家保罗·克劳迪尔所言："八十岁了，没了视力，没有听力，没有牙齿，没有腿，没有力气了。然而既然一切都已经说了、做了，没有它们又是多么好的一件事啊！"

社会学家罗伯特·帕克认为，这两种态度的区别是"关注身体"和"超越身体"之间的区别，是将体力衰退视为敌人还是主人（与之做一些合理的协调）之间的区别。也有人认为，如果遭受到了如保罗·克劳迪尔所描述的那种身体上的损坏，一种人（对健康持悲观态度）会认为自己半死不活，什么事都做不了了；另一种人（持健康乐观态度）却认为，自己处在最佳状态，什么事都能做；第三种人（现实地看待自己健康的人）会清醒地意识到自己有什么样的缺陷，以及虽然有这些缺陷，有些事情依然是可为的。

杰出的先验论者和现实主义者费希尔在其著作《姐妹年龄》中

主张明智地对待老年问题——承认并处理好"我们那终将走向瓦解的所有的让人厌烦的身体症状"。但她随即又补充道，重要的是"在冷静地接受衰弱现状的同时，我们要采取应有的一切相应措施，调动一切在过往漫长的美好或可怕的岁月中出现过的事情，把人的思想从身体的局限中解放出来……利用这些经历——伟大的或卑劣的，在警惕中，乃至在对生活本身的欢乐的理解中，克服身体上的不快。"

这段话听起来"平庸无奇"，对此她表示歉意。但她补充道："我相信它是正确的。"

另外一位卓尔不群的女人，演员、作家、心理学家佛罗里达·司各特-麦克斯维尔这样谈论八十岁时困扰她的疾病："我们这些年纪大的人知道年老不代表无能。它是一种紧张且富于变化的经历，有时几乎超出了我们的能力，但它是某种需要高度重视的东西。如果说它是一种长久的失败的话，我看它也是一种胜利……"

她补充道："当一种新的无能到来时，我四下里弥望着，看看死亡是不是已经来临了。我轻声地问：'死亡，是你吗？是你在那里吗？'这时，新降临的无能回答道：'别傻了，是我来了。'"

虽然年老不是一种疾病，但它使身体功能逐渐退化，并使身体更加脆弱，于是八十岁的他与六十五岁时富于热情、活力的他相去甚远。体力上的衰退使我们更有依赖性。大脑开始不可避免地有了气质性疾病，这不是勇气、性格能战胜的。虽然我们没有关节炎、阿尔茨海默病、白内障、心脏病，虽然我们没有癌症、中风和其他疾病，但身体依然以这样那样的方式提醒八十多岁的老人："你老了。"

马尔科姆·考利在其著作《八十的看法》中传达了这些信息：

——这是一大成就：以前凭本能做事，如今三思而后行

——这时他的骨头开始疼了

——这时药橱中的小瓶子越来越多了

——这时他手脚不再灵便，会把牙刷弄掉（真不小心啊）

——这时，迈每一阶楼梯都会犹豫不决

——这时，他花更多的时间寻找放错位置的东西，使用找到的东西（有时是妻子找到的）都没有花这么多时间

——这时，下午他常常会沉入梦乡

——这时，他的脑子不能同时装下两件事情

——这时，他会记不起很多人的名字……

——这时，他决定不再在夜里开车了

——这时，很多事情都要花费更多的时间去完成——洗澡、刮脸、穿衣、脱衣——时光飞逝，他好像在加速滑向山下……

一位老年医学家做了这样的补充："把棉花塞到耳朵里，把石子放进鞋子里。带上橡皮手套，在眼镜片上抹上凡士林。这些表明你的处境是：迅速变老。"

生活中的一个现状是，大多数老年人长期有健康问题，但他们对知晓的反应也不及年轻时迅速。然而，不管是健康还是生病，一些人到了八十岁的时候——甚至直到奄奄一息之时——还会尽最大努力活着。

***

但即便我们以健康和希望迎接老年阶段的到来，我们仍需和社会上的某些有关年老的观点做斗争。因为，虽然如今美国已经有近2700万人超过了65岁，而预期寿命也从1900年的47岁上升到了1981年的74.2岁，但很多人仍然认为老年人是无性生活的、无用的、无力的，被认为是外在于人类游戏的。

著名老年医学家罗伯特·巴特勒认为："在美国，年老常常是一种悲剧……对于我们爱着的、安详的祖父母，我们把他们视为一种理想化的形象，将他们称为智慧的老人、满头银丝的长辈。但老年人也会被视为一种相反的形象，此时他们会被诋毁为衰败、腐朽之人，被视为一种令人厌恶的、有损尊严的负担。"

某些声名卓著的政治家、艺术家、电影演员则不在此列。但大多数老年人则是令人怜悯的，需要资助的。马尔科姆·考利悲哀地提道："开始时，我们在别人的眼中慢慢变老，后来我们自己也渐渐地接受了他们的看法。"

事情很容易变成这个样子。

因为在性生活方面，我们也随着众人一起认为老年人还有性生活是不体面的，欲望之火要么熄灭了，要么就是被掩盖起来了。事实上每个人都知道——或者应该知道——不管是"肮脏的"还是"干净的"老年人，在他们人生的最后几十年里都会需要或者可以过性生活。但大多数人认为，陷人欲望的老年人是一个令人厌恶的形象。

在一次关于老年人的、令人敏感的研究中，一个富有辩才的美国人，罗纳德·布莱茨描述了社会舆论是如何使老年人丧失性功能的，并注意到"如果看上去一个老人没有完全克制这些欲望，他或者她就会被视为危险的，或者可怜的，不论被认为是哪一种，在别人眼中都是肮脏的。老年人常常过着半个人的生活，因为他们知道，如果想过完全的正常生活，就会引起厌恶、恐惧。并非所有的激情都有必要在八十岁时耗尽，却使得老年人不得不如此"。（关于性，我最喜欢的与此不同的观点来自一位我知道的七十五岁的女士，她告诉我，她一直在按照很久以前母亲告诉她的做法去做："在厨房里是厨子，客厅里是女主人，还有tahka"——这是意第绪语，意思是"在卧室里是荡妇"。）

放弃了性生活之后，我们也放弃了它带给我们的财富——感官的快乐、身体间的亲密和自我价值的提升。我们通过很多途径从外界听到这样的说法：老年人不行了。此时我们会发现，我们越来越难以战胜这种衰退。

经常发生在老年早期的退休会增加这种衰退的感觉。

一个今年七十九岁的医生说："一想到退休我就很沮丧，因为我不知道在我身上将会发生什么。你看，我从事这一行业这么多年了——我的专职工作，我医院里的所有工作人员，我的巡回医疗，我的教学工作。所有的这些曾是我的全部，如今我不得不在七十五岁时放弃它们，留给我的只有那种难以接受的感觉。"

工作支撑起了我们的同一性：它使私我与社会我具有安全感；它定义了自身意义上的和外界意义上的自我。退休就意味着我们没有了一个可以去工作的地方，没有了一群可以与之产生联系的同事，没有了一个可以证明我们能力的任务，没有了一个可以用以告诉陌生人我们是谁的最简单的方式。退休后，我们可能带着日渐增多的焦虑开始问："我是谁？"

相对于女人，这个问题对男人而言更加严重。

因为在以前，工作对于男人和女人的心理意义是不同的，在工作中，一个男人比女人更能全面综合地定义自我。虽然随着越来越多的女人步入职场，这种心理差异会逐渐缩小，但男人们也越来越不能随意选择是否工作，因为——让我翘首等待他人的不满——他们不能生孩子。

剥夺他们的工作定义和社会证明，退休后的人常常会失去社会地位和自尊。虽然有些人利用退休后的时间去旅游，去追求新的事物，去花更多的时间和家人待在一起，去圆多年前的旧梦，但多数人，包括那些投入全天候志愿工作的人，会用社会的标准，感到自己对社会的无用。

对那些丧失历史很长，问题又得不到接受和解决的人而言，退休会使过往的恐惧与悲哀重现。但即便是没有这种历史，没有收入和地位上的丧失，被人孤立、令人厌烦也会滋生绝望情绪。如果没有任何事情吸引我们的兴趣与能量，那么不再工作就如同被流放一般。老年人生活在一个于他们而言一无所有的社会里。

或许李尔王，那个不朽的悲剧主人公，是最永恒的退休者。他放弃自己的土地、权力，将之托付给两个女儿，希望她们能带着对一个父亲（即一个国王）的爱与尊敬来照顾自己——"与此同时，我们卸下了担子，向着死亡爬行。"但他被剥夺了"政权、领土和国事的重任"，并遭到女儿们的蔑视、虐待。因为他已经是一个无助的老人，不能再发出这样的威胁："我要恢复你们认为我已经永久地失去的那个模样。"

以前，有的社会承认老年人的权利和荣耀，老年人能受到尊重。很多世纪以来，道德家们一直在宣扬老年人的尊贵。但我们经常听到的是潜在含义，老年的到来被描写成没有权力乐趣的，被描写成孤单而又满是凄凉的。借助阿弗洛狄特之口，荷马声称"在某种程度上，即便是神也厌恶自己的老年"。

现代的年龄观念将老年人视为负担，他们是只会接受却不能给予的人。他们的智慧无甚特别之处，不能指点我们该怎样生活。他们说的话常常是让人厌弃、没有干系的话。老年人引起的情感是罗纳德·布莱茨所说的那种——"增长的厌弃感"及"精神、身体上的拖累感"。一位专家告诉我们，对老年人形象的进一步诋毁是"源于更深的、潜在的问题……老年人因此得不到照顾"。

得不到爱，老年人只好纡尊降贵。他们不为人所重视，被视为另类，被放在一边，经常被忽略。因为我们生活在一个年轻人受尊崇而老年人被厌恶的社会里。随着我们年华的渐渐逝去，社会将我们排斥在生活的游戏之外，并教我们分担它的抛弃观念。除非我们能很小心，否则社会教给我们的其实就是厌恶自己。

如果没有乐观的精神、足够的能力来对抗社会的观点，那么六十五岁的时候，我们也会认为自己完了。此时，我们历史上曾经有的辉煌已经成为过往，在最糟的情况尚未出现之时，我们便已经陷进"这种荒谬……这种拙劣的模仿 / 衰朽的岁月已经缠在我身上 / 就像拴在一条狗的尾巴上"。

远远不到六十五岁的时候，我们就已经知道这种老年的观点了。

确实，我曾经十分赞同老年只能带给我们丧失这一观点。我曾经认为，生活中最好的角色是"较为年轻的东西"。我曾经认为，时间会把我从阳光之下带进黑暗之中。一直以来我只希望过春天。我仍然很难想象，如果活得足够长久，我就会变成一个老太太。但如今看来，这些已经不再全是坏消息了。因为和我交谈过的人即我读到过的人——其中一些是公众人物，一些有私人关系——对我说，一个人的生活可以十分多姿。六十岁结束之时如此，进入八十岁乃至于超过九十岁的时候亦如此。

我的朋友伊伦只有六十八岁，属于上述三种年龄段中最年轻的那一组。她对我说，现在学网球为时未晚。伊伦确实是活到老，学到老。最近，她着手写一部小说。几年前，她开始上歌唱的课程。在此之前，她还在哈佛大学选修理科课程。同时她还有学习绘画、演奏乐器、访问冰岛、练踢踏舞的梦想。

伊伦说："我的问题是太贪了——我什么都想做。"有时我想她已经做了。她把所有的生活建立在想让世界变得更美好的目标上。她组建了一个家庭，结婚已经四十三年。她读过的书，看过的电影、话剧，听过的诗歌朗诵，比十个女人加一起还多。她是旅行家、女权主义者、自行车运动爱好者，也是一个诗人，一个健壮的人，她跟很多不同年龄、经历的人成了亲密的朋友。

她还过着完整的、毫无衰竭之象的性生活。

一次我问她："如今你已经老了，不想念那些曾经不怀好意地看着你的男人吗？"她凝视了我一会儿，之后很不高兴地反问道："曾经？你说什么——曾经？"

不过，当她看到一对年轻的情人，并知道自己永远不会再像以前那样过性生活了，她不觉得喉咙里堵得慌吗？她从来都没有希望过自己能再生一个孩子吗？回答是肯定的，有时她也这样想，"但大多数时候我感到充实——我没有产生被剥夺感"。虽说近来她很现实，不再沉溺在过往狂热浪漫的白日梦里，但她仍然没有很强的丧失感，因为她说："现实中也有奇迹。"

接下来说的是一个英语教授，八十多岁了，退休，独居。她的乐趣包括朋友、书籍和学院俱乐部的美食。在一封写给以前学生的信里，她自称是一个"幸运的老太太"。基于她对所读之书的领悟和对伙伴的观察，她是这样谈论自己的生活的：

永远别让任何人告诉你老年只意味着丧失。有时你十分孤单，还缺少一些关爱。但回首自己那漫长的、有着各种人生经历的过往，其目的是让自己适应并重视这种回溯——对于老年人而言，这种能力是独有的，也是积极的。

不过，当我们年老的时候，也依然可以保有青年人的能力。我们可以继续学习、创造。就像朗费罗的《死亡颂》巧妙地提示我们的："一切都还不晚，直到疲倦的心灵停止跳动。"接着他又列举了一些令人激动的例子：

加图八十岁时学希腊语；
索福克勒斯写出了伟大的《俄狄浦斯王》和《西曼尼德斯》，
从同侪那里争得了诗歌的荣耀，
每部著作耗费的时间都超过五十年……
乔叟，在伍德斯托克和夜莺在一起，
六十岁的时候写出了《坎特伯雷故事集》；
歌德在魏玛，奋斗不已，
年过八十，完成了《浮士德》。

还有一些老年人，有些仍健在，有的已作古，他们向我提供了关于未来的多彩的描述，并证明了刨除丧失、受限、多病，活着还是很不错的。

比如一个矿工的老母亲，八十岁时还擦拭门前的阶梯，还照顾自己的儿子。她说："生活是如此甜蜜……我仍然感受到它是甜蜜的。"

艺术家戈雅有一幅油画，画的是一位很老很老的人，那幅画是他八十岁基本失明时画的。他的作品，体现了他本人画上的关于成功的题词："我还在学习。"

蒙特梭利老师是一个快乐、有趣，且机敏的人。他说："我快九十一岁了，从头到脚都有关节炎……"但是，"我视力还好，因此我经常阅读。亏得我还能读书。啊，书籍，我是多么爱你！"

一个七十二岁的学生正在忙着攻读他的心理学博士学位。他说："接下来的五十年里，我还有多得做不完的课题，我没有时间死。"

又如作家科莱特，虽然她的最后几年是在沙发床上度过的，但她开始并完成了自己的第七个十年计划："我计划活得再久一些，继续以一种体面的方式受苦，也就是说不去喋喋不休地抗议、抱怨……一个人悄悄地为某些事情而大笑，如果有原因，我也会公然大笑，并且去爱任何爱我的人……"

又如泰尔玛女士，九十岁了，每天早晨醒来时还有满脑子的计划。她说，虽然她已经"很老了……仍有必须做的事，很多的事。你那边听清楚了吗？"

我必须再提一位女士，一个令人难忘的人，她是一个精神分析学家，也是一位教师，她喜欢看电影、读书，喜欢参观博物馆，喜欢放声大笑。终其一生她都拥有一种最甜蜜的饥渴——她的好奇心——生活中，她最最感兴趣的是人。

这种情感是互相的。

确实，她在八十岁生日那天成立了一个八十岁委员会，来安排全部想要祝贺她生日的人。委员会为她的生日共安排了五次庆祝会——就像为某个东方女王所举行的那样。

但是她从不凌驾于他人之上——她一直是一个积极的倾听者，经常缩在椅子边上，嘴里边发出"啊"的感叹，以鼓舞别人。面对着她的睿智、温和，她那不带任何忧伤的特质，与会者会感到自己也变得高大了。

"她从不夸奖我的学业，她帮助我告诉自己，你做得很好。"她的一个学生说道。以前的一个病人回忆道："她并没有扮演一个安慰我的母亲的角色，相反，她尽力教我如何照顾自己。"她的一位朋友试图描述她的某种特殊魔力，那是一种我以及其他人在她面前可以迅速感觉到的魔力，她的那位朋友解释道："她总让你感觉到你正在获得某种东西。没有人是两手空空离开她的。"

我只见过她一次，她是一个瘦小、虚弱的女士，正坐在轮椅中听讲座。她努力地呼吸着，人显得富有生气。在我们那短暂的交谈中，我发现自己沐浴在她的魅力之中。我爱上了她，我需要了解她。我想驱车来到她家，在门口为她放上一朵玫瑰花。也许她会喜欢那朵花，并因此允许我了解她。

然而，我还没有获得这么一个机会，她就溘然长逝了。

在她留下的诸多遗产的背后，潜藏着一个梦想。她把这个梦想告诉了朋友，她的朋友又告诉了我。她描述这个梦想就像诗人写诗，用几个有意思的意象便道出了那个梦想的精髓。

梦中，她坐在餐桌前，和几个好友一起进餐。她吃着，快乐地吃着，从她的盘子里，往别人的盘子里夹着饭菜。但饭未用完，一个侍者就开始清理碗碟了。她举手抗议，要阻止他。

但她又考虑了一下，于是缓缓放下了手。她将允许侍者清理饭桌——她不会告诉他，别这么做。她的饭还没有吃完，味道也合口，她当然还想多吃一点。但她已经吃得足够多了，可以放弃余下的那些了。

这就是一个女人直到死前仍然保有的、一生中的全部梦想，也是我希望自己在弥留之际能够做的梦。这个梦告诉我，既然已经充实地生活过了，生活就可以被轻轻地放在一边。——不管是在生命的春季或冬季。

* * *

不过，有很多途径可以让你充实地度过余年。人们用很多不同的方式愉快地步入老年。有时完全相反的方式，在社会学家那里都会被称为高度满足的生活。

美满的老年生活可以在所谓的"再度组织者"那里找到，他们一直在努力奋斗，以防止他们的天地变小。他们通过新的关系和活动保持积极的生活状态，以取代日渐增长的年龄从他们的生活中带走的那些。

也有一种老人被称为"专注"型，他们只表现出适中的积极性，用一两种特殊兴趣，比如园艺、照管家务或含饴弄孙，来代替更加广泛的介入或责任。从这种生活状态中也能看到美满的老年生活。

美满的老年生活也可以从所谓的"清闲的"人那里找到——他们内敛，但绝不自恋。他们接受并适应了自己的世界日渐缩小这一现实，并能从沉思、退缩、少动的生活中获得大欢乐。

于有些人而言，老年的美满在于安详地凝视着他们栖居于斯的动荡而又不完美的世界。与此相反，格雷·潘德斯夫妇通过争取"让所有人获得进取心、自由、公正与和平"来愉快地度过他们的晚年。还有一些人，在面对对老年人的无情打击之时，仍然能保持自我的优雅和高尚，他们为此而感到自豪；也有一些人认为他们在人生的最后几十年放弃了一生的伪装和欺骗。

老年可以是积极的，也可以是闲适的；可以是焦虑的，也可以是安详的；可以在人前保有自己的形象，也可以摘下面具；可以巩固已知的和先前已做的一切，也可以进行全新的乃至是反传统的探索。例如珍妮·约瑟夫的"警告"：

> 如果我变成了老太太，我将会穿上紫色的衣裳，
> 戴着红色的帽子，它于我而言并不恰当，
> 用我的养老金，我要买白兰地，还有夏天的手套，

缎面的凉鞋，然后说，没有买黄油的钱了。

累了，我会坐在便道上，

在商店里狼吞虎咽，并按响警铃，

让我的拐杖，顺着公共栏杆滑落，

弥补我青年时期的严肃。

我将穿着拖鞋在外边淋雨，

掐下人家花园里的花朵，

并学会吐痰。

不富有反叛精神的老太太会更喜欢坐在她们的摇椅中，来回地摆动。当然了，那种做法也能让她安享晚年。

＊＊＊

老年将变得容易度过，如果我们能做到如下几点：既不惹人厌，也不觉得厌倦；有关心的人和事；开诚布公并且成熟灵活，需要忍受时，能够忍受无法避免的丧失。始于婴儿时期的爱和放弃的过程，将有助于我们为这些最后的丧失做好准备。但是，一旦自我的某些珍贵的东西被剥夺了——老年确实剥夺我们——我们便会发现，**一个美满的老年阶段需要一种被称为"自我超越"的能力。**

那是一种能从他人的快乐中感受到快乐的能力。

那是一种关心与自己没有直接利害关系的事件的能力。

一种将自己投入到将来的世界的能力（虽然我们不能在有生之

年见到它）。

察觉到自身的局限之后，自我超越使我们通过人或者观念与未来联结起来，我们将通过某种可以留给下一代人的遗产来超越个人的局限。作为祖父母、教师、导师、社会改革家、艺术收藏家（或艺术家），我们可以触及那些在我们离去后依然能够保留下来的东西。如果我们会因自身的丧失而感到悲哀，那么这种留下痕迹（知识的、精神的、物质的乃至于身体上的）的努力，便是一种处理这种悲哀的建设性的方式。

通过留下遗产的方式投资未来，将有助于增加老年的特性。但这么做的时候，我们仍需特别重视当下的快乐，以及存活于此地此时的能力。完美地步入老年的方式是，我们可以不为时光消逝所烦恼，学会了充实地利用现有的时间，得到巴特勒所说的"一种存在感和本体感"，或费舍所说的老年的奖赏"听到孩子的笑声，或察觉到花瓣上的阳光，于你而言是十分动人的，就像小伙子听到了姑娘的声音，或者秃顶的银行家一下子将高尔夫球击进了球洞"。

只要现在或者未来对我们而言是有价值的，老年人的生活品质就可以得到提高。当然，过往也是非常重要的。通过回忆，我们会为自己经历过的"伟大场景"、自己一路走过的"已逝地貌"所鼓舞。同样，我们还可以埋首于巴特勒定义的"生命回顾"中，那是一种对过往的保有、总结和最后的整合。

检查过往就等于我们投身于一项核心任务，这是埃里克森委派给八十多岁的老年人的任务。如果这个检查最终导引我们走向"完善"，而非导致厌恶和绝望，我们将只能接受我们那"一个而且是唯一的生命循环"，认可它（并非完美，却是我们的全部），并从中寻找到价值、意义。

埃里克森说，我们将不得不接受**"个人需要对自己生命负责的事实"**。

＊＊＊

老年也是我们的责任。

的确，有人认为十分健康、年纪较大的人不应被排斥在世界的判断之外。如果他们令人反感、絮絮叨叨、以自我为中心、枯燥乏味、爱发牢骚或者为他们的肠胃而困扰，有时我们需要对他们说："注意发展！"或者像罗纳德·布莱茨一样很冷静地说："似你这般庸碌无为、牢骚满腹、言不及义，怎能指望我们对你产生最低限度的兴趣呢？"

巴特勒补充道，我们不应该这样对待老年人，好像年老给他们带来了道德上的缺陷似的。他说，老年人仍然能带来危害，依然在偿还。他说老年人依然能保持残酷、贪婪的秉性，依然可以做坏事，但年老"贬损了他们的人性"，使他们得以减免罪责。

他还说，老年人"一直且将持续影响着自己的命运"。这些对老年人性格特殊一面的影响始于他们的幼年时期。

因为从日常生活中，我们可以发现一些证据，它们表明老年人在越来越明显地成为过去的样子。不管是自爱自怜的、苦涩的还是壮丽的，我们变老的方式在很久以前就已经注定了。我们都见过费舍所说的**"富有生机的人"**，他们不管是年轻还是年老，都喜气、活泼、安详。但因为生活中最大的压力多产生于后来的岁月，而那些令人烦恼的特性会因压力而凸显，故庸人会变得更加平庸，怯懦者会变得更加胆小，而冷漠者则会陷入近乎麻木的境地。

很多研究老年的学者都认为，我们性格的核心组成部分终其一生可以体现出相当的稳定性。结论是，老年时，我们是那个一直是的人…… 如果不是更加像那个一直是的人的话。《性格与衰老方式》一书中包含一项研究，作者们在这项研究中发现，面对"一个范围广阔的社会和生理上的变化"，日趋衰老之人会这么做：

继续进行选择，并按自己形成已久的需要从环境中进行选择。他按照一种历史悠久的方式衰老，通过适应来保持自我，生命终结…… 有充分的证据显示，对正常的男女而言，他们的性格没有随着年龄的变化而显现出明显的不一致，恰恰相反，他们性格上的一致性是与日俱增的。随着时间的流逝，性格上的主要特点甚至会表现得更加清楚……

然而，虽然我们的现在是由过去塑造成的，但性格仍有可能会发生变化，甚至到了七十、八十、九十岁时还有这种可能。我们永远都不是一件"成品"——我们一直在重新完善、安排、修正自我。正常的发展没有终止，在我们的生命历程中，新的重大任务或危机还会产生。我们能在老年阶段发生变化是因为生命的每一阶段都为我们提供了变化的机会，包括最后一个阶段。

老年医学家佛罗里达·司各特-麦克斯维尔说："一切都是未知的，不确定的，我们好像步入了未知之境。这种感觉是，终其一生我们都为渺小的个性、荒诞的境遇及信仰所困。我们习以为常的躯壳四散破碎，某些可以被视为我们本质的方面，如令人生厌的刻板却在延伸着、膨胀着……"

我们时代的伟大膨胀者中有饮誉世界的儿科医生本杰明·斯波克。这个精力旺盛的八十多岁的老人，最初是一个保守的新教徒后裔，是英格兰共和党的支持者，如今他已经出离这两者很远了。此外，虽然可能在较早的时候他就不再相信卡尔文·库利奇是我们最伟大的总统了，但斯波克先生所有的那些令人惊讶的变化都发生在他六十多岁和七十多岁的时期。

因为在那些年里，作为《斯波克育儿经》一书的令人尊敬的作者，他在书中表现出的令人信服的判断力使他受到世界各地的母亲的爱戴、感激，这本书现在的销售量已经超过了三千万本。但是，越南战争引起了他道义上的愤慨，他冒着丢掉荣誉的危险，放弃了休息的时间、安逸的生活和不菲的收入，越来越多地参与到20世纪60年代的反战运动中来，因为他的良知告诉他必须这么做。他走在游行的队伍当中，因为参加非暴力反抗运动而被捕。1968年，他遭到指控和审讯，并以阴谋帮助、煽动抵制兵役而被判有罪（但随后一家高级法院推翻了这一判决，并判他无罪）。

斯波克告诉我，政治上活跃的结果有时是令人痛苦的，因为很多先前十分崇拜他的人斥之为叛徒甚至更加糟糕。但一旦他确信自己的立场在道德上是正义的，他就绝不退缩。他解释道，因为"你不能对人们说，'哦，我觉得我已经做得够多了'或者'我感到害怕了'，或者'我的《斯波克育儿经》的销量减少了'"。

　　斯波克毫无退意，1972年，他作为人民党的候选人参加了总统竞选，1976年以副总统候选人的身份参加了竞选。他还是一个女权主义者。他的这一意识是被批评家格洛丽亚·斯泰纳姆等人唤起的，她告诫他，不要做"一个女人的主要压迫者，不要和西格蒙德·弗洛伊德同类"。斯波克开玩笑说："我尽量使自己和西格蒙德·弗洛伊德紧密相连，以便从中得到满足。"但是他十分用心地接受了她以及别人对他的性别歧视的批评，现在他已经是女权的忠诚保卫者。

　　20世纪70年代他生活中的另一主要变化是结束了和妻子珍妮的婚姻，他们的婚姻已经持续了将近半个世纪。然而，当我问斯波克是否为离开妻子而内疚时，他毫不犹豫地说自己并不内疚，并解释道，在离婚之前的五年里，他们一直在尽力解决婚姻中存在的差异。

　　斯波克说："我很容易产生负疚感，我是一个对……所有事情都感到内疚的人。"但恰恰因为他天生容易产生负疚感，他花了很长时间十分努力地去修补婚姻，现在他认为自己花的时间太长了。就如同他的政治活动一样，他是在认真考虑之后做出了离婚的决定——一个理智的决定，而非一时冲动——而且一旦做出了决定，他就不再迟疑，不再痛苦。不管是当时还是现在，他都觉得和珍妮离婚是"一件正确的事情"。

1976年本杰明·斯波克再度结婚，他的妻子名叫玛丽·摩根，比他小四十岁，是一个个性很强的女人。是她介绍斯波克做了第一次身体按摩，是她介绍他进行了首次极可意浴缸浴，并让他第一次有了做一个十几岁女孩的继父的经历。斯波克说他为玛丽而倾倒，因为她"精力充沛、活泼、果敢、美丽——我喜欢她对我的热情，要把这种热情吞下去"。玛丽的阿肯色口音很重（她叫他"宾"），她精力旺盛、体态诱人，和那个六十五岁的女人大为不同，他觉得儿子们都希望他娶这个有瓦萨口音的女人。玛丽喜欢拥抱，并且是一个精明强干的女人。现今由她来安排斯波克职业生涯的每一个细节，她为他而担忧，照顾他，给予他所渴望得到的受崇拜的感觉。他们之间的差异与他们之间出现的紧张关系是婚姻的正常状态。斯波克说，这些差异、紧张不能归因于年龄上的差异。为回答我提出的问题，他谨慎地把自己描述成一个"婚姻美满的人——但有所保留"。

斯波克夫妇有时住在阿肯色州，有时住在两只帆船上——一只在维尔京群岛，一只在缅因州。斯波克一直在发表他的政治见解，有时还参与非暴力运动，同时还在《红书》杂志上开设了儿童护理专栏。此外，他现在在接受个人治疗、夫妻治疗和群体治疗，因为他的两任妻子和一对儿子以及几位理疗师多年来一直告诉他，说他是一个与自我感受失去联系的人，斯波克沮丧地告诉我这一点。

然而，与此同时，他看起来并不为此担忧。事实上，他看上去是那种自我感觉很好的人。他说他有一张一岁时照的照片，它可以解释他的现状。

在这张照片里，他坐在一个童椅上，戴着帽子，穿着童装和一件有扇形领子的外套，脚上穿着光亮的玛丽·简鞋子，露出整洁的白袜，看上去很雅致。他的双脚没怎么触及地面，双手坚定地按着椅子的扶手。他俊美和善的脸上挂着笑容，那是一种自信的笑，期待的笑，一种知道"世界是他的守护者"的孩童式的笑。

显然，到现在他仍然相信世界将为他提供保护。为什么不呢？他已步入八十高龄，但睿智、激情如旧，健康、俊美如旧。走进任何一个场所他都是最引人注目的人（身高六点四英尺，身形修长，举止优雅）、最有魅力的人（有力的拥抱，热烈的亲吻，说不完的故事）、最喜庆的人（闪亮的蓝眼，不断的笑声），都是现场最令人倾倒的人。他是一个满怀激情的水手，一个早上起来后充满热情的船夫，一个多才的、经常跳到深夜的舞者。他说他自己还是一个良好基因的受益者（"我认为，我到了八十岁还生机勃勃的部分原因是我母亲活到了九十三岁"），一个终生乐观的受益者，这仍源自他的母亲——虽说严厉、挑剔了些——"她给了我一种被深爱着的感觉。"

斯波克把自己描述成一个"随着几十年岁月的消逝精神上更加年轻"的人，一个不那么武断、很少开快车、不再冷漠、感情外露的人。他说:"我可以承认我已经老了,但并不因为年老而窘迫,主观上我从不感到自己老了。"不过,他承认自己"九十岁时不再希望能像八十岁那样努力保持生机勃勃、精力充沛。你的状态早晚都得开始下行"。他关心的是,当这种下行开始时,他不会忧郁,而是要保持尊严,我要"特别注意我的外套,要确信没有斑点在上面,我要特别留意,当我在公共场合从浴室里走出来时拉链拉上了"。这么说时,他像是在开玩笑,也有些认真。

他说,至于死,他并不为之担忧——"大概是因为我和自己的情感没有联系",他笑着补充道。但他又立即保证,将尽力与之联系——"我将一直努力这么做,直至最后一刻。"

我们早期的人生经历对决定我们在年老时是否能改变自我,是否能进一步成长十分重要。但年龄本身也能唤起早前阶段不具备的新的力量和能力。老年时也许会有更多的睿智和自由,也许会有更多的观察能力和坚毅;我们对他人也许会有更多的坦率、诚实,也许还会让我们对生活艰辛一面的理解产生改变——一种从哀叹向嘲弄的改变。

我的理解,哀叹意味着你认为不存在别的可能,哀叹是没有出路的,它意味着世界一片漆黑。没有昨天和明日,没有希望和安慰。有的只是彻底腐烂的、完全没有办法挽回的现在。而嘲弄则意味着同一件事情不至于那么糟糕,黑暗还没有完全遮天蔽日。嘲弄提供了这样一种情境:我们可以告诉自己事情会变得更糟,但也能想象事情会变得更好一些。这种从哀叹到嘲弄的转变是我们在余年拥有的特别的才能，它帮助我们应对日益增多的丧失，有时也帮助我们成长。

有了灵活性，可能还要加一点嘲弄，我们在老年时期可以继续改变自己，可以继续成长。但我们同样也可以通过精神分析和心理疗法来实现这一改变、成长——虽然西格蒙德·弗洛伊德对此持有不同见解。

老年阶段的到来会产生或加剧一些情感问题：焦虑、疑心病、偏执及最普遍的抑郁症。显然，心理疗法可以减轻这些症状。但除了心理疗法可以缓解这些症状外，对老年人做一些心理工作也能产生效果，使他们在更大范围内发生变化，通过波拉克所说的"解脱悲痛"过程，还可以使老年人转化得富有活力。波拉克写道：

一个基本的理解是：很多方面曾经属于自己，或者曾经希望属于自己，但现在都不可能了。伴随着我们走出对变化的自我、逝去的他人及自我未尽之希望和抱负的伤痛，我们面对已经出现的状况和会出现的状况的能力会得到提高，我们就会从过去和某些不可为之事中解放出来。我们会有进一步的升华，会产生新的兴趣和活动，会有新的关系……过去会真正过去，有别于现在和未来。安详、喜悦、快乐、兴奋会由此而生。

精神分析学家的报告指出，对老年人进行精神分析有助于他们的病人重新感到自我的价值，有助于他们宽宥他人及自己；当年老使他们过往的适应不能正常运转时，有助于他们找到新的适应；有助于一个女人在七十五岁上下时第一次感受到性高潮！从这个报告中我们了解到一个女人在母亲去世六十年后克服了当时产生的愤怒。此后她开始自由地创作，稳定了自己的婚姻，并接受自己的死亡前景。我们还遇到了一个男人，六十五岁时他结束了六年的精神分析治疗，获得了全新的生机勃勃的感觉。虽然他于七十岁时溘然长逝，但他觉得自己在人生的最后十一年里活得比其他阶段都开心。

有人问一个七十岁的女人，为什么这把年纪了你还寻求治疗？回顾了自己的丧失和希望，她做出了令人难忘的回答："医生，所有我剩下的就是未来。"

布莱茨告诉我们，有些老人在坐等饭食用车送来，或者是死亡的到来，不管是哪一个先到。有些老人，比如我的一个七十多岁的读博士的朋友，有太多的事情，他们没有时间死。有些老人谈论到死亡，有些人考虑过死的问题，有些人为盼着死亡而受尽折磨，另外一些人则会否定，否定，再否定，他们成功地劝服自己，死亡于他们而言是例外的。

但是，似乎没有证据表明，老年人尤其容易陷入对死亡的恐惧。确实，他们比年轻人对死亡的恐惧可能还会少一些。此外，人们经常认为，他们死前的处境于他们而言常常比死亡本身更让他们关注。

索福克勒斯八十九岁时写过一个剧本，其中包含了他对这一问题的深刻洞察，这些洞察是十分有道理的：

> 虽然他看着自己的岁月在优雅地流逝，
> 但有时候一个人仍然会向往这个世界。

　　还有一种情况无疑是正确的：在死亡的过程中和死亡之时，我们都将面对最终的分离——不论死亡时是什么处境，也不管死亡意味着什么。

Chapter 19 走向死亡：你离开了，这个世界依然会继续下去

一个人需要经过很多年才逐渐成为他自己，才真正发挥出自己的才能和独特的天赋，才能完善他对世界的辨别力，才能扩展和深化他的嗜好，才能学会忍受生活中的失望，才能渐渐成为一个成熟老练的人——他带着尊严和崇高的品德，摆脱身上的野性，最终成为大自然中独一无二的生灵。他不再受任何事物的驱使，不再受无意识的摆布，不再模仿任何人。但是接下来，悲剧发生了……在忍受了六十载令人不可思议的痛苦之后，在经过了六十年的努力之后，他已经成了一个如此完美的人，以至于只有死亡才适合他。

——欧内斯特·贝克尔

当我还是一个小女孩的时候，常常在夜里闭上眼睛，想象着这个世界会永远继续下去。我带着极度的恐惧感，想象着这个世界会永远继续下去，我也不会死。但我在这里告诉你，那不是真的。虽然我过去常常这样祈祷，虽然我清楚地知道，上帝不会把死亡从我们身边带走，但求求你了上帝，可不可以让我停下来，不再去想它（死亡）呢？

＊＊＊

实际上，无论人们是否普遍对死亡感到恐惧，它无疑是一种大多数人都无法忍受的感觉。我们总是有意无意地驱散自己头脑中关于死亡的念头，我们总是在生活中否认死亡的存在。但这并不意味着我们会认为每一个男人和女人，包括我们在内，都会得到永生；这也不意味着我们会回避那些以当下流行话题"死亡"和"垂死"为内容的文章、研讨会和电视节目。尽管我们驱散关于死亡的念头，否认死亡的存在，但这只意味着我们在情感上否认生命有限这一事实，它也只是我们的一厢情愿而已。否认死亡意味着我们无法使自己应对这个最后的分离意象所唤起的焦虑。

您可能会问：这个最后的分离意象有什么不好吗？

作为一个有自觉意识的动物，作为地球上唯一认识到自己会死的生灵，我们该如何生存下去呢？或者用欧内斯特·贝克尔的杰出著作《拒绝死亡》一书中那令人毛骨悚然的话来说，我们在认识到自己死后会成为"各种爬虫的食物，会尸虫遍体"的时候，我们该如何让自己活下去呢？通过否认死亡，我们会让自己比较安然地度过日日夜夜，会使自己不必在意脚下的深渊。但是正如弗洛伊德和其他一些心理学家所论证过的那样，否认死亡也会使我们的生活变得恶化。

因为我们花费了太多的心力去抵御心中那些关于死亡的念头和恐惧。

因为我们用其他的焦虑代替了对死亡的恐惧。

因为死亡与我们的生活紧密地交织在一起，如果我们刻意回避那些关于死亡的念头，就等于我们堵塞了自己的一部分生活道路。

除此之外，还有一个原因。如果我们在情感上认识到"自己总有一天会与世长辞"，那么这一认识便会加强及改善我们此时此刻对生活的感受。

诗人华莱士·史蒂文斯写道："死亡是美的化身。"

"黑洞"物理学家约翰·A.惠勒说："没有死亡的生活毫无意义……就像一幅画没有了框架。"

著名神学家保罗·蒂利克提出了一个问题："如果一个人不能死，那他真的就能活吗？"

小说家缪丽尔·斯帕克写了一部关于死亡的小说《怀念莫里》。这部小说引起了不小的骚动。她在小说中塑造的一个人物说了这样一段话：

如果我的生命可以重新来过，我一定要养成每天夜里强迫自己想想死亡的习惯。我会反复练习，试着想象死亡真的发生了并记住死亡的样子。如果想增强自己的生命力，没有什么比这种练习更有效了。死亡……本就是一个人对生活的所有期望的一部分。若是不能时常感受到死亡，生活便了无生气。你的生活就像一个只有蛋白而没有蛋黄的鸡蛋。

在1970年春天那令人震惊的六个星期中，我好朋友的女儿，一个十几岁的小姑娘因为栓塞离开了人世；我丈夫最好的朋友才年仅三十岁就死于癌症；我的母亲也在她六十三岁生日前夕，因心力衰竭与世长辞了。那年春天我不再像以前那样，一坐飞机就感到恐惧了。现在如果可行的话，我可以办任何事都坐飞机去。因为我对死亡已经很熟悉了，而且我已经认识到，即使我一生都待在地面上，死亡也会降临到我头上。朱迪、格什和我的母亲已经相继离世，我意识到总有一天死亡也会降临在我头上，这使我感到既忧虑又困惑。我非常希望有人能教我该如何应付这种感觉。

我希望有人能教我如何既了解死亡又能继续生活。

教我如何既热爱自己的生命，又能不畏惧死亡。

在我进入生命中最后一个考场前，希望有人能教我如何面对死亡。

＊＊＊

认识到人都不会永生这样一个现实之后，我们会更加热爱自己的生活——但我们还是无法接受死亡，无法面对我们自己的死亡。如果死神站在我们面前，我们会恶狠狠地盯着他的眼睛。虽然我们会把死亡描述成"美的化身"、"图画的框架"，甚至是"鸡蛋黄"，但它对我们的生活和工作来说还是一个讽刺：

通过打垮我们的自信，让我们觉得自己毫无价值；

通过打击我们的事业，让所有的事业都失去意义；

通过切断我们最深、最珍贵的联系，让我们失去自己最爱的人；

通过"我们不能永生，为什么还要出生"这样的问题来捉弄我们，通过"为什么会有死亡"这样的问题来嘲笑我们。

一些哲学家告诉我们，没有死就没有生，繁衍后代就会阻碍永生之路。因为地球不能容忍既能再生又能永生的生灵存在，所以我们需要放手离去，为新一代腾出空间。一些神学家告诉我们，亚当和夏娃能看清恶，而且他们也能在善与恶之间进行选择；为了拥有智慧和道德，为了成为人类，他们偷食禁果并因此失去了永生。《传道书》告诉我们，"万物都有自己的季节"，每一个事物"都有其生死之定数"。对于"为什么会有死亡"这一问题，一些科学家推测出了一个比较客观的答案：我们的细胞均有生命极限，所以从遗传编码上来看，每一个人都是注定要死的。

对于"为什么会有死亡"这一问题，还有其他不同的答案。然而对于那些无法接受死亡的人来说，即使向他们展示最充分的理由，他们也不会相信。他们把死亡视为一种罪恶，一个对他们生活的诅咒。他们中有些人反对科学家的观点，而且还坚持认为死亡不是生命之必然。他们觉得死亡只是一种疾病，一种终将会被治愈的疾病。的确存在这样一些人，他们竟然真的安排冷冻公司在自己死后深度冷冻自己的身体，然后在将来的某一天再进行解冻；还有些人相信大量服用滋补品能使自己益寿延年……也许还会长生不死。在为获得永生而不懈奋斗的那些人中，有些人很可能是因为过度相信科学，而有些人则很有可能是因为留恋自己的生命。但我怀疑，他们中大多数人都是出于对死亡的恐惧，所以在这些恐惧心理驱使下，去不断追求永生。

的确，对我们大多数人而言，在想到自己的死亡时，很难做到毫不畏惧。

我们担心覆灭，畏惧死亡。我们害怕进入一个未知的世界，害怕进入一个可能需要偿还今生罪恶的来世；我们害怕孤单无助。据说，还有很多人是因为害怕自己在死前深受病痛的折磨。他们所怕的不是死亡，而是走向死亡的过程。但是也有人认为，我们终生都因担心自己被抛弃而恐惧。

有人认为，在我们经历生命中第一次分离的时候，就已经提前体会到了死亡的滋味。

后来，当我们再次遇到死亡的时候，无论死亡是发生在别人身上还是落在自己的头上，我们都会再次唤醒生命中第一次分离带给我们的恐惧。

＊＊＊

在《伊凡·伊里奇之死》中，列夫·托尔斯泰描写了一个人与死亡的痛苦对抗，这是同类描写中最令人心碎的一幕。在小说中，一个生病的男子"逐渐意识到某种可怕的事情正在发生，这是一种他从来没有遇到过的事情，一种比他生命经历的任何事都重要的事情……"。

他意识到他就要死了。

"哦，天啊！天啊……我快要死了……可能死亡在这一刻就会发生。这里曾经还有光，但现在已经一片漆黑。我曾经待在这里，但是现在我要去那儿了……这里将会空无一物……这是在走向死亡吗？不，我不想死。"

伊凡·伊里奇感到浑身冰冷，感到自己的双手在颤抖，感到自己已经停止了呼吸，只有心脏还在怦怦地跳。痛苦和愤怒使他快要窒息了，他想："不可能所有人都注定要受到这种恐惧的折磨。"

他认为自己尤其不可能会受到这种恐惧的折磨。

他从齐斯威特的逻辑学中学会了演绎推理："凯厄斯是一个人，人都是要死的，所以凯厄斯会死。"这个推理似乎总是适用于凯厄斯，但肯定不适用于他自己。凯厄斯并不是一个实际存在的人是要死的，这一点千真万确！但是他不是凯厄斯，他是一个实际存在的人，一个独立于所有人之外的人。他曾经是小伊凡亚，和爸爸妈妈在一起……体味过童年、少年和青年时期的所有欢乐与悲伤。对于小伊凡亚非常喜欢的那个带有彩色条纹的皮球，凯厄斯知道它散发着什么样的气味吗？凯厄斯像小伊凡亚那样亲吻过母亲的手吗？凯厄斯听过母亲的连衣裙发出来的沙沙声吗……凯厄斯也曾坠入情网吗？凯厄斯能像他那样主持会议吗？"凯厄斯的确会死，而且死亡对于他来说是正常的，但对于我小伊凡亚或者伊凡·伊里奇，对于我这样一个有思想、有感情的人来说，就完全是另外一回事。"

伊凡·伊里奇说："我不可能会死。那太可怕了。"虽然他这么说，但他也明白自己死期将近。死亡可能发生在工作日——"死神就站在他面前看着他"——他吓坏了；死亡也许发生在他的书房里——那里只有他和死神，"他们面对面站着"——他被吓得浑身发抖。

"为什么，为什么会有这样的恐惧？"他苦苦地思索着这个问题。

"痛苦，死亡……为什么？"他问自己。

* * *

孤独使伊凡·伊里奇万分痛苦，但是他的家人和朋友却不能让他从这种痛苦中解脱出来，因为他们对于伊里奇即将面临的死亡绝口不提，而且他们也不让伊里奇提及它。毋庸置疑，他们不仅回避这个令人胆战心惊的话题，而且还在伊里奇面前假装他根本就不会死。

这种欺骗折磨着伊里奇——虽然他知道自己即将面临着什么，他们也知道，但他们还是不愿意承认；虽然他的情况很恶劣，但他们还是想欺骗他，而且也希望或者强迫他加入他们的欺骗队伍。人们在他死之前，表演着这些谎言。他们这么做，对可怕而又庄严的死亡来说，必定是一种侮辱。对于伊凡·伊里奇来说，这却意味着可怕的痛苦。有很多次……他几乎都要对他们喊出："别再胡说了，你们和我都知道我要死了。所以至少别再撒谎了！"然而很奇怪的是，他每一次都没有说出口。

对于那些反对提及死亡的禁忌，以及上文提到过的谎言和欺骗，近年来有很多人都在著作中对此提出质疑，其中精神分析学家伊丽莎白·库布勒-罗斯的《论死亡和垂死》颇具影响力。她呼吁我们要与那些身患重症的人展开对话。库布勒-罗斯描写道，当我们主动邀请那些即将面临死亡的病人，谈谈他们自己的恐惧和需求时，他们得到了巨大的解脱。她认为，这样的对话能帮助他们泰然面对自己的死亡之路。她把这段路程划分为五个阶段：

第一阶段：她说道，一个人得知自己身患绝症的第一反应是否认——"一定是弄错了，这不可能！"

第二阶段：愤怒（针对医生和命运）和嫉妒（针对那些不用面临死亡的人）相继而来——这一阶段的典型问题是："为什么是我！"

第三阶段：讨价还价。他们试图延缓不可避免的死亡，所以他们会做出承诺以换取更长的寿命——虽然一个女人发誓说，如果能看到自己的儿子结婚，她就心甘情愿地死去，但她在如愿以偿之后，又提了一个条件："别忘了，我还有一个儿子。"

第四阶段：沮丧。对于过去的丧失和行将到来的丧失，他们十分悲伤。垂死之人会提前为自己的死亡哀伤，此时，他们需要有人能坐下来一起伤其所伤，并听凭他们释放自己的内心伤痛。

第五阶段：接受。库布勒-罗斯说："接受不应该被误认为是一个快乐的阶段。"这是一个"缺乏情感的阶段";它似乎是"一场斗争的结束阶段"。她总结说,当垂死之人在外界的帮助下顺利走过前四个阶段之后,他们就不会再有沮丧、恐惧、嫉妒、愤怒或不甘心这样的情感了。他们会"在一定程度上带着默默的期盼"思考自己即将面临的末日。

每个人都会或者说都应该经历这五个垂死阶段吗?一些评论家认为不是,而且他们也不赞同库布勒-罗斯的观点。并不是每个人都能面对自己的死亡,有些人至死都不承认死亡会降临在自己头上。有些人会自始至终都对"光的消失"——死亡——感到愤怒,他们不会按照迪伦·托马斯所谓的死亡路线发展,也不会像他所说的那样"温柔地死去"。即使是那些能接受死亡的人,也未必都要经历库布勒-罗斯所谓的五个阶段。有些评论家担心,库布勒-罗斯所谓的"正确"的死亡之路,也许会在无意之中被强加给垂死之人。

埃德温·施耐德曼医生也曾对垂死之人做过广泛的研究。他写道:"我的研究结果与库布勒-罗斯的观点截然不同。"他接着说道:

……有人认为垂死之人应该经过一系列的阶段才能走向死亡。对于这种观点,我非常不赞同。我的观点与此恰恰相反……情感状态、心理防御机制、需求和冲动会在正常人和垂死之人身上发挥同样的作用,而且它们所发挥的作用会表现为各种各样的反应……它们包括:自我克制、愤怒、内疚、恐惧、否认、谄媚、屈服、英雄主义、依赖、厌倦、失控、为自己和尊严进行斗争。

库布勒-罗斯认为接受是垂死的最后一个阶段，施耐德曼还对这一点提出质疑。他认为，库布勒-罗斯对这一阶段的划分毫无必要。他写道，没有"任何自然法则……规定死亡发生前，垂死之人必须实现心平气和的状态或是其他类似的完结状态。一个冷酷的现实是：大多数人都死得太早或是太快，根本来不及完全经历这些零零碎碎的阶段"。

虽然评论家针对库布勒-罗斯的五段论发表了不同的看法，但是他们似乎认可她的中心论点：只有通过接近垂死之人，只有通过不回避死亡，我们才会知道每一个像伊凡·伊里奇那样的人需要什么。他们可能需要沉默或是交谈，需要无所顾忌的哭泣或是发怒，需要握着你的手与你进行无声的交流，或者他们需要我们像对待婴儿一样对待他们。在他们需要我们的时候，我们可以让自己出现在他们身边，但是我们无法教他们如何走向死亡；如果我们一直在他们身边或是一直关注他们，他们反倒能教会我们如何走向死亡。

＊＊＊

1984年，我亲眼看见了自己喜爱的三位女性朋友的死亡。她们都死于癌症，而且都只有五十几岁；她们还那么有生气，但命运何其残忍，竟然让她们早早地离开了人世。其中一个知道自己已经没有多少时日了，但是一直能够正视自己的命运。她谈论死亡，而且还平静地接受死亡。另外一位知道自己时日不多了，所以主动选择了自己的死亡时间。她把药片积蓄到一起，自杀了。最后一位就是那个一生下来我就认识的人，一个金发碧眼的好斗者。她就是我的妹妹露易丝。带着令人敬畏的顽强意志，她一直与死亡进行抗争，直到她闭上双眼。

露易丝是我童年时期最大的竞争对手，是一只在我身后追着我的害虫，也是一只我所深爱的害虫。那一年秋天，也就是我着手写这一章的时候，露易丝死于癌症。她死在自己家中的床上，而且在她生命的最后几个小时，我一直陪伴在她的左右。我相信，她死的时候没有痛苦，也没有恐惧。但只要她还有意识，她就一直在与死亡对抗——她想击败它。

虽然露易丝清楚地知道她已患上了不治之症，但她不愿意听凭病魔的摆布。她写下遗嘱，安排好身后事，与子女和丈夫谈过几次话——在安排好所有的细节之后，她不再关注死亡，而是把全部精力都投到了生活上。此外，她不仅关注如何生存，还关注任何值得欣赏和分享的东西。她不希望自己日渐衰弱的身体状况成为限制她享受快乐的绊脚石，也不希望它打扰到自己的人际交往。

露易丝的最大爱好是打网球。当她不能再打球的时候，她咬着嘴唇扔掉了自己的网球拍，把身上的运动细胞都转移到一些不需要大量耗费体力的活动上。她成了一名精力旺盛的编织工、读者和作家。在她生命的最后几个月里，她的精力日渐衰弱，体重也只有九十五磅；她的视线已经模糊，但她还计划着一些适合自己的活动——她也许还能通过听磁带来学习一门外语？在她生命的最后几个星期中，她曾寄给我一个制作中式辛拉面的食谱，而且在信封中还装了一根干面条，以免我买的面条不是食谱中所要求的那种。在服用了大量止痛药之后，她已经变得昏昏沉沉，但她还没有忘记询问我的身体状况。即使在生命的最后几个星期里，她也没有把注意力全放在自己身上，而且也没有把全部心思都放在自己的病痛上。直到生命的最后一刻，她也没有切断自己与所爱之人的联系。

她并没有与我们告别，因为她不打算离开，她还打算活下去，至少她一直在尽自己最大的努力这样做。她曾经对我说："我们中有些人的确想活下去，但是他们为什么总是那么绝望而不是满怀希望呢？"在那艰难的四年中，她的大部分时间都被用来与日益扩散的癌症进行抗争，她一直在寻找着希望。

读到这里，请你别误解我的妹妹：她既不是殉教者，也不是圣人。她也有恐惧和绝望的时候，她也会被呕吐和痛苦折磨得什么都不能做，她也有抱怨、哭泣和呻吟的时候，她也曾半开玩笑地说："究竟是因为我做了什么才有此报应？"但大多数时候，她都没在哭泣，没缠绕在自己是将死之人的痛苦思考中，她一直都在为活下去而奋斗，为取得胜利而斗争。她至死都相信，如果一个人真的为生存而努力奋斗，那么人类的精神就能战胜任何生理现实。虽然在与死亡的斗争中，她被打败了，但我们都见证了她的胜利——她的确在精神上取得了胜利。

还有很多像露易丝这样的人，他们在不同年龄患上了绝症。为了活下去，他们会紧紧地抓住任何希望，会不断进行抗争。他们相信意志力和精神作用，相信自己会得到上帝的宽恕；他们相信最近发明的新药会创造奇迹。当我们听到并不乐观的统计数字之后，我们可能会问："难道他们不知道做这些根本没用吗？"虽然他们也知道那些并不乐观的统计结果，但是他们告诉我们和他们自己："我不在统计之列。"

在关于一位年仅三十九岁就身患癌症的医生的录像带中，我看到他痛苦地挣扎在死亡的边缘。为了活下去，他与死亡进行了惨烈的斗争。他——他的妻子、兄弟、医生和牧师——给我们展现了一个痛苦的画面。在生命的最后几个星期里，他依然毫不退让，坚持通过一根插进食道里的管子进食；随着病情加重，他越来越依赖麻醉药，导致性情都发生了变化。他的家属一直在他身旁，他们也同意这么做。一些医生说道，就是因为他坚持要求控制病情，才使他"不必要地"延长了自己的生命。但是就在他快要去世之前，他的妻子向他提了一个问题：为了生存而如此奋斗，值得吗？他十分清楚地回答道："值！"

＊＊＊

我的朋友鲁思却大不相同。在知道斗争的结果必定是失败之后，在认识到自己必将面临痛苦和死亡之后，在为自己和自己所深爱的丈夫安排了完美的最后一夜之后，她在丈夫第二天去上班的时候，服用了过量药物。带着艺术家一般的审美感觉，带着她一生都坚持的自主，她不会任由癌症摆布。她这样一位美人，不会让癌症进一步践踏自己的生命，使自己忍受更多的痛苦（她已经受了很多苦）。她不会允许癌症夺走自己的生命，因为她担心癌症会夺走自己的一切。

在她那艰难而且有时还是悲剧性的生命中，她不断地努力，她活跃而又勇敢。她也曾经是一名斗士。她这样一位金发碧眼的美女，曾经勇敢地与所有残忍的丧失斗争——并获得了成功。在最后的化疗失败之后，她被送回家等待死亡。面对绝症，她更喜欢自己选择死亡降临的时间和地点。虽然我知道自杀可能会被视为一种犯罪行为或愚蠢行为，被视为懦弱、无能或是病态行为，但我相信，鲁思的自杀——我那位伤心而又痛苦的朋友的自杀——是一种勇敢而又理智的行为。

也许鲁思的自杀就是精神分析学家K.R.艾斯勒所说的对死亡的反抗，是"死囚欺骗刽子手"的手段。虽然鲁思的自杀令我震惊，但我认为这是一种正常而又正确的行为，不是病态的或错误的。为了不使大家误会，我现在马上澄清一下：我相信大多数自杀行为确属病态的，而且我也相信大多数伴装自杀的人都需要在外界的帮助下活下来，他们不应该死去。然而，我还相信在某些特殊情况下，自杀可能是一种明智而又正确的选择——对于绝症带来的恐惧，对于衰老所导致的依赖和衰弱，自杀可能是最好的应对方式。

不管我们如何看待这些自杀行为，人们一直都在自杀。1982年，每十万名男子中，六十五岁到六十九岁的自杀率是28.3%，七十五岁到七十九岁的自杀率为43.7%，八十五岁以上的竟高达50.2%。然而，在每一个年龄段，每十万名女子的自杀率都比男子低，而且有几个年龄段的自杀率低得令人震惊：六十五岁到六十九岁是7.3%，七十五岁到七十九岁是6.3%，八十五岁以上是3.9%！

有时候，丧失基本生活能力的老年夫妇会做出一些过激决定，他们宁愿一起去死也不愿分离或是因为日渐衰弱而陷入无助。因此塞西尔·桑德斯和朱莉娅·桑德斯——一个八十五岁，一个八十一岁——吃完一顿以热狗和蚕豆为内容的午餐后，开着雪佛兰去了一个僻静之处。他们摇起车窗，在耳朵里塞上了棉花。然后塞西尔朝着等待死亡的妻子的胸膛开了两枪，之后用枪指着自己的心脏，扣动了扳机。他们在自杀之前，给自己的孩子们写了遗言：

我们知道这样做会令你们十分震惊和局促不安。但在我们看来，这是衰老问题的解决方案之一。对于你们希望照顾我们的好意，我们非常感激。

从我们结婚至今已经六十年过去了，我们深爱着彼此，所以对于我们来说，只有一起离开人世才是我们最有意义的一件事。

不要难过，我们走过了美好的一生，而且还看到两个孩子都已经成了很优秀的人。

深爱你们的爸爸妈妈

　　说到绝症，现在越来越多的人开始对自己安排结局产生了兴趣。他们希望不受痛苦，希望自己做主，希望他们所爱的人记住自己，这些都促使着他们去自己选择死亡的时刻。然而，当我们想自杀的时候，我们的本能会催促我们赶快伸出手拯救自己并对自己大喊："不要这样做！"虽然我们认识到，那些此刻想死的人，如果阻止他们，一周之后他们可能会放弃自杀的想法，虽然我们很关心自杀是否总是给家庭带来创伤，但是我们也必须像一位作家那样考虑这样一个问题："谁知道他是受什么蛊惑才那么做的？那是他的事情；也许那也会成为你的事情。"

　　毫无疑问，肯定有这样一些人：他们绝对不会选择自杀，却愿意张开双臂等待死亡的来临。他们把死亡视为一种解脱和慰藉，一个可以结束痛苦的终点。死亡不是他们的敌人；死亡成了他们的朋友。死亡给他们提供了一个放下重负的机会：不管他们渴望放下的重负是折磨他们的不治之症，还是他们在老年时的无助、无能和孤独；还是因丧失而产生的难以忍受的痛苦。正如马克·吐温所说，为活在一个用"忧虑、悲伤和困惑"攻击我们的世界，我们要不断努力，这会让我们不堪重负。他在自传中陈述了原因，同时列举了许多可怕的丧失：

毁灭吓不倒我，因为我在降生之前——一千万年以前——就已经尝过了它的滋味。此生，我在一小时之内遭受的痛苦比我所能记得的在一千万年之间所遭受的痛苦加在一起还要多。在那平静而又安宁的一千万年中，没有需要承担的责任，没有忧虑，没有牵挂，没有痛苦和困惑，令人感到无比的兴奋和无限的满足。我温柔地回忆着那段令人向往的岁月，如果能再给我机会重返那一时期，我会感激不尽。

这种对死亡的"温柔向往"，这种对死亡能够降临的感激之情，是接受死亡的众多表现之一。此外，还有顺从的接受——"人一定要忍受死亡的远去，就像忍受它到来那样"；还有现实的接受——"每当我想到自己不能永生就愤愤不平，我就会突然用一个问题打断自己的思绪：我真的喜欢那个前景吗？那个通过每年都缴纳所得税来换取的遥遥无期的前景？"还有欣然的接受——"对于父母和姐姐，我了无遗憾，关于这人世的记忆我还记在心间，但我的灵魂已经在拥抱救世主，这令我欣然"；还有民主的接受——"无论是婴儿的家长还是国王，无论是地球的统治者还是智者、善人，无论是样貌俊秀的美人，还是头发花白的幻想家，你都和他们一样，躺在坟墓中"；还有一种，我认为或许应该称它为创造性的接受。

我的朋友卡罗尔对于死亡所展现出来的接受就属于创造性的接受。那是一种毫无痛苦的接受，那是一种对自己命运的接受。正是因为她的这种接受，她相信自己是颇有价值而又独一无二的人；

正是因为她的这种接受，她才得以在生命中最后一个秋天的下午，饶有兴致地谈论她葬礼上所要播放的音乐以及如何烹制出味道很棒的炖菜。

她不相信有来世，而且她对于延迟自己的死亡也不抱任何希望。她也像鲁思和露易丝一样，度过了一些可怕的时光；在生命的最后几个星期里，她曾带着身体的疼痛，在卧室里与家人和朋友一一告别；然后，她异常平静地等待着死亡。她曾邀请我们所有人讨论她的死亡，而且她还不允许我们说没用的废话。但死亡并不是她所谈论的唯一话题，她想要谈谈我们，谈论下一届大选，谈谈最近的八卦新闻。她还是像往常一样幽默风趣、妙语连珠，还如往常那样，评论任何事物都……口无遮拦。不，她也并不总是这样英勇无畏，她也有痛哭流涕的时候，她也留恋这世间的美好事物。对于自己的早逝，她曾经引用过罗伯特·路易斯·史蒂文森的诗文来表达自己当时的心情：

看到天气晴朗，天空蔚蓝，
我多想出去游玩。
却不得不在白天入眠，
难道对你来说这不艰难？

这似乎的确很难做到。但是卡罗尔已经越来越熟悉死亡，她能接受白天入眠，她做到了。

有一次，在我们探望卡罗尔时，她曾对我说："我以前从来没有经历过死亡，所以我并不知道如何面对它。"

但是看着这位垂死的妇人，这位平静的女子，这位毫不绝望而又了不起的女人，我想告诉所有人：是的，她做到了。

***

对于一个人怎么死，我们知道多少呢？虽然人们常常说，那些功成名就的人在死的时候更加安然，但那些实现自己生活目标的人并没有比那些生活不如意的人死得更加惬意。哲学家沃尔特·考夫曼坚持认为，我们对生活的满意度"决定着我们面对死亡时的差异"。考夫曼以下面这首弗里德里希·荷尔德林的诗解释了自己的主张：

夏天赋予我巨大的力量，
秋天教会我成熟的歌唱，
走过了人生所有的辉煌，
我心甘情愿地走向死亡。
活着，灵魂没有得到神圣的权利，
死后，也不会在地府得到安宁。
但若问我还渴望什么，
我已经写就了生命的神圣诗歌，
所以我欣然迎接阴间的宁静。

虽然我带不走自己的诗歌，

我将会心满意足地走向死亡。

我曾如神仙般快乐，

所以现在已无欲无求。

考夫曼认为，如果我们——"在面对死亡的时候，在与死亡角逐的过程中"——实现了一个真正属于自己的方案，一个独一无二的计划，我们便会"心甘情愿地去死"。因为，从某种意义上来说，我们已经战胜了死亡。哈蒂·罗森塔尔在其著作《对垂死之人的净胜疗法》中，表达了类似的观点。她认为："在面对死亡的时候，那些相信自己度过了完整的一生并且已经做好死亡准备的人，相比之下很少焦虑。"

在很多关于人怎么死的讨论中，有的人坚持认为，我们的死亡方式因性格和生活方式的差异而有所不同：胆气十足的人会英勇赴死。斯多葛派主张宿命论，所以他们会完全屈从这一生命的必然，丝毫不会反抗；否认现实的人至死都会否认死亡；还有一些人，他们过分热衷于守护来之不易的独立，所以对于自己垂死之时的依赖感到耻辱和心碎；还有那些害怕分离的人，认为分离就是充满恐怖的黑暗之行，所以在最后的分离到来的时候，他们会极为恐惧。

然而还有些人认为，垂死有时可能会给我们提供一个新的机会——对！完全没错——垂死有时会给我们提供一个成长和改变的机会，会促使我们达到一个非人类的能力所及的情感发展阶段。

艾斯勒写道："只要这个世界还触手可及，只要人们还热情洋溢地生活在这个世界上，那种关于终点将近的认识或模糊的感觉，也许会使一些人退到一旁；也许，他们会带着谦恭之意或者过分认真地从徒劳无益的角度审视自己和自己生命中那些重要阶段。"他说道，这个最后阶段能够结束某些根深蒂固的存在方式，正如他所说，能使人们"向前迈进最后一步"。

"向前迈进最后一步"这种说法，使我理解了露易丝的那些变化：她在家里，向来被我们视为"弱者"，然而在死亡降临之前的那段时期，她竟然变得极为勇敢和坚强——竟然变成了一个斗士。"向前迈进最后一步"这种说法，也使我明白了莉莉·平卡斯所叙述的"完美死亡"——她那平素喜爱依赖别人而且很容易陷入焦虑的婆婆的死亡。下文是平卡斯对婆婆临死前那一刻的描述：

在一次中风之后，她醒了过来。她坐起身，要求见房子里所有的人。在安详地和每个人亲切道别后，她默默地闭上了双眼，说道："现在让我睡吧。"之后，一位医生赶来，给她打了一针，让她从最后的睡梦醒了过来。但是她在自己醒来之后的那一小段时间里，一直恳求医生别再管她，就让她这样静静地去吧。

平卡斯问道："对于这样一位终生都在回避困难、从来不做任何决定的女人，对于这样一个脆弱而又胆小的女人，究竟是什么力量使她能以这种方式死去，并且是什么力量使她能保证自己最后的睡梦不被打扰？"她的答案与艾斯勒一样：日益迫近的死亡会带来惊人的、意想不到的转变。

＊＊＊

但是艾斯勒的观点有些过激，他甚至认为，我们的垂死经历很可能是我们一生中"最大的"成就。他写道：

> 对于走向死亡的每一步都有充分的认识，在无意识状态下体验着死亡直到死亡发生的那一刻，我们所形成的那些意识或是认识，会是一个人一生中最大的成就。如果人的个性被视为唯一的生命构成，如果生命在各个方面都已经融为一体，当然包括死亡和人生道路的最后一段哀伤，那么实现生命中最大的成就可能会是一个人走向死亡的唯一方式。

然而并不是所有人都有机会在临死之前反省自己的垂死过程。意外事故或是急症可能会在一个人毫无意识的状态下，顷刻间带走他的生命，他们根本来不及思考任何东西。实际上，并不是所有人都希望在垂死阶段回想自己对死亡的认识。的确，当死亡降临的时候，我们中很多人在心理上都宁愿早登极乐。根据菲利普·阿里斯对历史上各个时期人们对于死亡的认识的研究，"好死"的概念已经发生了变化。"好死"曾被认为是一种有意识的、可以预期的、仪式化的分离，如今人们对于"好死"的定义恰恰"对应着人们过去所谓的悲惨死亡":猝死。这种死亡在毫无预兆的情况下突然发生，可能在我们熟睡的时候把我们悄悄地带走了。

缓慢的死亡意味着一个人常常独自躺在医院的病床上，被各种管子和仪器包围着，可能会因为各种尝试的失败而受苦，也许还会更糟。与此相比，猝死算得上是一件幸事，它的确可以被视为"好死"。我一直留意一些度过垂死阶段的新方式，尤其是日益扩大的养老院运动，而且这些养老院都会对垂死之人提供富有同情心的看护，同时还帮助他们从痛苦中解脱出来，但并不会人为地延长垂死之人的生命。这些新方式的出现，使人们重新定义"好死"：一种有时间体验垂危阶段的死亡方式。

***

无论我们是否有机会体验垂死，无论垂死能否使我们"向前迈进最后一步"，无论垂死是否是促进我们成长的一种方式，只要我们在死亡到来之前的任何时间，通过提醒自己"我们总是会死的"这一点，就会丰富我们的生活。现在很多人都和拉罗什富科一样，相信即使是勇敢而又富有智慧的人也都会"避免直视死亡"。如果死亡并不意味着我们今生所拥有的一切的终结，那么我们或许不会这么做；如果我们能够让自己的生命在死亡之后得以延续，或许我们不会这么做。

的确，有人认为我们所有人都希望自己与这个世界的联系不仅限于今生，我们都希望自己有限的自我与某种永不磨灭的东西存在联系。我们可能会在不同的背景下体验到这种联系，或者会在不同的背景下为实现这种联系而不断拼搏，而且每一种背景似乎都能使我们产生一个十分美妙的意象……那就是永生。

我们最熟悉的永生意象与宗教相关。宗教给予人们永不磨灭的灵魂，让人们拥有来世，允诺人们最后的分离将会是永远的结合，能保证我们的一切都不会失去，即使失去的也能再度寻回来。然而，正如罗伯特·J.利夫顿在关于永生类型的精彩论述中所指出的那样，并不是每一种宗教都允诺人们会进入来世并拥有不朽的灵魂；更准确地说，较为普遍的宗教体验是关于精神力量的联结：一种来源于自然之外的力量，一种每个人都能够分享的力量，一种能够保护我们的力量；或许通过这种力量我们能象征性地或者在精神上重生于一个"超越死亡"的国度。

弗洛伊德认为，这种宗教信仰都是人们为了使自己能够忍受现实世界的无助状态而臆造的幻象。他写道，正如孩子们要依赖父母的保护一样，成熟的成年人会依赖众神和上帝帮助自己摆脱焦虑。他说，我们为了驱除"对自然的恐惧以及弥补文明施加给我们的伤痛"，我们创建了宗教；面对无情的命运，尤其是"面对死亡的时候"，我们只能向命运低头，并通过宗教来抚慰自己的心灵。

然而，宗教并不是我们唤起来世意象的唯一途径。罗伯特·J.利夫顿认为死亡会带来"生理和心理上的毁灭"，我们赞同他的这一观点，但是我们同时也认同他的另一主张：死亡并不因为其毁灭性而一定意味着彻底终结。除了通过宗教信仰，我们还可以通过其他途径幻想自己死后或者毁灭之后，生命会得到延续。

　　例如，大自然经历风风雨雨之后还依然存在——海洋一直存在，高山岿然未动，森林依旧繁茂，四季也会去而复返——这便使有些人在头脑中形成了永生之意象。我们死了，但是地球还依旧运转；而且我们会在重返地球时，真正成为永生之体的一部分，正如《死亡观念》一诗所描述的那样：

　　你会重返曾经养育你，
　　而后还允许你继续发展的大地，
　　那里已经失去了人类的痕迹，
　　放弃你的躯体，
　　你将永远与自然的要素融为一体……

　　对于另外一些人来说，永生存在于那些对子孙后代产生影响的行为和成就中——存在于我们为之终生奋斗的事业中，存在于我们的发现中，存在于我们所建造、讲授、发明和创造的事物中。关于这一点，玛格丽特·尤瑟纳尔在自己的小说中生动地刻画了哈德良大帝。哈德良在死亡迫近的时候，思索了自己的努力与永生之间的关系：

　　我们知道，生活是冷酷无情的。但是在我看来一个人的幸福时光、他的部分进步、他为从头开始和继续发展所付出的努力，都是了不起的奇迹，而且这些奇迹几乎可以弥补那些可怕的疾病、惨痛的失败，那些冷漠和错误，因此，我极少寄希望于人类环境能够使我得到永生。灾难和毁灭将会将临；混乱将会取得胜利，但秩序也会偶尔取胜……虽然我们的雕像会出现破损而又无人修补，虽然我们的书籍会随着时间的流逝慢慢腐烂，但它们不会因此而全都消失；其他人的圆顶建筑和尖顶墙壁会在我们当初的废墟上拔地而起；还有一些后来人会以我们的方式思考和工作，像我们以前那样感受生活。所以我冒险把生命寄托于这些出现在不同世纪的继承者身上，通过这种断断续续的方式来实现我的永生。

当然，有些人会凭借自己改变文明的行为来实现永生——这些人包括哈德良们、荷马们、米开朗基罗们、伏尔泰们、爱因斯坦们。但是，即便我们没有成为名留青史的伟人，也没有做出什么震撼世界的大事，也一样可以让自己的行为影响后世；我们的日常工作和私人行为，可能也会产生意义重大的影响，它们或许会随着时间的推移慢慢地在历史的长河中泛起涟漪。

此外，关于死后生命或灵魂通过不同形式得以延长之意象还有生理延续意象。这种意象指的是通过我们的孩子，通过我们子女的孩子，或者通过我们的国家、我们的种族和整个人类而存在的更广泛的——"生物社会学"意义上——意象。的确存在这样一些人，他们把自己看作生命链条中的一环。这条永不断裂的链条从过去延伸到未来；只要这个世界还有人类存在，这一生命链条就会把我们同过去和将来的人联系在一起，而且还会带给我们永生。

至此为止，我们已经描述了四个死后延续的意象。除此之外，还有关于超越的直接而又强烈的体验——它们能使我们再度回味过去与母亲一体的极度狂喜，再度体味到不受时间和死亡限制的一体快乐。正如我们所看到的，这些没有限制的一体体验可以通过性交、毒品、艺术、自然和上帝来实现。这些体验使我们"永远与作为整体的外部世界产生联系"，使我们感到"自己永远不会脱离这个世界"。

然而，并不是每一个成年人都能体验到一体的滋味。弗洛伊德写道："我自己就没有体验过那种'海洋般'的感觉。"也不是所有人都能在宗教、自然、成就或者生理联系中——社会联系或者逻辑上的联系——找到那能使人正视死亡的幻觉。波伏娃说："无论你认为永生是世俗的还是超然的，只要你热爱自己的生命，永生便不会是对死亡的慰藉。"伍迪·艾伦对此持同样的观点："我不想通过自己所创造成就来获得永生，我想找到一种能不用死去，便可以获得永生的方法。"一个小伙子已病入膏肓，他的一个朋友问他："如果在你死后，我会痛哭流涕，听到这一点你是否感到宽慰？"他断然否定了这种关于永生的抽象幻想，他回答说："除非我能感觉到或者亲耳听到你在哭泣。"

有些人坚持认为，死后生命会得到延续。他们有如此愿望，是因为他们觉得人是可以永生不死的，还因为他们不想为死亡而焦虑不安——即使不存在什么其他的世界或不朽的灵魂，他们也依然抱着这种希望。然而利夫顿却认为，渴望永生恰恰是承认死亡的必然结果……尽管我们与过去和未来都存在联系，但我们也认识到自己的存在是有限的。

＊＊＊

我们的存在是有限的。经过这么多年的努力，经历了这么多的痛苦，我们一手创造的自我将会死去。虽然我们可能凭借某些观点或希望坚定地认为，我们生命的一部分会永远存在，但是我们也必须认识到，那个充满爱心的、呼吸着的"我"，那个热爱工作而又充分自知的"我"终将会永远，永远……从这个世界消失。

因此，不管我们是否带着延续的意象——永生的意象——生活，我们都必须认识到，生命是短暂而又易逝的；我们也必须认识到，无论我们多么热爱自己所爱的一切，我们都不具备那种留住自己和我们所爱之事物的力量。千百年来，诗人们一直感到生命之短暂，他们用精美的诗文向我们展示着各种意象：

一切都是徒劳；

我们在舞台上只拥有片刻的辉煌；

美酒在侧、玫瑰环绕的日子会迅速逝去；

我们一定会死去。

诗人们还通过各种声音、各种语调，满含深情地向我们展示了垂死之人的临别之词。因为我认识到生命有限，因为我热烈地期盼着美好的前景，所以我非常希望以路易斯·麦克尼斯的诗文作为自己垂死时刻的临别之词：

花园里的阳光，
逐渐变得冰冷而又昏黄，
那分秒逝去的时间，
我无法把它绑缚于金色的巨网，
当一切昭然，
我不会再乞求赦免。

我们的自由，如同自由的长矛
向着终点逐渐迫近；
尘世在不断地驱逐，
乐曲悲伤，鸟儿低鸣，
再过不久，我的朋友，
我们便无法再度起舞。

广阔的天空适于飞翔，
教堂的钟声已经敲响，
每一声罪恶而又刺耳的声响，
都是海妖的歌唱：

大地驱逐，

我们走出埃及，就要死亡。

不再期盼赦免，

内心已然坚定，

但曾与你在雷雨中并肩，

我备感欣然，

曾与你沐浴在阳光下的花园，

我欢喜无限。

Chapter 20 重建联系：接受所有不完美

因为她已经长大，她的微笑中带着一丝怯意，她那一瞥之下，目光中透着深邃。现在，她意识到了你的存在所导致的丧失——只要你停留下来，就必须缴付这特别的租金。

——安妮·迪拉德

我最小的儿子正在等待他所报考的那所院校的通知。他就要离开家了。我的母亲、我的妹妹和很多朋友都已经去世了。我正在服用钙片以免在中年患上骨质疏松；为了预防身体在中年发福，我依照瘦身食谱安排自己的饮食。整整二十五年了，我的丈夫和我一直保持着不完美的联系。离婚以及丧夫的危险一直环绕在我们周围。我们带着丧失生活着。

在我的生活中，也在这本书中，我一直在试图用很多不同的语言谈论丧失：学术语言和通俗语言，主观语言和客观语言，私人语言和公众语言，滑稽的语言和忧虑的语言。通过精神分析理论，通过生动而又精练的诗文，通过虚构的爱玛·包法利、亚历克斯·波特诺伊和伊凡·伊里奇的经历，通过陌生人和朋友们告诉我的秘密，也通过对自己经历的深度探索，我深受启发，同时也找到了慰藉。下文就是我所了解到的东西：

我认识到，在漫长的人生路上，我们会离开别人，别人也会离开我们；而且我们要放弃很多自己所爱的人和所爱的事物。丧失是我们为生活所付出的代价，同时它也是我们得以成长和收获的源泉。此外，从我们出生到最后死亡这段人生路上，我们不得不带着丧失之痛前行，我们不得不放弃一部分自己珍爱的东西。

我们不得不面对必要的丧失。

我们应该明白，这些丧失与我们的收获有着紧密的联系。

在母子一体的状态下，母子之间的界线十分模糊，我们在这种状态下感到无上的欢乐。随着我们脱离母子一体状态，我们变成了一个有意识的、独一无二的、分离的自我。我们放弃了那种对于绝对庇护和绝对安全的幻想，转而带着焦虑成功地实现了独立。

随着我们屈从于被禁止的和无法实现的事物，我们变成了一个有道德、有责任心的成年自我。在一些必要的限制之下，我们发现了自由，并且拥有了各种选择。

在放弃那些我们无法实现的期望的过程中，我们变成了被爱联结着的自我。我们放弃了一些理想化的幻象：我们不再渴求完美的友谊、婚姻和生活，不再幻想我们的孩子会变成我们理想中的样子。我们接受了所有甜美的却不完美的人类联系。

面对因时间和死亡而产生的丧失，我们变成了一个哀伤而又适应了变化的自我。我们发现，在我们咽下最后一口气之前的任何人生阶段，我们都有机会进行创造性的转变。

* * *

每当我想到人发展的过程中总是伴随着一系列必要的丧失——必要的丧失和紧随其后的收获——我总是惊诧于这样一个现实：在人类经历中，对立的事物常常会结合在一起。我发现"要么"和"或者"这类词语并不能使人明白什么；"是这个还是那个？"我发现这类问题的答案通常是"两者都是"。

对于同一个人，我们既爱又恨。

对于同一个人，例如我们自己，我们可能会发现这个人既有善良的一面也有丑恶的一面。

虽然我们被自己无法控制和意识不到的力量驱使，但我们也是自己命运的主宰者。

虽然我们生命的历程中总是有重复和连续的痕迹，但也频繁地发生变化。

的确，只要我们还活着，我们的生命就有可能会重复童年建立的模式。的确，过去总是对我们当下的生活有着巨大影响。然而，每一个发展阶段都会产生一些状况，而且这些状况会动摇或修正过去的安排；在任何年龄的顿悟都能使我们避免再度吟唱同一首悲歌。

虽然我们的早期经历具有决定性意义，但是那些早期的决定因素是可以改变的。单独从连续的角度或者仅从变化的角度来看，我们很难理解我们的过往。我们必须既着眼于过去，又关注生命的连续发展才能理解自己的过去。

除非我们能认识到我们的过往既包括外在的现实也包括心理现实，否则我们就无法理解自己的过去。因为我们所谓的"经历"，既包括那些发生在我们身上的外在事件，也包括我们如何在内心中诠释那些事件。例如说，一个吻不仅仅只是一个吻——它也许会让人产生一种亲密而又甜美的感觉；它或许也会使人觉得自己受到了无礼的侵犯；它甚至也可能只是我们头脑中的一种幻想。对于发生在我们生活中的那些外部事件，我们每一个人都会在心里产生与之相应的感受。因此，我们的过往经历必须既包括外部事件，也包括相应的内心感受。

　　另一组相对的因素是本性和教养，它们倾向于在现实生活中彼此融合。因为我们那些与生俱来的特质——我们的遗传特质和先天特征——同我们后天获得的教养相互作用。所以我们既不能仅从遗传的角度看待发展，也不能单从环境的因素考虑发展。我们必须同时从两个角度看待人生。

　　至于丧失与获得，我们常常看到二者相依相伴，难以分开。为了成长，我们必须放弃很多东西。如果我们不经历丧失，就无法深爱所得的一切。如果我们无法放弃、离开，就无法成为分离的人、有责任感的人，无法成为联系着的人和内省的人。